空中ディスプレイの開発と応用展開

Recent Developments and Prospective Applications of Aerial Display

監修：山本裕紹

Supervisor : Hirotsugu Yamamoto

シーエムシー出版

はじめに

SF映画に描かれてきたような空中に浮くディスプレイが近い未来の自動車やサイネージに実用化されようとしている。

これまでに到来した3Dディスプレイブームとは異なり，空中ディスプレイに関しては応用が具体的にイメージされたシーズ技術の研究開発が進む傾向が顕著である。空中ディスプレイ技術の開発に着手する動機は様々であろう。大学では，単純にSF映画に出てくるような技術を実現したいという学生の配属が動機となる。産官では，2020年の東京オリンピックを前にして先端技術を実感できるような技術を開発したいという動機や，2025年から始まる自動運転時代におけるインタフェースの根幹を担いたいという動機もあろう。また，空中入力画面により医療現場に革新をもたらしたいという動機や，動物の行動実験に新しい刺激提示を行いたいという動機，空中だけでなく水中に画面を表示したいという動機もある。このように，ただ飛び出していれば良いというのではなく，イメージされた用途を実現するために必要なシーズ技術への要求を明確にして，空中に浮く映像の形成に取り組まれている傾向が空中ディスプレイ研究には目立つ。

もちろん，空中ディスプレイの急速な発展は要素技術の進展によるところが大きい。この背景にはナノインプリントに代表される高度な製造技術の進展だけでなく，フラットパネルディスプレイ分野の変革があろう。地デジ完全移行や液晶から有機発光ダイオードへのシフトを背景として，これまでに培われたフラットパネルディスプレイ関連の素材・技術を活用できる新分野が求められているところに，ちょうど空中ディスプレイの流れが顕在化したのである。

このように，空中ディスプレイの理解には，要素から応用までを俯瞰することが望ましい。本書では，第Ⅰ編にて，従来の3Dディスプレイの観点からの空中ディスプレイの位置づけと最近の動向や視覚に関する基礎が記される。第Ⅱ編では，空中ディスプレイを実現するためのキーデバイスについて，代表的メーカーによる解説が記される。第Ⅲ編では，空中ディスプレイとして実現された各種のプロトタイプが紹介される。第Ⅳ編では，サイネージや自動車コックピットへの実装例など，応用展開に向けた取り組みが紹介される。

本書を通じて，空中ディスプレイは，今や夢の技術ではなく，産業に結びつく現実の技術であることを理解いただけることと思う。読者や執筆者の皆様とともに新しい産業の隆盛を迎えられればと願っている。

2018年6月

宇都宮大学

山本裕紹

執筆者一覧（執筆順）

山本裕紹	宇都宮大学　大学院工学研究科　先端光工学専攻／オプティクス教育研究センター　准教授
陶山史朗	徳島大学　大学院社会産業理工学研究部　光応用系　教授
水科晴樹	徳島大学　大学院社会産業理工学研究部　光応用系　講師
柴田隆史	東京福祉大学　教育学部　教授
大坪　誠	㈱アスカネット　エアリアルイメージング事業部　研究開発チーム　スペシャリスト
前田有希	㈱パリティ・イノベーションズ　取締役研究開発部長
古江直美	日本カーバイド工業㈱　事業開拓・開発部　主幹
矢賀部　裕	日本ゼオン㈱　高機能部材事業部　技術部　課長／博士
佐藤公一	日本特殊光学樹脂㈱　代表取締役
Heather Macdonald Tait	Director, Marketing Communications, Marketing and Product, Ultrahaptics Limited
苗村　健	東京大学　大学院情報学環　教授
宮崎大介	大阪市立大学　大学院工学研究科　准教授
小池崇文	法政大学　情報科学部　教授
岩根　透	㈱ニコン　研究開発本部　MS 研究室
山田　渉	㈱ NTT ドコモ　先進技術研究所
山本健詞	(国研)情報通信研究機構　プラニングマネージャー
Boaz Jessie Jackin	(国研)情報通信研究機構　研究員
涌波光喜	(国研)情報通信研究機構　主任研究員
市橋保之	(国研)情報通信研究機構　主任研究員
奥井誠人	(国研)情報通信研究機構　主任研究員

大井　隆太朗　(国研)情報通信研究機構　主任研究員
井村　誠孝　関西学院大学　理工学部　人間システム工学科　教授
古賀　崇了　国立高等専門学校機構　徳山工業高等専門学校　情報電子工学科　准教授
大峠　和基　筑波大学　情報学群　情報メディア創成学類
篠田　裕之　東京大学　大学院新領域創成科学研究科　複雑理工学専攻　教授
柳田　康幸　名城大学　理工学部　情報工学科　教授
菊田　勇人　三菱電機㈱　先端技術総合研究所　映像処理技術部
映像処理基盤技術グループ　研究員
石川　洵　㈲石川光学造形研究所　代表取締役
吉田　俊介　(国研)情報通信研究機構　ユニバーサルコミュニケーション研究所
情報利活用基盤総合研究室　主任研究員
森田　学　クラリオン㈱　スマートコックピット開発本部　デザイン部　主査
吉原　敬一朗　クラリオン㈱　スマートコックピット開発本部　デザイン部　部長
阿部　憲幸　クラリオン㈱　スマートコックピット開発本部　統合 HMI 技術開発部
主管技師
奈良　憲和　クラリオン㈱　スマートコックピット開発本部　統合 HMI 技術開発部
主査
桑原　弘桂　新光商事㈱　AI システム営業部　部長
藤村　恭行　新光商事㈱　AI システム営業部　課長
渡部　博之　NEC ソリューションイノベータ㈱　プラットフォーム事業本部
モビリティーソリューション事業部　マネージャー
高橋　潤　㈱コト　開発部　AirWitch チームリーダー

目　　次

【第Ⅰ編　総論】

第1章　空中ディスプレイが拓く空間インタフェースの展望

陶山史朗，水科晴樹

1　はじめに　～空中ディスプレイとインタフェース～……3
2　空中ディスプレイに関連したインタフェースの概要……5
3　透過型空中虚像ディスプレイと，そのインタフェース……6
4　空中実像ディスプレイと，そのインタフェース……7
5　空中実像ディスプレイの例（実像に近い立体知覚像，レンズ型）……9
6　空中像の不安定性とそのインタフェースによる改善……11
7　おわりに……12

第2章　奥行き知覚と両眼視機能の基礎　**柴田隆史**

1　はじめに……14
2　奥行き知覚……14
　2.1　生理的要因……15
　2.2　心理的要因……17
3　輻湊と調節の関係性と快適な映像観察……19
　3.1　輻湊と調節の相互作用……19
　3.2　輻湊と調節の不整合による視覚疲労……20
4　おわりに……21

第3章　空中ディスプレイの開発動向　**山本裕紹**

1　はじめに……23
2　空中映像の特長と機能化……24
3　インタラクティブ空中ディスプレイ……27
4　今後の展望……29
5　おわりに……31

【第Ⅱ編　要素技術】

第1章　ASKA3D プレート―対面ミラー型マイクロ反射素子を用いた面対称光学結像素子―

大坪　誠

1　緒言……35
2　原理と構造……36

2.1 構造 ……………………………… 36
2.2 原理 ……………………………… 37
2.3 光学シミュレーション ………… 38
3 製造方法…………………………… 42
3.1 積層方式 ………………………… 42
3.2 成形方式 ………………………… 42
4 応用システム …………………………… 43
4.1 光学レンズとして …………………… 43
4.2 非接触タッチパネルとして……… 44
4.3 空中サイネージ …………………… 44
4.4 その他 ……………………………… 44
5 おわりに……………………………………… 44

第2章 2面コーナーリフレクタアレイを用いた空中映像表示技術とその応用 前田有希

1 はじめに…………………………………… 46
2 空中映像が見える仕組みと空中映像表示の実現方法…………………………………… 46
3 2面コーナーリフレクタアレイ……… 48
3.1 2面コーナーリフレクタアレイによる結像の原理…………………………… 48
3.2 2面コーナーリフレクタアレイによる結像のシミュレーション……… 50
3.3 2面コーナーリフレクタアレイによる空中映像表示………………………… 52
4 2面コーナーリフレクタアレイを用いた空中映像表示技術の応用………………… 53
5 おわりに……………………………………… 55

第3章 再帰反射シート 古江直美

1 はじめに…………………………………… 56
2 再帰反射シートの構造と特徴………… 56
2.1 ビーズ型再帰反射シート ………… 56
2.2 ビーズ型再帰反射シートの種類… 57
2.3 プリズム型再帰反射シート……… 59
2.4 プリズム素子の形状 ……………… 60
2.5 プリズム型再帰反射シートの種類……………………………………… 61
3 再帰反射性能の評価 …………………… 62
4 空中ディスプレイ用の再帰反射シート…………………………………………… 63
4.1 再帰反射シートの設計 …………… 63
4.2 再帰反射シートの表面処理……… 64
5 おわりに……………………………………… 64

第4章 ビームスプリッター(コレステリック液晶フィルム) 矢賀部 裕

1 はじめに…………………………………… 66
2 材質およびビームスプリッター原理‥ 66
2.1 液晶とは ………………………………… 66
2.2 液晶で円偏光を発現させるためには……………………………………… 67
2.3 ビームスプリッター原理 ………… 67
3 日本ゼオンのフィルム(開発中)…… 67
3.1 概略 ……………………………………… 67
3.2 ピッチ調整方法……………………… 68
3.3 フィルムの作製……………………… 69

3.4　実際にねじれているかどうかの検証 ……… 69
3.5　円偏光度 ……… 70
4　空中映像への応用例 ……… 71
5　おわりに ……… 71

第５章　精密シートレンズ　佐藤公一

1　はじめに ……… 73
2　シートレンズについて ……… 75
2.1　フレネルレンズ ……… 75
2.2　レンチキュラーレンズ ……… 77
2.3　シートプリズム ……… 77
2.4　フライアイレンズ・マイクロレンズアレイ ……… 78
3　シートレンズの空中ディスプレイへの応用 ……… 79
4　シートレンズの設計と製造技術 ……… 79
4.1　シートレンズの設計 ……… 79
4.2　シートレンズの金型製造と留意点 ……… 81
4.3　シートレンズの成形方法と留意点 ……… 82
5　おわりに ……… 83

第６章　空中ハプティクスがもたらす価値　Heather Macdonald Tait

1　超音波が触感生成する仕組み ……… 85
2　ウルトラハプティクスの技術 ……… 86
3　安全性について ……… 86
4　空中ディスプレイに触感を加える利点 ……… 87
4.1　空中ハプティクスのメリット ……… 87
4.2　空中ハプティクスのアプリケーション事例 ……… 88

第７章　空中ヒーター　山本裕紹

1　はじめに ……… 94
2　直交ミラーアレイ CMA（crossed-mirror array） ……… 96
3　角パイプアレイ SPA（square-pipe array） ……… 97
4　二層矩形ミラーアレイ WARM（double-layered arrays of rectangular mirrors） ……… 98
5　おわりに ……… 100

【第Ⅲ編　デバイス・システム】

第１章　テーブルトップ直立空中像ディスプレイ　苗村　健

1　まえがき ……… 105
2　ミュージアム展示システム ……… 106

3　メディアの限界をコンテンツでカバー……………………………………108
4　テーブルトップシステムへ…………110
5　むすび……………………………………113

第2章　再帰反射による空中結像AIRR（aerial imaging by retro-reflection）　山本裕紹

1　はじめに………………………………114
2　再帰反射による空中結像（AIRR）…115
2.1　AIRRの原理 ……………………116
2.2　AIRRの特長 ……………………118
3　Arc3D AIRR……………………………119
4　おわりに………………………………121

第3章　体積走査型3次元ディスプレイ　宮崎大介

1　はじめに………………………………122
2　体積走査表示方式の原理………………122
3　傾斜像面による体積走査型3次元ディスプレイ …………………………………124
4　2面コーナーリフレクタアレイを用いた体積走査型3次元ディスプレイ ……126
5　ルーフミラーアレイを用いたヘテロジニアス結像光学系に基づく体積走査型3次元ディスプレイ ……………………129
6　おわりに………………………………131

第4章　ライトフィールドディスプレイの基本原理　小池崇文

1　ライトフィールドとは…………………133
2　ライトフィールドの表現………………134
2.1　Plenoptic function ………………134
2.2　ライトフィールドの座標系………135
3　インテグラルフォトグラフィ …………136
4　ライトフィールドディスプレイ ………137
4.1　インテグラルイメージング方式‥138
4.2　テンソルディスプレイ方式………138
4.3　2方式の本質的な違い ……………139
5　まとめ……………………………………139

第5章　ライトフィールドの取得と再生技術　岩根　透　…141

第6章　浮遊球体ドローンディスプレイ　山田　渉

1　はじめに………………………………149
2　ドローンを用いた空中映像表示技術 ·149
3　浮遊球体ドローンディスプレイ ……150
3.1　概要 ………………………………150
3.2　提案方式 …………………………151
4　おわりに………………………………155

第7章　ホログラフィ活用型立体ディスプレイ

山本健詞，Boaz Jessie Jackin，涌波光喜，市橋保之，奥井誠人，大井隆太朗

1　はじめに……157
2　ホログラフィ……157
3　電子ホログラフィ……159
4　ホログラフィック光学スクリーン……159
5　スクリーンを使った光線再生型立体ディスプレイ……161
6　スクリーンを使った波面再生型立体ディスプレイ……163
7　おわりに……165

第8章　多視点観察可能なインタラクティブフォグディスプレイの開発

井村誠孝

1　はじめに……167
2　不定形なスクリーンを用いるディスプレイ……167
3　多視点観察可能なフォグディスプレイ……168
3.1　フォグによる光の散乱……168
3.2　提案するフォグディスプレイの原理……169
3.3　フォグスクリーンの生成……170
3.4　映像の投影……170
3.5　バーチャル物体とのインタラクション……171
4　試作したディスプレイ装置と映像提示結果……171
4.1　試作システム構成……171
4.2　多視点画像の投影結果……172
4.3　点拡がり関数の推定と逆フィルタによる画質向上……174
5　おわりに……175

第9章　流れの表現に着目したインタラクティブフォグディスプレイ

古賀崇了，大峠和基

1　はじめに……177
2　フォグディスプレイシステムの全体構成……178
2.1　半円筒状のフォグスクリーンに対する投影映像のキャリブレーション……180
2.2　Leap Motionによる手の位置および姿勢の検出と剛体モデルの生成……181
2.3　パーティクルシステムによる流体・落下物体の動作表現と映像生成……181
3　評価実験とエンターテインメント性を志向した応用コンテンツ……182
4　おわりに……183

第10章　空中超音波触覚ディスプレイ　篠田裕之

1　はじめに……186
2　超音波による力の発生……187
2.1　音響放射圧……187
2.2　音響放射圧の空間的制御……190
2.3　音響放射圧の時間的制御……192
3　映像との同期……193
3.1　空中触覚タッチパネル……193
3.2　触覚プロジェクタ……194
3.3　視触覚クローン……195
4　おわりに……197

第11章　匂いディスプレイ　柳田康幸

1　空中ディスプレイと匂い……199
2　香気生成手段……200
3　香気調合手段……201
4　香気搬送手段と匂いの時空間制御……202
5　香りプロジェクタによる匂いの空中提示……204
6　まとめ……206

【第Ⅳ編　応用展開】

第1章　通り抜けられる大型空中ディスプレイの開発とその応用　菊田勇人

1　はじめに……211
2　空中映像表示技術……211
3　大型空中映像の課題……212
4　反射像の不可視化……213
5　大型空中映像の画質低下……214
6　ガイド映像を用いたゲートシステム……216
7　試作機の開発結果と今後の課題……217
8　おわりに……218

第2章　博物館・商業施設への応用　石川　洵

1　はじめに……219
2　空間映像の種類と構成……220
2.1　虚像系システム……220
2.2　実像系システム……222
2.3　ホログラフィ……224
3　博物館での応用……225
4　商業施設での利用……226
5　おわりに……227

第3章　テーブルトップでの作業に適した裸眼3次元ディスプレイ技術「fVisiOn」　吉田俊介

1　はじめに……………………………228
2　テーブルトップでの作業に適した3D映像……………………………229
3　fVisiOnにおける全周3D映像の再生技術……………………………230
3.1　大量の光線群による3D形状の再現……………………………230
3.2　試作した3Dディスプレイの外観と内部の構成……………………………232
3.3　要素画像（多重視点画像）のレンダリング……………………………233
3.4　全周から観察できる3D映像とその利用例……………………………235
4　おわりに……………………………236

第4章　Smart Cockpit® における空中エージェント　森田　学，吉原敬一朗，阿部憲幸，奈良憲和

1　はじめに……………………………238
2　ドライバへの情報伝達方法が抱える課題……………………………238
2.1　Smart Cockpit® ソリューションのユースケース……………………………239
2.2　ユースケースの実現のために必要な技術とその課題……………………………240
3　車載情報機器への空中ディスプレイ技術の応用……………………………241
3.1　AIエージェントにおけるHMIの検討……………………………241
3.2　AIエージェントに用いる表示デバイスの選定と試作……………………………241
4　空中エージェントのコンテンツ制作と仮説検証……………………………242
4.1　空中エージェントのコンテンツ制作……………………………242
4.2　空中エージェントの評価による仮説検証……………………………243
5　おわりに……………………………244

第5章　空中操作ディスプレイ「AIplay®」　桑原弘桂，藤村恭行，渡部博之

1　はじめに……………………………245
2　AIplayとは……………………………245
2.1　AIplayの概要……………………………245
2.2　AIplayの基本構成……………………………246
2.3　フィンガージェスチャー（AIplay版）……………………………246
3　AIplayの採用事例……………………………251
3.1　ハウステンボス株式会社　変なホテル ハウステンボス　無人チェックインカウンター……………………………251
3.2　大手旅行事業会社A社　接客用テーブル……………………………251
3.3　JMACS株式会社　非接触サイネージシステム Nadis“ナディス”…252
3.4　その他……………………………253
4　AIplayの有効な利用分野について…253

5　製品紹介……………………………………253
5.1　AIplay による受付端末ソリューション：AIplay-Info……………………253
5.2　AIplay による医療向けソリューション：AIplay-Air Mouse …………254
5.3　AIplay による清潔・衛生・予防ソリューション：AIplay-Clean …254
5.4　エアリーBOX（仮称）……………256
5.5　超音波触覚ユニット ………………256
6　今後の取り組み …………………………257
7　空中ディスプレイの将来展望 …………257
8　おわりに…………………………………258

第 6 章　AirWitch―「まずはやってみる」をサポートする卓上空中ディスプレイ―　高橋　潤

1　はじめに…………………………………259
2　空中ディスプレイの課題………………259
3「まずはやってみる」ことの重要性…259
4「AirWitch」とは ………………………260
5「AirWitch」は「まずはやってみる」をサポートするキット …………………261
6「AirWitch」の空中映像表示技術 ……261
7　空中ディスプレイの特徴―スクリーンレスと実在感―……………………………262
8　空中ディスプレイの特徴―リアルとバーチャルの融合―……………………………262
9　楽しさの調節……………………………263
10「AirWitch」デモ ………………………264
10.1　ひつじタッチ ………………………264
10.2　Beat Module ………………………264
10.3　OMIKUJI―マーケティング調査用途例―……………………………………265
10.4　PIPEROID® SLOT―複数同期使用例―…………………………………………265
11　おわりに ………………………………266

第Ⅰ編
総　論

第1章　空中ディスプレイが拓く空間インタフェースの展望

陶山史朗[*1]，水科晴樹[*2]

1　はじめに　～空中ディスプレイとインタフェース～

空中ディスプレイとして，何もない空間に，2D像であれ3D像であれ，像を浮かべることができれば，色々なインタフェースを適用でき，アプリケーションを大きく拡大できることは，直感的に予想でき，近年，研究開発が活発化してきている。そこで，それ以外のものも含めて，空中ディスプレイに対して，インタフェースの特徴という切り口でざっくりとまとめてみたものが表1である。空中ディスプレイとしては，以下の4種類に分けた。(A) 空中実像は，近年，研究開発が活発化してきており，像の領域に何もない状況で，空中に実像を結像させるシステムである[1~11)]。(B) 擬似空中像は，通常は空中ディスプレイではないが，分類の都合上から含めており，表示装置内や周辺に像を形成するシステムである[12)]。空中虚像は，従来からある技術であるが，(C) 像後方が透けて見える場合[13)]と，(D) 像後方が透けて見えない場合のシステムが考えられる。なお，像自体が2D像であるか，3D像であるかは，ここでは問わない。

インタフェースの特徴として，まず，手指などを含む (α) 実物の配置の可否を考える。まず実像の場合（図1，2参照）であるが，(A) 像域周辺に何もなければ，当然，実物を配置可能であるのに対して，(B) 像域周辺に装置などが配置されている場合は実質的に無理である。次に，虚像の場合は，正面方向から伸ばす形では光学系が邪魔になるので実物を配置することはできな

表1　空中ディスプレイとインタフェース（私見）

空中ディスプレイ		インタフェースの特徴				
		(α) 実物の配置可否	(β) 観察者からの指示	マルチモーダル		
名称	概要			(γ) 聴覚	(δ) 触・力覚	(ε) 臭覚
空中実像[1~11)]	(A) 像域周辺に何もない	◎	◎直接	◎	◎直接（観察者）	◎
疑似空中像[12)]	(B) 像域周辺に装置あり	×	△間接	○	△間接（観察者）	×
空中虚像[13)]	(C) 像の後方が透けて見える	○	△間接	◎	○直接（実物）	△
	(D) 像の後方が透けていない	×	△間接	◎	△間接（観察者）	△

＊1　Shiro Suyama　徳島大学　大学院社会産業理工学研究部　光応用系　教授
＊2　Haruki Mizushina　徳島大学　大学院社会産業理工学研究部　光応用系　講師

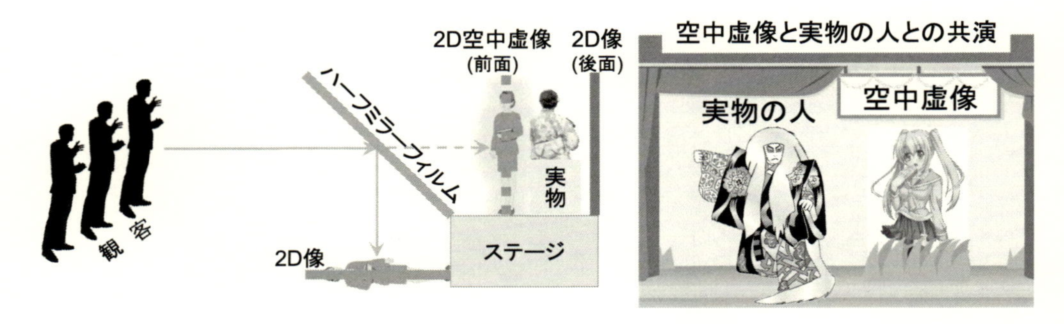

図１　空中虚像ディスプレイの例

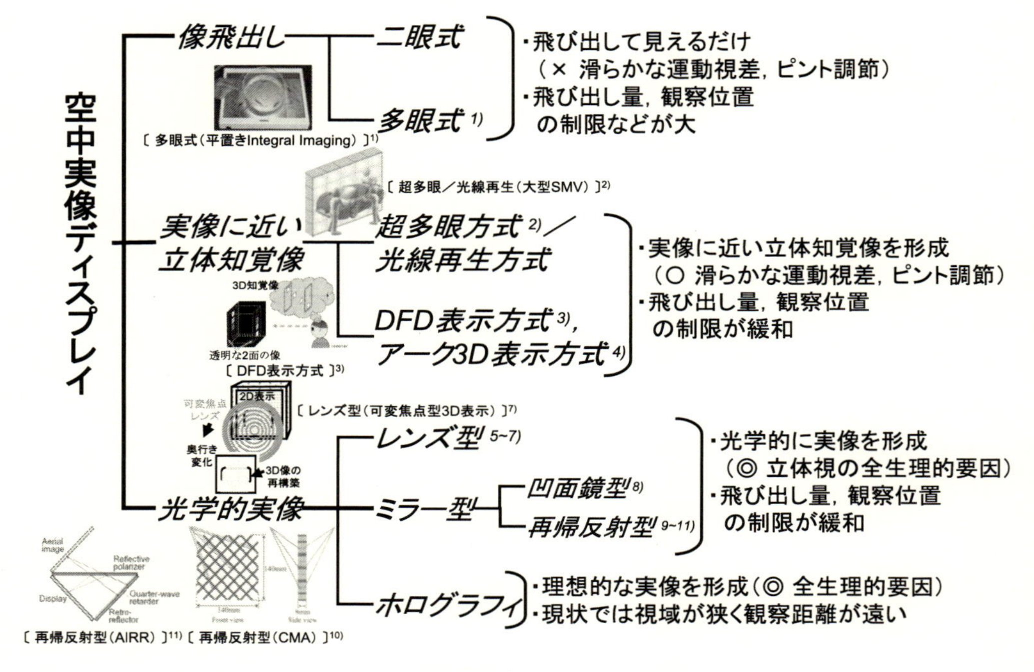

図２　空中実像ディスプレイの種類

いが，虚像周辺に取り込まれた形で実物を配置することは可能な場合も出てくる。例えば，(C) 像後方が透けて見えている場合には，虚像周辺に実物を配置することは可能と考えられる。

次に，(β) 観察者が指示を出して表示をインタラクティブに変化できるかどうかを見ると，(A) 空中実像で像域周辺に何もない状況のみが直接的にインタラクティブ動作ができることになる。他は，空中像の周辺に矢印や手指の像などの表示をさせ，これを介して間接的に指示を出すことにならざるを得ない。

マルチモーダルの観点から見てみる。(γ) 音響，すなわち聴覚に関しては，現在は音場再生技術[14)]が飛躍的に発展を遂げていることから，色々な状況に対応できるため，方式による差はないと考える。(δ) 触覚・力覚に関しては，(A) 空中実像で像域周辺に何もない場合には直接的に与えることが可能となると考える。他の場合は，やはり間接的な与え方とならざるを得ない。(C) 虚像で像後方が透けて見える場合には，例えば人が虚像の周辺に立つことを考えると，その人への触覚・力覚の提示は可能となる場合も考えられる。(ε) 臭覚は，現状の臭覚表示装置が未発達なため，想像の域を出ないが，(A) 実像で像域周辺に何もない場合には，直接的に与えることが可能になると予想される。

以上，空中ディスプレイとして，インタフェースの適用性を考えると，近年，研究開発が沸騰してきている空中実像タイプで，(A) 実像で像周辺に何もないディスプレイであれば，インタフェースの可能性を大いに拡大できると考えられる。次点としては，従来からある空中虚像タイプで (C) 虚像後方が透けて見える場合が，ステージなどの大画面向けなどに応用が考えられる。

次の節でインタフェースの概要を述べた後，この２種類の空中ディスプレイシステムとインタフェースとの関係に関して，少し詳細に見ていく。

2　空中ディスプレイに関連したインタフェースの概要

表１に示したインタフェースの特徴を中心に，インタフェースの概要を述べる。まず，(α) 実物の配置であるが，観察者の指示を表現するために手指などを自由に置くことができ，あるいは像を触る動作ができることを示す。但し，像を構成する光線を遮らないように実物を配置することが必要である。また，実像に関連する実物を周辺に配置し，あるいはその実物と実像のインタラクションを通じて，より実在感を高めたりするためにも使用できると考える。例えば，金魚鉢を実物とし，中に実像の金魚を泳がせる[15)]といった具合である。また，実像が形成されている場合は，実物からもその実像が見える状況をつくって，例えば実物の猫や魚などの生き物を，実像とインタラクションさせる[16)]といったことも可能となるかもしれない。

次に，(β) 観察者からの指示であるが，これは手指や指示棒などを使って指示を出すことが一般的には考えやすい。まず，手指などが像の位置に来た場合などで，位置のみを検出する場合は，超音波センサや赤外線センサを用いることで，簡単かつ高速に検知できる。人などが近づいたことだけを検知するには，遠赤外線を利用した人感センサを使う手もある。他の物体と簡単に区別して人などを検知できるが，一般的には応答速度が遅い特徴がある。また，加速度センサを内蔵する機器を，ペンのように使うことで，位置と動きを簡単に検知することも可能である。

これに対して，手指の動きに意味を持たせてインタラクティブ動作を行う場合には，ビデオカメラとジェスチャ認識ソフトが必要になる。現在では，比較的高度なジェスチャ認識が普通にできるようになっているので，応答速度以外では大きな問題はないと考える[17)]。但し，通常のビデオカメラでは，30 fps あるいは 60 fps のフレームレートなので，高速な動きは認識できないことになる。もし，これ以上の高速な動きを認識させる場合には，特別に高速なビデオカメラ[18)]が必要となるが，一般的には高価であるので，コストパフォーマンスを考える必要がある。

マルチモーダル・インタフェースに話を移すと，(γ) 音響に関しては，近年の音場再生技術[14]の著しい発展により，多くのスピーカ群を用いることで，あたかもその位置より音が発生しているように表現することが可能となっている。但し，多くのスピーカを必要とする面があるため，これもスペース＆コストパフォーマンスを考える必要がある。

(δ) 触・力覚に関しては，インタラクティブ動作を行う上で，非常に有効な効果を与えることができるものであるが，現状では，ほとんどが接触型となっている。簡単な触覚に関しては，グローブなどに装着して，振動や微弱電流を与える[19]ことで可能になる。一方，力覚に関しては，通常は PHANTOM[20] や SPIDAR[21] などのようにアームや糸線などの力を伝える機構が必須であり，空中ディスプレイとの相性を考える必要がある。これに対して，近年では，超音波の放射圧を利用して非接触で任意の場所に圧力を与えられる空中ハプティクス技術が提案／開発されている（第Ⅲ編第 10 章参照）[22]。現状では，到達距離が 10 cm 程度と近距離で，かつ弱い圧力しか与えられない面があるが，ほぼ唯一の非接触型であるので，今後の進展が期待される。

(ε) 臭覚に関しては，ディスプレイと呼ぶには未発達であり，空気ジェットや渦輪などを用いて，鼻まで香り物質を含む気体を運んで感じさせる技術[23]となっている。到達距離が，現状では数 10 cm 程度と短いため，観察者が発生機器の直近にいる場合に限られる。

以上，空中ディスプレイに関連するインタフェース技術の概要を述べた。前半の実物の配置は，空中像の実在感が不足する面を補足して，全体として臨場感を高めることに大きく貢献する可能性があると考える。後半で述べたマルチモーダルなインタフェース技術は，まだ未熟な面も多いが，制約条件を考慮しながらうまく取り入れることで，インタラクティブ動作における臨場感や実在感を大きく高められる可能性があると考える。

3　透過型空中虚像ディスプレイと，そのインタフェース

従来からあるタイプではあるが，ハーフミラー系などを用いることで，空中虚像の後方が完全に透けて見える透過型空中虚像ディスプレイ[13]は，観察者からのインタラクションは困難となるが，図 1 に示すような空中虚像と実物との擬似インタラクションは可能である。特に，図 1 に示すようなステージ型における等身大の大規模なシステムでは，観察者から見て，疑似インタラクションなどにより，迫力と臨場感や実在感を大きく助長することが可能と考える。

この場合には，実物の配置はステージ上のどこにでも実質的に可能であるため，図 1 右のような積極的な周辺環境を設けることが可能となる。そして，実物の人々と空中虚像の共演を含むインタラクションを擬似的に表現することも可能である。但し，空中虚像は直接的に実物側から見ることはできないため，実物側用にモニターなどが別に必要と考えられる。音響に関しては，実物の配置が自由にできるため，大きな問題はないと考える。触・力覚に関しては，非接触化が困難なため，観察者に違和感がない配置を，大道具などを利用してうまく設ける必要がある。も

し，触・力覚をうまく表現できれば，空中虚像の位置や動きを実物側から分かりやすくでき，インタラクションをよりリアルにできる面があると考える。

以上，透過型空中虚像とインタフェースに関して述べた。ステージ型の超大型システムへの応用が期待される。今後は，ステージ上の実物の人と空中虚像とのインタラクションを適切に行うための技術が必要とされると考える。

4　空中実像ディスプレイと，そのインタフェース

図２に，空中実像ディスプレイの種類を示す。像が飛び出て見えるだけの二眼式，多眼式から，ほぼ実像に近い立体知覚像を形成可能と考えられる超多眼／光線再生方式，DFD 表示方式，アーク 3D 表示方式を経て，光学的に実像が形成できる各種方式と，大きくは３種類に分けられる。

まず，像が飛び出て見えるだけの二眼式，多眼式[1]に関して述べる。これを実像ディスプレイの中に分類するのはやや難があるが，実像形成の度合いによる分類の上から，実像が形成されないものとして加えた。この場合には，像の提示範囲が表示装置近傍に限られる他，観察位置もかなり制限を受ける特徴がある。したがって，大掛かりな音響設備などは適切ではなく，むしろ表示範囲が狭いことから，センサ類も含めて簡易化されたもので十分と考えられる。触・力覚も，動作範囲が狭くてもよいので，既存の技術で簡便に与えることができると考えられる。但し，臨場感や実在感という点を考えると，少し弱めになることは否めない。

２番目は，実像と同様に，立体視の生理的要因をほぼ満足でき，実像に近い立体知覚像を得られるものとして，まず超多眼／光線再生方式[2]がある。非常に微細な角度ピッチで 100 個を超える多数の視差像を配置するため，近似的に連続的な運動視差を有していると考えられる。したがって，二眼式／多眼式では満足できなかったピント調節と連続的な運動視差を，表示装置から一定距離内で，ほぼ満足できる[24]。次に，DFD 表示方式[3]およびアーク 3D 表示方式[4]（第５節参照）は，スムーズで連続的な運動視差を原理的に有し，単眼奥行き知覚と滑らかな動きを実現できることが明らかになっており[25]，またピント調節もほぼ満足できる[26]。したがって，これらも実像と同様に立体視の生理的要因を満足でき，実像に近い立体知覚像を得られると考える。これらの空中ディスプレイでは，かなり大きく飛び出させることも可能であり，観察位置の制限も緩和されている。したがって，次の光学的実像方式に準ずる多くのインタフェースが適応可能と考えられる。

最後の光学的実像方式は，文字通り光学的に実像を形成できる技術であり，レンズ型，ミラー型，ホログラフィに分けられる。なお，ホログラフィ（第Ⅲ編第７章参照）は，現状では視域が狭くかつ観察距離が遠く，直接的なインタフェースは困難なため，本節では説明を省略する。レンズ型（図３，図５参照）は，レンズ系を用いて実像を形成する方式で，特殊なハエの眼レンズアレイ２枚による空中 2D 表示方式[5]，多眼式とレンズを組み合わせた空中 3D 表示方式[6]，可

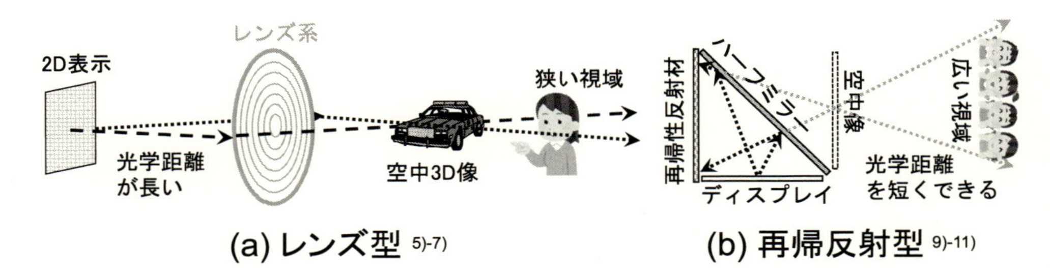

図3　空中実像ディスプレイとインタフェース

変焦点レンズを用いた空中 3D 表示方式[7]（第 5 節参照）などが提案されている。このレンズ型では，図 3（a）に示すように，レンズの口径により視域が大きく制限される特徴があり，飛び出し量と視域を両立させることが困難と考えられる。これは，レンズの焦点距離を極端に短くすることが難しく，光学的距離が必要なためである。また，このために装置が大型化する傾向がある。レンズ型では，空中像が大きく飛び出た構成が可能なため，第 2 節で挙げた多くのインタフェースを適用することが可能である。但し，大きく飛び出させると視域が狭くなることから，1～2 人用が現実的であると考える。実物の配置では，光線の来る像の後方以外は自由に配置できる。また，観察者からのインタラクティブ動作も比較的自由に表現可能だと考えられる。もし，3D 表示が可能であれば，自由空間に奥行きのある絵を描いていくようなこともできる。さらに，マルチモーダルに関しても，像とレンズの間を除けば，自由に配置可能であり，臨場感や実在感を助長しやすいと考える。

ミラー型は，大きく凹面鏡型と再帰反射型に分けられる。凹面鏡型は，通常の凹面鏡や自由曲面鏡を用いて実像を形成する方式であり，2 枚の放物面鏡を合わせた構造で玩具の Mirage[8]が有名である。多くは，ミラーの大きさに比べて，空中実像の表示可能範囲がかなり小さくなる傾向にある。したがって，この場合は，インタラクティブ動作として，表示の ON／OFF や像の切り替えなどに限定されると考える。

次に，再帰反射型（図 3（b）参照）は，第 I 編第 3 章で詳細な説明があるが，入射方向と同一方向に出射光が戻るという再帰性反射を利用した空中実像ディスプレイである。コーナーキューブアレイの一面をなくした方式として，情報通信研究機構の前川聡氏の提案[9]に端を発し，現在では色々な方式が研究されている[10]。その後，宇都宮大学の山本裕紹氏により，再帰性反射材とハーフミラーを用いた方式も提案されている（図 3（b）参照）[11]。光学的には，装置に対して反対側にある物体の幾何光学的な空中結像が行える方式である。解像度を高くするのが困難な面を有するが，レンズ型や凹面鏡型に比べて光学距離が短くできるため，表示範囲と観察範囲を大幅に広くとれる特徴を有している。また，奥行きを持った物体や 3D 表示装置を裏側に配置すれば，3D 像を空中に結像させることも可能となる。この場合のインタフェースは，レンズ型と同様に十分に像が空中に飛び出ているため，第 2 節で挙げた多くのインタフェースを適用することが可能である。しかも，視域が広いことから，多人数用インタラクティブシステムとして利用できる可能性があると考える。実物の配置では，光線の来る方向以外は自由に配置でき，したがってインタラクティブ動作も自由に表現可能である。例えば，簡便に空中 2D 表示として，平面とのインタラクションを自在にとれるシステムとできる。もし，3D 表示を可能とすれば，大きな自由空間に奥行きのある絵を描いていくようなことも可能になると考える。このような場合，ヒューマンインタフェースとしての安定さを考えると，何も支えがない状態は人にとってつらい状況とも考えられるため，何らかの支持機構を適切に配置することも必要と考えられる。さらに，マルチモーダルに関しても，光線の来る方向を除けば，自由に配置可能なため，大掛かりな等身大システムでも構築可能となると考える。例えば，触・力覚システムを上記した支持機構とすることもリーゾナブルに考えられる。この再帰反射型においては，表示領域と観察領域が広いことから，全てを覆うことができるようなセンサ群の構築には，少し工夫が必要となると考える。

以上，空中実像ディスプレイとそれに関連するインタフェースについて述べた。基本的には，自由空間に空中実像が浮かんでいる状況であり，上記したインタフェース以外に多彩なインタラクションが可能と考えられるため，今後の大きな進展が期待される。

5　空中実像ディスプレイの例（実像に近い立体知覚像，レンズ型）

図２の空中実像ディスプレイの種類において，本書のメインとなる再帰反射型に関しては，第Ⅰ編第３章以降などで詳細に記述されるため，それ以外の例として，実像に近い立体知覚像が得られる方式と，レンズ型の例について，この節では述べることにする。

まず，実像に近い立体知覚像が得られる方式に関しては，DFD（Depth-fused 3D）表示方式[3]とアーク 3D 表示方式[4]について述べる。図４（a）左に，DFD 表示方式の原理を示す。構成としては，透明な２面を，間隔をあけて配置し，その２面に，提示したい 3D 像の射影 2D 像を表示する。この射影前後像をそれが重なる位置から観察すると，奥行きが一つに融合されて知覚され，前後像の輝度比にほぼ比例して変化する奥行きを知覚することができる。DFD 表示方式は，眼間距離内で連続的な運動視差[25]とピント調節[26]を有していることが明らかとなっており，実像に近い立体知覚像を得ることができる。また，一定距離以上の遠方観察時には，奥行き方向に大きな観察範囲を有しており[27]，図４（a）右に示すような数 m 以上の遠方観察も十分に可能なことが分かっている[28]。さらに，横方向に粗い多眼構成をとることにより，奥行き方向と合わせて，全体として非常に広い視域を確保できることが明らかとなっている[27]。

次に，アーク 3D 表示方式では，図４（b）左に示すように，多数の円弧状の傷に単一照明を当てることにより，空中に線画の 3D 像を提示可能となる。これは，単一照明により円弧状の傷から方向性散乱が起こり，一つの眼には一つの輝点のみが見えることになり，両眼で輝点位置が異なることから，両眼視差，輻輳により立体視可能となるためである。また，眼の動きに追随し

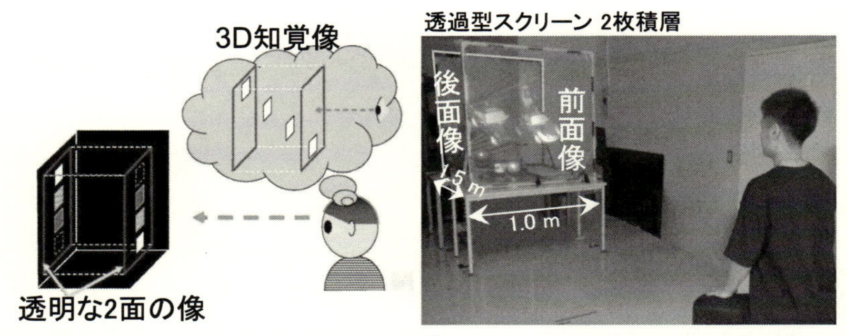

(a) DFD（Depth-fused 3D）表示[3]と，大画面3D像の例

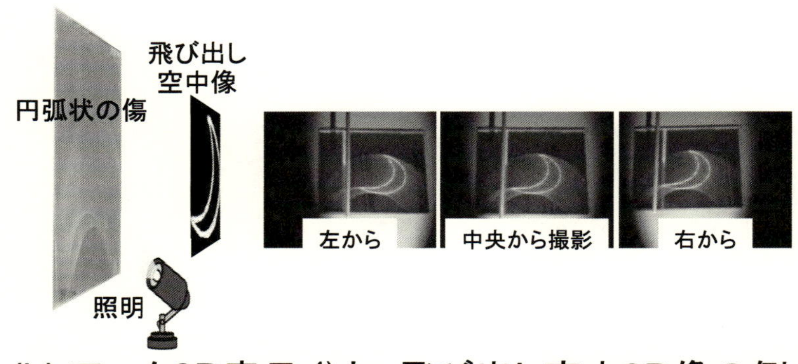

(b) アーク3D表示[4]と，飛び出し空中3D像の例

図４　空中実像ディスプレイの例　～実像に近い立体知覚像～

て，右図のように輝点が円弧上を連続的に移動するため，滑らかな運動視差も満足できる[29]。これから，アーク 3D 表示方式では，線画ではあるが，実像に近い立体知覚像が得られると考える。なお，動画化に関しても，新たな方法が提案されており，複数の 3D 像を切り替え可能なことまでが検証済である[30]。このアーク 3D 表示方式では，輝点が円弧上を移動可能な限りは，空中 3D 像が観察できるため，横方向にも奥行き方向にも非常に広い視域を有する特徴がある。また，円弧の半径に比例して像の飛び出し距離を大きくできるため，非常に大きな飛び出し距離を得ることも可能なことが分かっている。

このアーク 3D 表示方式を，前記した DFD 表示方式の前面像や後面像に適用する方式も提案されている[31]。この方式では，例えば前面像をもたらす円弧状の傷群を後面像と同じ位置に配置することが可能になるため，文字通り 3D 像を空中に飛び出させて知覚させることができることになる。しかも，二眼式／多眼式と異なり，この空中 3D 像は滑らかな運動視差を満足しており，実像と同様な立体知覚像を得ることができる。

次に，光学的実像を形成できるレンズ型の例として，図５に，可変焦点レンズ型 3D 表示方式[7]を示す。この方式では，図５（a）に示すように，奥行き標本化された多くの 2D 像を高速表

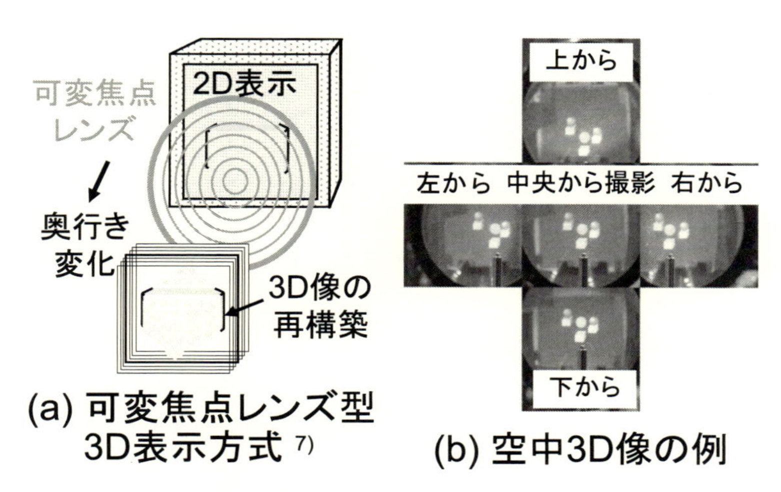

図５　空中実像ディスプレイの例　～レンズ型～

示するとともに，その前にある高速な可変焦点レンズの焦点距離を同期して連続的に変化させることで，2D 像の結像位置を奥行き方向に変化させて積層できる構成となっている。これにより，体積型として，空中に 3D 像を，光学的に実像として結像させることができる（図５（b）参照）。多くの標本化 2D 像が必要となるが，光学的な実像であるため，全ての立体視の生理的要因を満足できる利点がある。視域は可変焦点レンズの大きさと空中 3D 像の飛び出し距離により制限されるが，空中 3D 像の飛び出し距離と表示範囲は，可変焦点レンズの前後に配置する光学系によって，自由にアレンジできる面を有する。実際に，適度な視域を確保しつつ，1 m 程度の飛び出し空中 3D 像も表示可能である。

以上，空中実像ディスプレイの例として，実像に近い立体知覚像が得られる DFD 表示方式とアーク 3D 表示方式，およびレンズ型の可変焦点レンズ型 3D 表示方式について述べた。

6　空中像の不安定性とそのインタフェースによる改善

空中像の奥行き感・飛び出し感に関しては，不安定性があることが報告されており[32]，実際にデモンストレーションなどにおいて，飛び出し感が得られるまでに時間が必要な方々も散見されることを経験している。日常生活においても，例えば，窓ガラスに映りこんだ画像の位置が奥側遠方にあることを即座に感じとれる方は少ないだろうし，金属の凹面に映った画像が空中に飛び出していると即座に感じとれる方も少ないと思われる。図５に示した可変焦点レンズ型 3D 表示においても同様なことが起こることを経験しており，これを防ぐ方策として，図５（b）の写真にあるように，空中実像の下に実物の金属棒をわざと配置してあるほどである。

これに対する明確な原因は不明ではあるが，推測するに，後方にレンズ系やミラー系などの実物が配置されているため，そこに注視点が最初にいってしまうことによると考えられる。したがって，上記したように空中像の手前付近に実物を配置すると簡単に解決できることが，経験上，知られている。

この空中像の不安定性に対して，システム全体にインタフェースあるいはインタラクションを適用していくことは，臨場感や実在感を上げるだけでなく，この不安定性を実効的になくすことができるという一石二鳥の面がある。これは，手指などの実物を空中像に近づけることになるため，当然，そこに注視点が向かうためであると考えられる。

今後，空中実像ディスプレイを世の中に広めていく上では，この不安定性のメカニズムについても明らかにしていく必要があると考える。

7 おわりに

空中ディスプレイをインタフェースの特徴をもとに分類・説明するとともに，その中核となる空中実像ディスプレイを光学的な実像への近さに応じて分類・説明して，そのインタフェース技術との関係を述べた。また，空中実像ディスプレイ技術の例として，3種類のシステムについて概説した。

インタフェースとの関係では，やはり光学的な実像を形成できる方式に近い方が，多彩なインタフェースを適用可能となるため，再帰反射型，レンズ型，実像に近い立体知覚像方式の順番で有望と考えられる。

今後，マルチモーダルなインタフェースの発展も見据えながら，空中実像ディスプレイに対して，種々のインタフェースが適用され，高い臨場感と実在感をもたらすことができるようになることを期待する。

文　　献

1) Y. Hirayama *et al.*, Digest of IEEE International Conference on Consumer Electronics, 125 (2006)
2) Y. Takaki, *ITE Trans. MTA*, **2**(1), 8 (2014)
3) S Suyama *et al.*, *Vision Res.*, **44**(8), 785 (2004)
4) 山田直樹ほか，2011年映像情報メディア学会冬季大会，10-3, (2011)
5) 石川大，*PIONEER R&D*, **12**, 47 (2003)
6) H. Kakeya, Proc. of Stereoscopic Displays and Virtual Reality Systems XIV, **6490**, 64900J (2007)
7) S. Suyama *et al.*, *Jpn. J. Appl. Phys.*, **39Part1** (2A), 480 (2000); T. Sonoda *et al.*, Proc. of Stereoscopic Displays and Applications XXII, **7863**, 786322 (2011)

8) S. Adhya and J. Noé, Proc. of Tenth International Topical Meeting on Education and Training in Optics and Photonics, **9665**, 966518 (2007)
9) S. Maekawa *et al.*, Proc. of Three-Dimensional TV, Video, and Display V, **6392**, 63920E (2006)
10) H. Yamamoto *et al.*, Proc. of Stereoscopic Displays and Applications XXIII, **8288**, 828820 (2012)
11) H. Yamamoto *et al.*, *Opt. Express*, **22**(22), 26919 (2014)
12) T. Endo *et al.*, Proc. of The 8th Pacific Conference on IEEE Computer Graphics and Applications, 300 (2000)
13) H. Takada *et al.*, Proc. of IBC 2016 Conference on IBC Future Zone and the IBC Technical Papers, 15 (2016); M. Makiguchi *et al.*, Proc. of SID 2017, 61-2 (2017)
14) 尾本章，日本音響学会誌，**67**(11), 520 (2011)
15) 社家一平ほか，NTT 技術ジャーナル，**28**(8), 55 (2016)
16) E. Abe *et al.*, Proc. of IDW '17, 3Dp2-3, 932 (2017)
17) http://eetimes.jp/ee/articles/1005/18/news143.html
18) I. Ishii *et al.*, Proc. of IEEE Int. Conf. on Robotics and Automation, 1536 (2010)
19) https://www.tel.co.jp/museum/magazine/intractable/report02_01/04.html
20) T. H. Massie and J. K. Salisbury, Proc. of the ASME Winter Annual Meeting, Symposium on Haptic Interfaces for Virtual Environment and Teleoperator Systems, DSC-55-1, 295 (1994)
21) L. Liu *et al.*, International Conference on Human Haptic Sensing and Touch Enabled Computer Applications, 176 (2014)
22) S. Inoue *et al.*, Proc. of IEEE World Haptics Conference, 362 (2015)
23) Y. Yanagida *et al.*, Proc. of HCI International 2005 (2005)
24) H. Mizushina *et al.*, *J. Soc. Inf. Display*, **24**(12), 747 (2016)
25) S. Suyama and H. Yamamoto, Proceedings of Three-Dimensional Imaging, Visualization, and Display 2015, **9495**, 949507 (2015)
26) T. Yamakawa *et al.*, Proc. of International Conference on Universal Access in Human-Computer Interaction. Access to Interaction, 285 (2015)
27) W. Kinoshita *et al.*, Proc. of IDW '17, 943 (2017)
28) Y. Nagao *et al.*, Proc. of IDW '17, 966 (2017); 髙野瑠衣ほか，映像情報メディア学会技術報告，**42**(2), 85 (2018)
29) N. Yamada *et al.*, Proc. of IDW/AD '12, 3Dp-14 (2012)
30) S. Nishiyama *et al.*, Proc. of IDW '15, 863 (2015)
31) K. Yoshioka *et al.*, Proc. of IMID 2015, 74 (2015)
32) Y. Horikawa *et al.*, Proc. of IDW/AD '12, 3Dp-35L (2012)

第2章　奥行き知覚と両眼視機能の基礎

柴田隆史*

1　はじめに

新しいディスプレイ技術は，これまでにない映像表現を可能とし，我々に新しい映像体験をもたらす。ディスプレイ技術の進歩は，解像度の向上による映像の高精細化が議論されることも多いが，現実感や臨場感の高い映像表現という観点からは，3次元空間をどのように活用して映像を表示するのかという点も重要である。

3D映画や3Dゲームなどで広く用いられている2眼式の3Dディスプレイでは，2次元ディスプレイを用いて，画面の前後に広がる3次元空間に映像を表示している[1)]。また，VR（Virtual Reality）やAR（Augmented Reality），MR（Mixed Reality）における映像呈示方法として，実用化が急速に進んでいるヘッドマウントディスプレイ（Head-Mounted Display：HMD）では，100度以上の広い視野角の映像により3次元空間全体を表示したり，実空間に映像を重ねて表示したりしている[2)]。そして，空中に映像を表示する空中ディスプレイでは，3次元空間に実像を形成するため，ディスプレイの存在を観察者に意識させずに3次元空間を活用することが可能である[3,4)]。

こうした3次元空間における映像の再現性の向上には，我々の空間知覚特性をどのようにディスプレイ技術に活用するのかを考慮することが必要である。空間の知覚には聴覚や触覚も重要な役割を担うが，本稿では視覚に注目し，特に奥行き知覚の特徴について述べる。また，快適な映像観察という観点から，2眼式3Dディスプレイにおける視覚疲労について取り上げ，生理的な奥行き手がかりの重要性について述べる。

2　奥行き知覚

我々は奥行き知覚の働きにより，視空間を3次元的に捉えている。実空間における日常的な見え方を自然な見え方とするならば，ディスプレイによって空中に形成される像が実空間と同じように表現されれば，実物を見るのと同じように自然な見え方となることが期待できる。そのため，人間の奥行き知覚について理解することは非常に重要である。

奥行き知覚の働きを考える際，単眼による奥行き手がかりと両眼による奥行き手がかりに分類するなど様々な整理の仕方があるが[5~8)]，本稿では，奥行き知覚に関わる生理的要因と心理的要

＊　Takashi Shibata　東京福祉大学　教育学部　教授

因に分類する。空中ディスプレイにおける像の見やすさにおいては，その特徴から，生理的要因を検討することが重要だと考えられるためである。

2. 1　生理的要因

2. 1. 1　輻湊

輻湊とは，対象を見ようとするときに生じる左右眼の内向き・外向きの眼球運動のことであり，視対象までの距離に応じて変化する（図1）。また，左右の視線がなす角を輻湊角と呼び，視対象が近いほど大きくなる。つまり，遠くから近くを見る場合には，左右眼は内側に回転して輻湊角は大きくなり，逆に近くから遠くを見る場合には，左右眼は外側に回転して輻湊角は小さくなる。視距離（対象までの距離）が瞳孔間隔（約6.3 cm）に比べて十分に長いと仮定すれば，輻湊角は視距離に反比例して変化する。例えば，視距離25 cmでの輻湊角は約14.4度であり，視距離50 cmでは約7.2度，視距離1 mでは約3.6度，視距離5 mでは約0.7度と，視距離が長くなるほど輻湊角の変化は小さくなる。そのため，数メートル程度までの近距離において効果的な奥行き手がかりとなる[9]。しかし，個人差が大きいことも報告されている[10]。

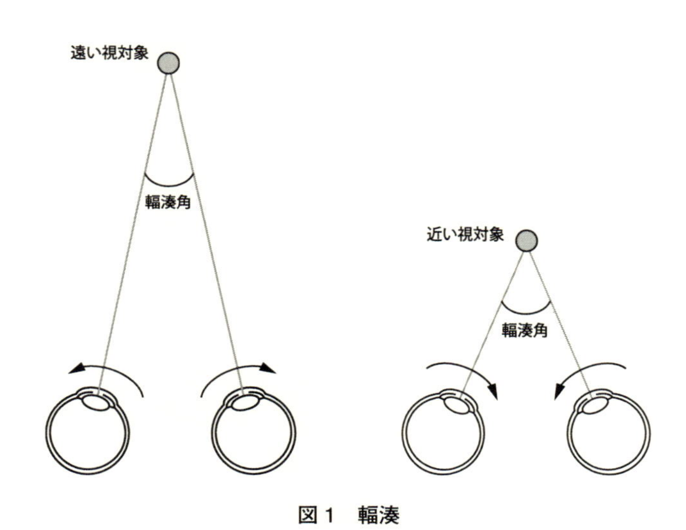

図1　輻湊

2. 1. 2　調節

調節は，視対象までの距離に応じてレンズの役割をしている水晶体の厚みを変化させ，網膜に鮮明な像を結ぶ機能である。近いところを見るときには，毛様体筋を緊張させることで水晶体が厚くなり，遠いところを見るときには，毛様体筋を弛緩させることで水晶体を薄くしている（図2)。屈折力は視距離（m）の逆数で表され，ディオプター（Diopter）という単位を用いる。視距離が長くなるほど屈折力の変化は小さくなるため，輻湊と同様に，近距離において効果的な奥行き手がかりであり，視対象までの距離が数メートル以内において特に有効である。しかし，実

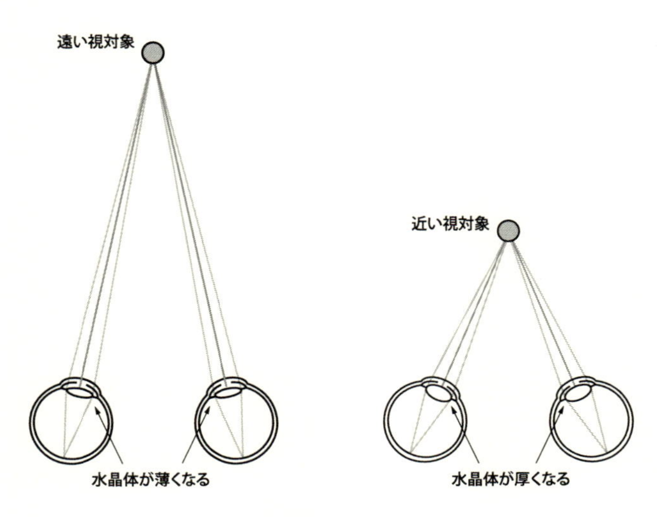

図2　調節

際の眼の屈折力は，調節ラグや焦点深度などにより変化するため，調節のみから正確な距離情報を得ることは難しい。また，調節が可能な遠点から近点までの幅（調節力）は，10代では10ディオプター程度あるが，加齢とともに小さくなる。さらに，近視や遠視といった屈折異常によっても調節可能範囲が異なるなど，個人差も大きい。

2. 1. 3　両眼視差

両眼視差は，ある対象を見たときの左右眼での網膜像のずれ（網膜像差）のことである（図3）。我々の左右眼は水平方向に約63 mm離れているため，左眼と右眼とではわずかに異なる像が投影される。奥行き方向の距離と網膜上でのずれ量が対応するため，両眼視差から見ている対象物の前後の距離情報を知る手がかりとなる。両眼視差による立体感の検出は非常に精度が高

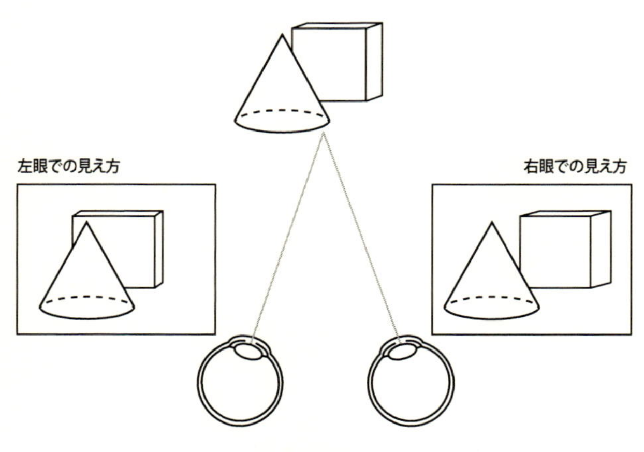

図3　両眼視差

く，視角約10秒の僅かなずれ量でも検出することができる[11]。そのため，観察者から数メートル離れた場所の，数センチメートルの前後位置の違いを識別することができると言われている。奥行きを知覚する有力な手がかりとなるため，現在の多くの3Dディスプレイは，この両眼視差を基本原理として利用している。

2. 1. 4　運動視差

運動視差は，観察位置の移動によって，複数の物体の相対的な位置関係が変化することにより生じる，見え方の違いである（図4）。例えば，特定の物を注視しながら，頭部あるいは身体を左右に運動させながら見た場合，注視点よりも近くにある物体は，頭部の移動方向と反対方向に移動し，逆に注視点よりも奥にある物体は，頭部の移動方向と同じ方向に移動する。物体が動く向きと大きさの違いが，相対的な距離の違いを知る手がかりとなる。また，観察者が静止していても，見ている対象が運動している場合にも視差が生じるため，奥行きを感じる手かがりとなる。運動視差により，2眼式立体映像の観察における物体の凹凸感が自然に再現されることも報告されており[12]，空中ディスプレイにおいて滑らかな運動視差を呈示することにより，自然な映像を複数人で観察することも可能となる。

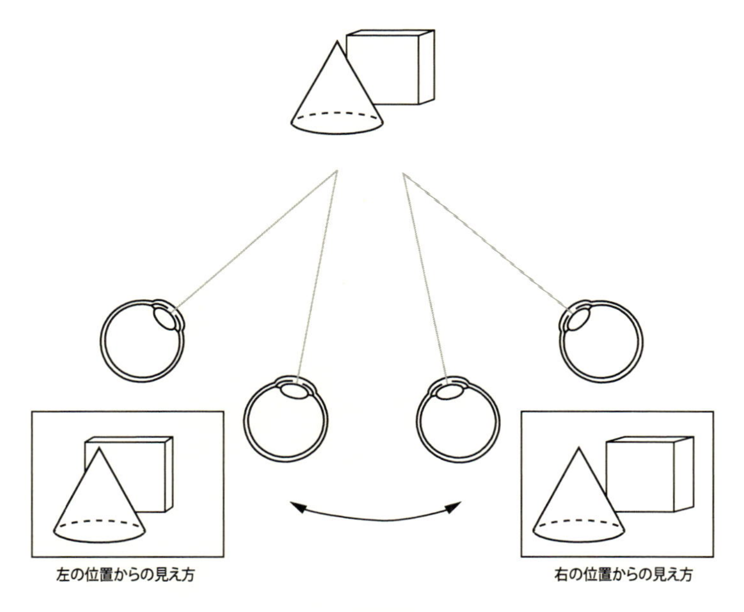

図4　運動視差

2. 2　心理的要因

奥行き知覚における心理的要因は，2次元ディスプレイでの奥行き表現にも活用され，片眼だけでも分かる奥行き感である。絵画的手がかりや経験的手がかりとも呼ばれ，遮蔽（重なり）や相対的大きさ，線遠近法，空気透視，視野内の高さなどがある[7,8]。通常の平面映像であるテレ

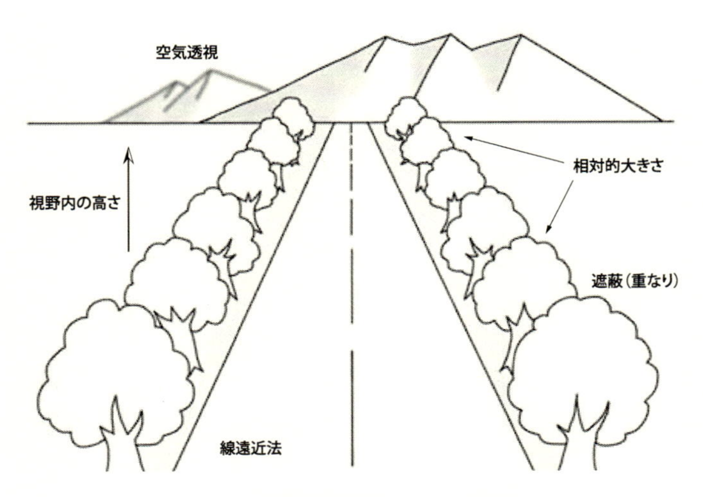

図５　奥行き知覚の心理的要因

ビや映画，あるいは絵画や写真などでも活用されている。

遮蔽（重なり）は，手前にあるものが背後にあるものの一部を隠す状態であり，隠されている対象の方が遠いと判断される手がかりである。図５の街路樹の重なりのように，絶対距離に依らず，強力な奥行き手がかりとなる。

相対的大きさは，同じ大きさの対象が複数あるときに，網膜像の小さい方が遠いと判断される手がかりとなる。また，対象の大きさが既知であれば，対象までの距離を推測することもできる。

線遠近法では，図５の道路のように，３次元空間における平行線を２次元に投影したときに，消失点に向かって平行線が収束していく様子から，線が遠くに延びていると判断される。

空気透視は，空気遠近法とも呼ばれ，大気中の光線が乱反射することで，遠くの対象ほどコントラストが低下して霞んで見えることから判断される奥行き手がかりである。例えば，近くにある木の緑色よりも，遠くにある山の緑色の方が薄く，青みを帯びて見える。

視野内の高さは，視野における対象の相対的な高さの違いから判断される奥行き手がかりである。図５の街路樹の並びのように，視野内で高い位置にある対象ほど遠いと判断される。しかし，室内における天井のように，対象が眼の高さよりも上にある場合は，遠い対象ほど視野内で低い位置になる。

本稿で取り上げた奥行き手がかり以外に，陰影[13]やきめの勾配なども，奥行きや凹凸を知覚する重要な手がかりである。

3　輻湊と調節の関係性と快適な映像観察

ディスプレイにおいて，実空間と同様の自然な映像観察を実現するためには，普段，我々が経験している奥行き手がかりを呈示することが望まれる。従来の2眼式3Dディスプレイでは，その映像呈示の原理から，立体像の位置に合わせて調節という奥行き情報を呈示することが困難である（図6）。なぜならば，注視する立体像の奥行き位置が変わることで輻湊が変化しても，調節は鮮明な網膜像を得るためにスクリーン位置近傍に合わせる必要があるためである。その結果，輻湊による距離情報と調節による距離情報との間に不整合が発生する。一方，空中像の観察においては観察者の調節が適切に機能することから[14〜16]，実空間と同様の観察ができ，視覚負担を軽減した快適な映像観察となることが期待できる。また，輻湊と調節は相互作用があるため（後述），ディスプレイにおいてその2つの奥行き手がかりが適切に呈示される効果は大きいであろう。

ここでは，奥行き手がかりの生理的要因である輻湊と調節に注目して，従来の2眼式3Dディスプレイにおける輻湊と調節の不整合がもたらす視覚疲労に関する研究を通して，映像観察において生理的要因を考慮することの重要性を考える。

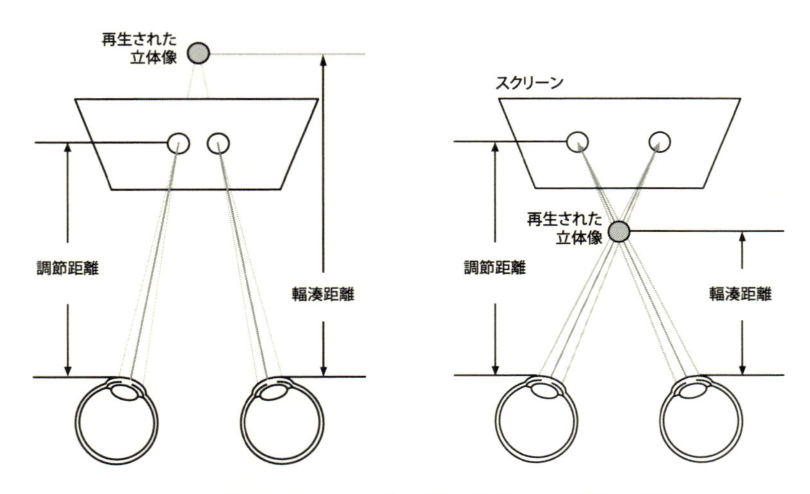

図6　2眼式3Dディスプレイ利用時における輻湊と調節

3. 1　輻湊と調節の相互作用

視対象を固視する際には輻湊と調節が機能し，両眼で単一視かつ明視をするためには，輻湊と調節の双方が共に適切に機能する必要がある。輻湊を誘発する主な刺激は両眼視差であり，調節を誘発する主な刺激は網膜像におけるぼけである。しかし，輻湊と調節は完全に独立して機能しているわけではなく，相互作用があり，調節反応により輻湊が誘発され（調節性輻湊），輻湊反応により調節が誘発される（輻湊性調節）[17〜19]。

輻湊と調節の距離は，実空間ではほとんどの場合において同じであるため，輻湊と調節の相互作用は極めて役立っている。例えば，その相互作用により反応速度が上がることが知られており，調節は，ぼけと視差が変化する両眼視の方が，ぼけだけが変化する単眼視よりも反応が早い[20,21]。同様に，輻湊は，ぼけと視差が変化するときの方が，視差だけが変化する時よりも反応が早い[20,22]。

従来の2眼式3Dディスプレイでの映像呈示のように，輻湊と調節の距離が異なる場合にはそれぞれに対する刺激量が異なるため（図6），輻湊と調節の相互作用が阻害される可能性がある。また，輻湊と調節の不整合により生じる視覚疲労や不快感については，多くの報告がなされている[23～25]。

3. 2　輻湊と調節の不整合による視覚疲労

Shibataらは，輻湊と調節の不整合による視覚疲労が，視距離の違いによってどのように異なるのかを検討した[26]。設定した視距離は，3D映画鑑賞のような長い距離（0.1ディオプター，すなわち10 m），VDT作業やテレビ視聴のような中間距離（1.3ディオプター，すなわち77 cm），モバイル利用のような短い距離（2.5ディオプター，すなわち40 cm）の3種類であった（図7左）。そして，それぞれの視距離に対して，輻湊と調節の手がかりが一致している状態（自然視）と一致していない状態（2眼式3Dディスプレイでの観察）を，実験用に開発されたディスプレイ[27]を用いてシミュレートした。当該ディスプレイの複屈折を利用したレンズにより，調節刺激量を高速に変化させることができた。

輻湊あるいは調節の変化量は，遠距離条件では0.1から1.3ディオプター，中間距離条件では1.3から2.5ディオプター，そして短距離条件では2.5から3.7ディオプターであり，実験参加者は各視覚状態を交互に注視した。実験条件を表した図7の左において，条件1，3，5は2眼

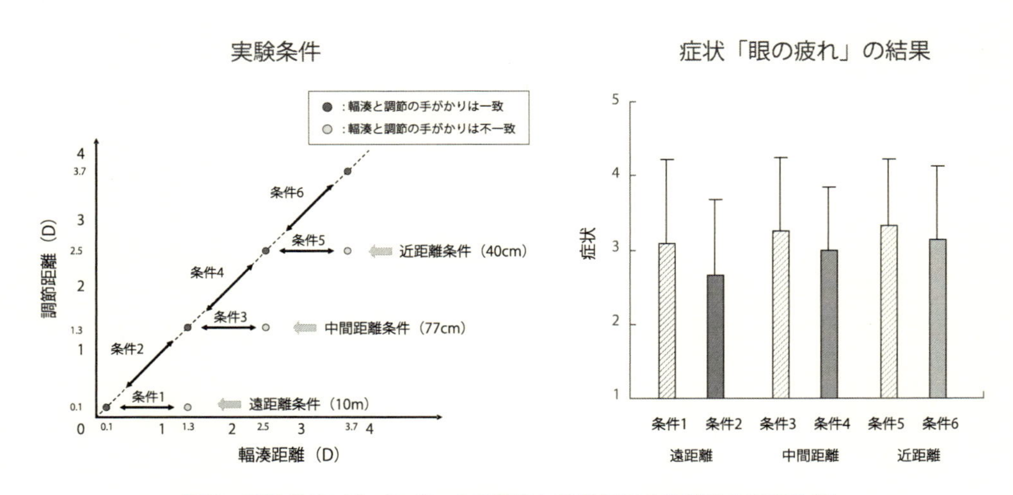

図7　2眼式3Dディスプレイの観察と自然視による視覚疲労の比較

式3Dディスプレイでの観察条件であり，条件2，4，6は自然視での観察条件であった。各条件における観察時間は20分間であり，実験参加者はそれぞれの観察後に視覚疲労に関するアンケートに5件法で回答した。また，実験参加者は正常な両眼視機能を有する24例（19～33歳）であった。

図7の右に自覚症状「眼の疲れ」の平均値および標準偏差を示す。縦軸は症状の程度を表し，数値が高いほどその程度が大きいことを表している。いずれの視距離においても，輻湊と調節の手がかりが一致していない状態（2眼式3Dディスプレイでの観察）の方が，一致している状態（自然視）よりも疲労の程度が大きく，特に，視距離が長くなるほどその差が大きいことが示された。また，2眼式3Dディスプレイと自然視のいずれの観察条件においても，視距離が短くなるほど疲労の程度が大きくなる傾向にあった。

空中ディスプレイにより輻湊と調節の奥行き手がかりが適切に呈示できれば，自然視の実験条件（条件2，4，6）の結果になることが予想され，輻湊調節問題がある従来の3Dディスプレイよりも快適な映像観察となることが期待できよう。

4　おわりに

我々は，様々な奥行き手がかりを基に3次元空間を知覚している。その中でも生理的要因に分類される輻湊，調節，両眼視差および運動視差の4つが，空中ディスプレイを始めとする3次元ディスプレイの映像表現を考える上で重要となるであろう。

現在広く用いられている2眼式3Dディスプレイは，両眼視差と輻湊により3次元空間に映像を再生し，効果的に立体映像を表現できる。しかし，自然視のように視対象に調節を応答させることが困難であることから，自然視よりも視覚疲労が生じるという課題がある。また，2眼式では運動視差の表現が困難であることから，観察者の頭部運動や身体運動により映像に歪みが生じたり[28]，多視点からの観察ができなかったりする課題がある。空中ディスプレイによりそれらの課題が解決されることで，快適かつ自然で見やすい3次元映像の表示が実現することが期待される。さらに，空中像により，ディスプレイの存在を意識させずに実空間に映像表示できることから，3次元空間をこれまで以上に効果的に使える可能性もある。そのため，快適な映像観察の実現と相まって，3次元映像の活用方法や応用分野，応用場面が増えることも期待される。例えば，応用場面として学校での教育利用が挙げられる。3次元的に教材を観察することで，探求的な学習を促進させることが期待でき[29]，そして，実空間において3次元教材を複数人で共有できることで，教室でのグループ活動による協調学習を促すことが期待できるであろう[30]。

文　　献

1) C. Tricart, 3D Filmmaking: Techniques and Best Practices for Stereoscopic Filmmakers, Routledge (2016)
2) 柴田隆史, 映像情報メディア学会誌, **71**(3), 292 (2017)
3) 山本裕紹, 日本画像学会誌, **56**(4), 341 (2017)
4) 宮崎大介, 光学, **40**(12), 608 (2011)
5) S. E. Palmer, Vision Science: Photons to Phenomenology, A Bradford Book, The MIT Press (1999)
6) 金子寛彦, 光学, **31**(10), 771 (2002)
7) 河合隆史ほか, 3D 立体映像表現の基礎—基本原理から制作技術まで—, オーム社 (2010)
8) J. E. Cutting & P. M. Vishton, Perception of Space and Motion, 69-177, Academic Press (1995)
9) C. V. Hofsten, *Vision Res.*, **16**(2), 193 (1976)
10) W. Richards & J. F. Miller, *Percept. Psychophys.*, **5**(5), 317 (1969)
11) S. B. Stevenson *et al.*, *Vision Res.*, **32**(9), 1685 (1992)
12) 名手久貴ほか, 映像情報メディア学会誌, **56**(6), 1015 (2002)
13) V. S. Ramachandran, *Nature*, **331**(6152), 163 (1988)
14) 堀川裕太ほか, 映像情報メディア学会技術報告, **36**(24), 11 (2012)
15) Y. Kim *et al.*, *J. Disp. Technol.*, **8**(2), 70-78 (2012)
16) 日浦人誌ほか, NHK 技研 R&D, (159), 23 (2016)
17) E. F. Fincham & J. Walton, *J. Physiol.*, **137**, 488 (1957)
18) T. G. Martens & K. N. Ogle, *Am. J. Ophthalmol.*, **47**, 455 (1959)
19) C. M. Schor, *Optom. Vis. Sci.*, **69**(4), 258 (1992)
20) B. G. Cumming & S. J. Judge, *J. Neurophysiol.*, **55**, 896 (1986)
21) V. V. Krishnan *et al.*, *Am. J. Optom. Physiol. Opt.*, **54**, 470 (1977)
22) J. Semmlow & P. Wetzel, *J. Opt. Soc. Am.*, **69**, 639 (1979)
23) D. M. Hoffman *et al.*, *J. Vision*, **8**(3), 1 (2008)
24) M. Lambooij *et al.*, *J. Imag. Sci. Technol.*, **53**, 1 (2009)
25) P. A. Howarth, *Ophthalmic Physiol. Opt.*, **31**, 111 (2011)
26) T. Shibata *et al.*, *J. Vision*, **11**(8), 1 (2011)
27) G. D. Love *et al.*, *Opt. Express*, **17**, 15716 (2009)
28) R. T. Held & M. S. Banks, Proceedings of the 5th symposium on Applied perception in graphics and visualization, 23 (2008)
29) T. Shibata *et al.*, *IEICE Trans. Electron.*, **E100-C**(11), 1012 (2017)
30) T. Shibata *et al.*, Encouraging collaborative learning in classrooms using virtual reality techniques, Proceedings of EdMedia 2018 (in press)

第3章　空中ディスプレイの開発動向

山本裕紹*

1　はじめに

何もない空間に浮かぶ映像は，SF 映画で描かれてきたように，遠い未来にならないと実現しないような夢のディスプレイ技術と思われてきた。たとえば，図 1 に示すように，空中に浮く映像を周囲にいる複数人が裸眼で同時に観察している様子が SF 映画に登場する。ユーザーは空中スクリーンに表示された情報を直接触って操作することができる。このような空中ディスプレイを実現するためには，[要件 1] 何もない空中で誰からも同じ位置に映像が見えること，[要件 2] 特殊な眼鏡などを必要とせずに広い範囲から空中の映像が見えること，[要件 3] 映像に手で触れてインタラクションが可能であること，がポイントとなる。

これまでに普及している 3D ディスプレイはこれら 3 つの要件を同時に満たすことが難しい。従来の両眼視差式の 3D ディスプレイにおいては，映像が知覚される位置は，観察者の位置と瞳孔間距離によって変化するため[1]，上記の要件 1 を満たすことができない。異なる奥行きに表示された 2 枚の映像の間の奥行き融合錯視 3D（depth-fused 3D：DFD）ディスプレイ[2]においては，瞳孔間距離に関わらず，同じ奥行きに知覚される。ただし，通常の DFD 表示では観察位置が限定されるため，要件 2 が満たされない。ハーフミラーに反射する虚像を用いて空中に映像を見せる方式では，要件 1 と 2 を満たすが，虚像を触ることができないため，要件 3 を満たすことができない。

本書で解説される空中結像の手法[3~5]によれば，何もない空間に広い範囲から光を集めることが可能になる。空中に形成された実像の位置は固定であるため，要件 1 が満たされる。複数の観察者に光が届くように広い範囲から光を収束していれば，要件 2 が満たされる。さらに，映像に手が触れた際に何らかのフィードバックを行うことで，要件 3 が可能になる。

本稿では空中ディスプレイの開発について，最近の動向について解説する。光学素子の詳細や空中ディスプレイの光学系に関する内容は本書の第Ⅱ編以降を参照いただくとして，本章では表示例を中心として代表的な結果のみを記すことに留めるとして，各種の事例を通じて空中ディスプレイの開発動向を紹介する。第 2 節では，空中映像の特長と機能化と題して，上記の要件 1 と 2 に関して，空中に映像が浮いて見えることをわかりやすくする取り組みについて紹介する。第 3 節では，インタラクティブ空中ディスプレイと題して，要件 3 に関して，ユーザーとのイ

---

*　Hirotsugu Yamamoto　宇都宮大学　大学院工学研究科　先端光工学専攻／オプティクス教育研究センター　准教授

図1　SF映画に描かれるような空中映像のイメージ

ンタラクション事例を中心に紹介する。第4節では，今後の展望と題して，応用展開がイメージされた取り組みと期待される分野について述べる。

2　空中映像の特長と機能化

最近の空中ディスプレイ技術のポイントは，空中への実像の形成である。2010年の3Dテレビブームを巻き起こした，両眼視差によるステレオ式3Dテレビでは，両眼視差と輻湊（ふくそう）により奥行きの手がかりを与えることができるが，観察者が動くと，3D映像が観察者側に追従してしまう違和感を生じた。これに対して，空中に形成された実像は，観察者に対して滑らかな運動視差を与えることができる。さらに，広い視野で形成された空中スクリーンを横から観察すると平らな形状が目でわかるほどであり，視野の狭いホログラムで形成されたスクリーンなどと比べて，空中のその場に映像がある存在感が高い。

実像形成による空中像は，従来の3Dディスプレイで問題となった観察中の輻湊と調節の不一致の課題[6]を生じない。実際に直交ミラーアレイ（CMA）を用いて形成された空中像[7]に対して，眼の調節応答を調べた[8]。実験の配置を図2（a）に示す。眼の調節を測定するために，両眼開放型の検眼機（Rexxam WAM-5500）を用いた。LEDアレイの像がハーフミラーを介して観察者から1.0 m先に提示される。CMAによる空中像が観察者から1.5 m先に提示される。これらの鏡像と空中像が10秒間隔で切り替えて提示されたときの被験者の調節を測定した結果を図2（b）および（c）に示す。縦軸は距離の逆数である。空中像が表示されている間は空中像の距離に調節が安定して誘導されていることがわかる。

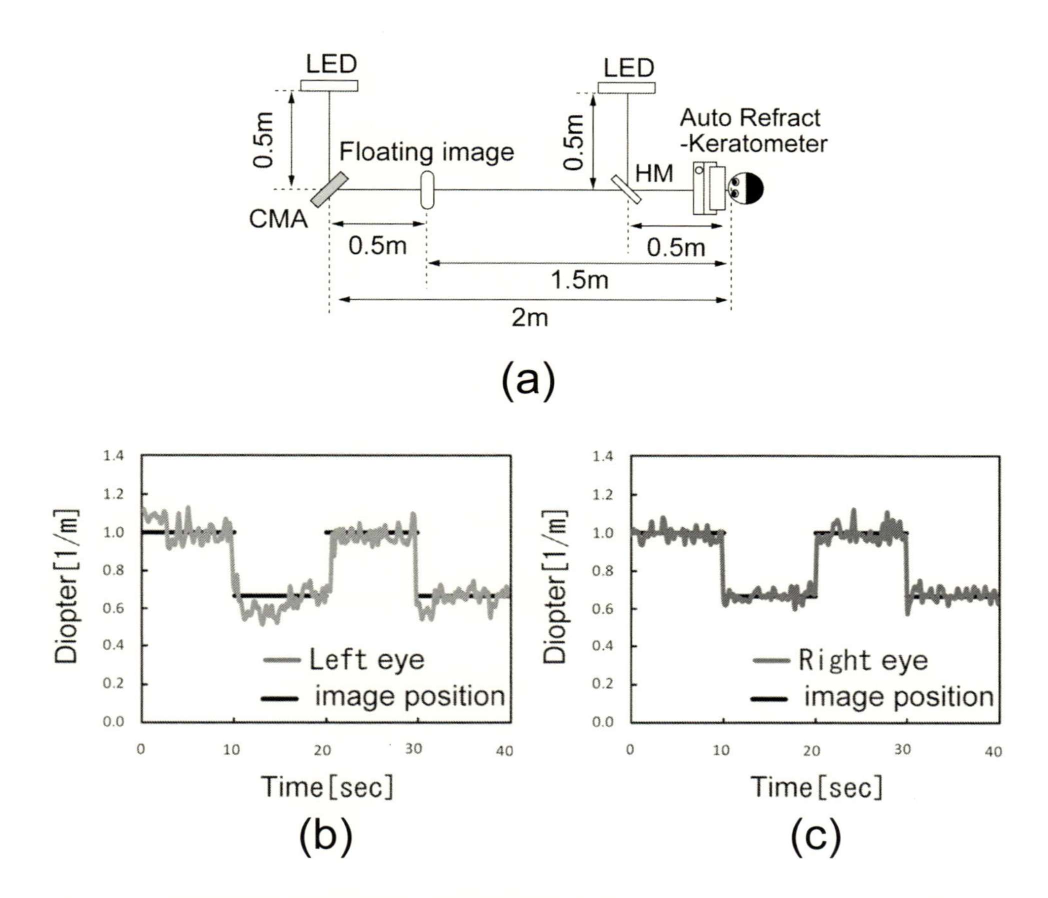

図２　(a) 空中像を観察中の眼のピント調節を調べる実験，(b) 左眼および (c) 右眼の調節応答

まったく何もない空中に表示された映像を初めて観察された方の中には，視線の先にある空中ディスプレイの射出面のガラス上に映像が貼りついて見えるような錯覚が生じる場合がある。従来のディスプレイは表示画面にハードウェアがあるか，プロジェクターのような場合でもスクリーンがあるため，我々が物理的ハードウェア上に映像を投影しているという誤解による錯覚かもしれない。この錯覚を排除するためには，空中像に対して比較対象となる映像を用いることが有効である。図３は，テーブルトップ上に空中映像を形成しながら，テーブルトップの表面には弱い散乱シートを設置して映像を投影した空中ディスプレイである。３次元カメラを使ってユーザーの手の間に空中映像をリアルタイムに表示するため，AIRR による実時間実空間２層ディスプレイ（real-time real-space double-layered display with aerial imaging by retro-reflection：R2D2 w/ AIRR）と名付けられた[9]。空中映像の下に背景となる映像を表示することで，空中映像と背景の間に視差が生じるため，空中映像の位置を理解しやすくなる。

空中映像自体が視差を有するようにする取り組みもなされている。図４は２層の液晶ディスプレイを空中に結像した様子である[10]。およそ１ cm の間隔で２層の空中映像が形成されてい

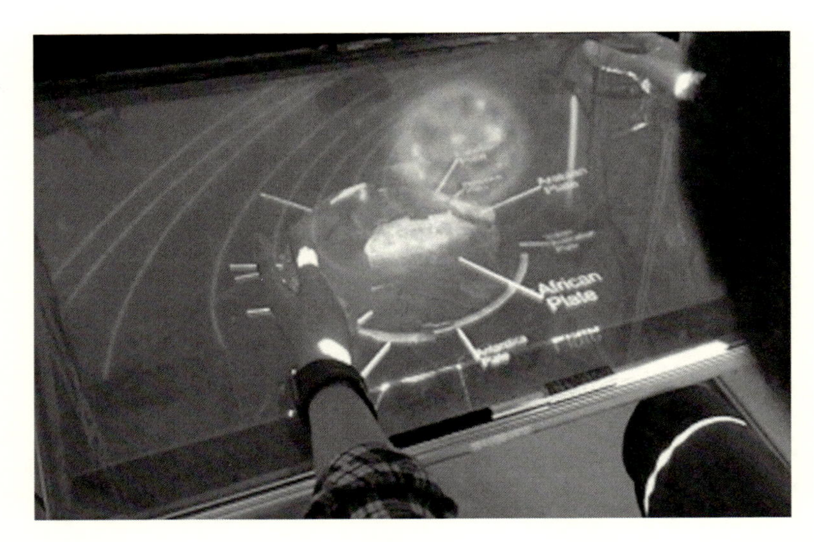

図3　再帰反射による空中結像による実時間実空間2層ディスプレイ（real-time real-space double-layered display with aerial imaging by retro-reflection：R2D2 w/ AIRR）

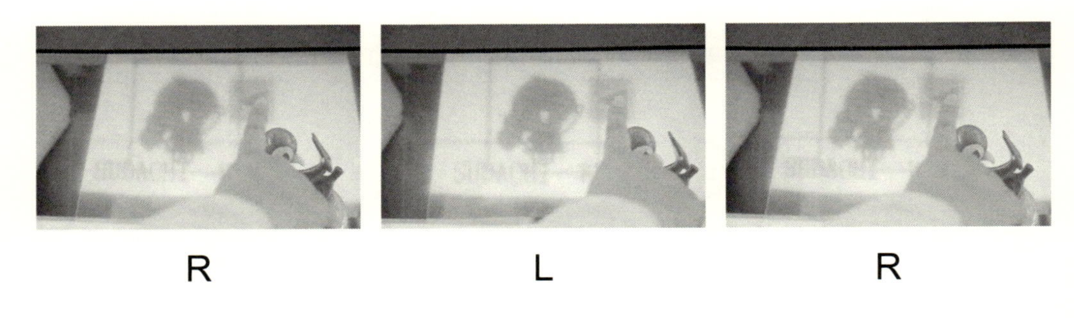

図4　2層空中ディスプレイ

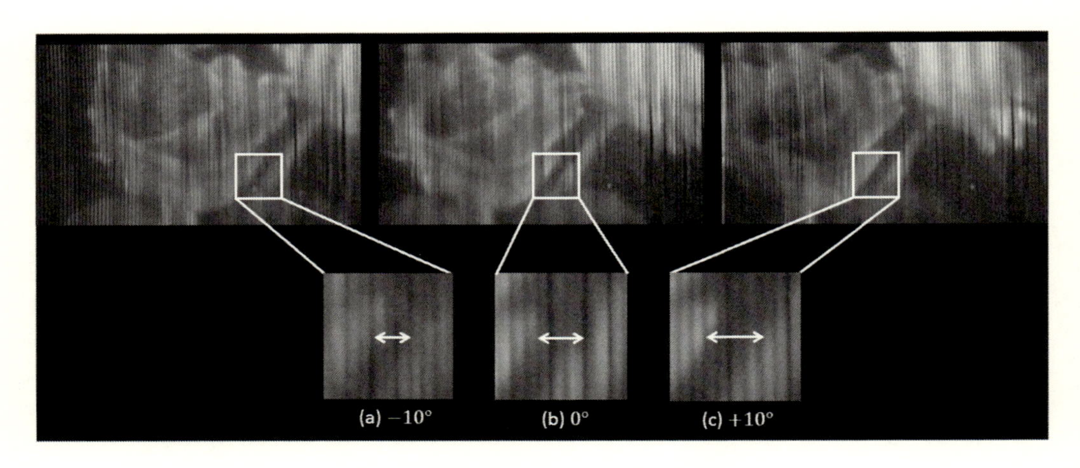

図5　空中ライトフィールド表示の様子

る。さらに，ライトフィールドディスプレイと呼ばれる，レンズアレイを用いて上下左右方向からの観察された映像を再現できる3Dディスプレイ[11,12]の画面を空中に結像すると，空中映像自体も上下左右方向の視差を有するものになる。図５は，鏡型インターフェースの画面として空中ライトフィールド映像を形成した様子である。見る方向によって映像の間に視差が再現されていることがわかる。

3　インタラクティブ空中ディスプレイ

空中ディスプレイは，自由空間インターフェースへの応用も期待されている。空中に形成された情報スクリーンを直接に手で操作すること，あるいは，ユーザーの位置や動きに応じてダイナミックに空中映像が変化するようなことが，空中表示技術により可能になると期待されている。

自由空間のジェスチャー操作を実現するために，高速（500 Hz）ビジョンシステム（東京大学石川研究室）との組み合わせにより，空中LEDスクリーンに表示された映像の直接操作を行うプロトタイプ「AIRR Tablet」を実現した[13]。図６に空中像を指で操作する様子を示す。インタラクションにおいてはシステムの遅延時間（レイテンシー）を最小化することが重要であり，映像信号の入力後に低いレイテンシーで表示するために，高速のフルカラーLEDディスプレイ[14]を開発して，AIRRの光源に用いた。その結果，ユーザーの指の位置の３次元計測に応じて高速LEDディスプレイに映像を表示するまでのトータルのレイテンシーを21.2 msまで短縮した。ユーザーは３次元空間内に浮かぶ画面に対してマルチタッチ操作で直感的に操作することが可能である。さらに，スクリーンの位置には物理的ハードウェアが存在しないため，手が映像

図６　AIRR Tabletにて空中スクリーンをマルチタッチ操作している様子
参照：https://youtu.be/iJd7fpH8n6M

を突き抜けて操作するようなアプリケーションも実現可能である。高速カメラを用いずにKinectのような3Dカメラを用いたインタラクションが，R2D2 w/ AIRR（図3）で用いられている。高速カメラを利用時に比べると多少の遅延が生じるが，空中像をゆっくりと扱うようなコンテンツや，ゲームのように繰り返し動作によりシステムダイナミクスをユーザーが学習できるようなデモンストレーションで好評をいただいている。

空中映像に触れたときに何らかのフィードバックを提示できることが望ましい。自由空間において非接触で触覚刺激を提示する手法として，超音波の収束が実現されている[15]。超音波の収束位置をコンピューターで制御できることやパターン提示が可能であるなど，自由空間における触覚提示技術の一つとして有力である。簡易に空中映像に触れたときに感覚フィードバックを提示する手法として，我々は空中ヒーター[16]の利用を提案している。空中ヒーター技術と空中ディスプレイ技術の複合によるマルチモーダル空中ディスプレイ[17]の様子を図7に示す。左右に2つの空中像が形成されており，左側の空中像の部分だけを加熱するように空中ヒーターが配置されている。空中像の位置にスクリーンを置き，空中ヒーターを加熱すると，左側の空中像の位置のスクリーンの温度が上昇することがわかる。実際に空中像に触れると温かさが感じられた。この

Power off

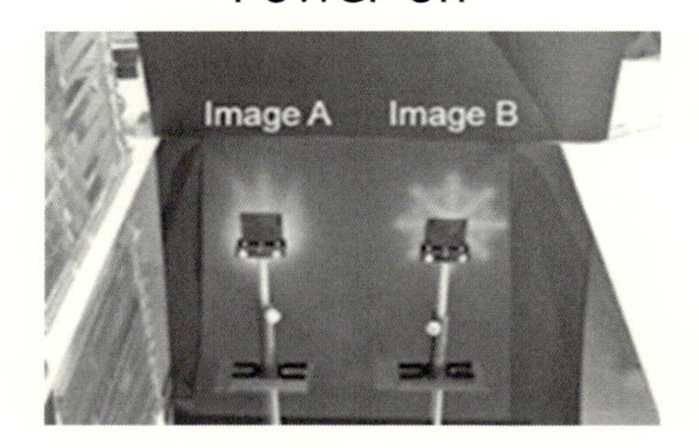

Power on

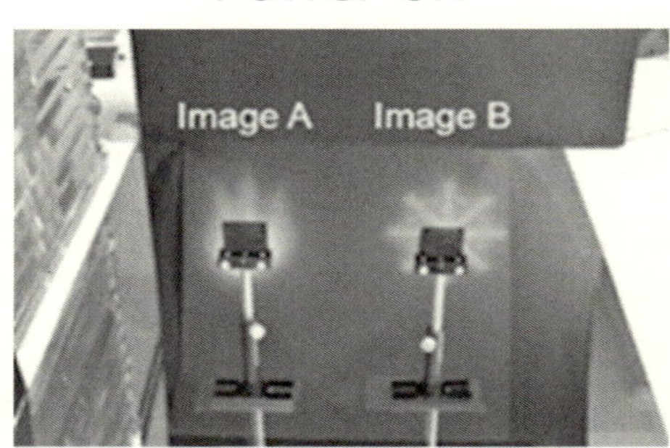

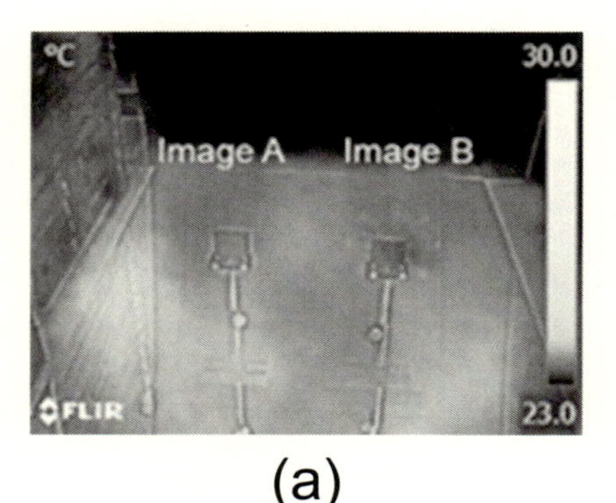

(a)

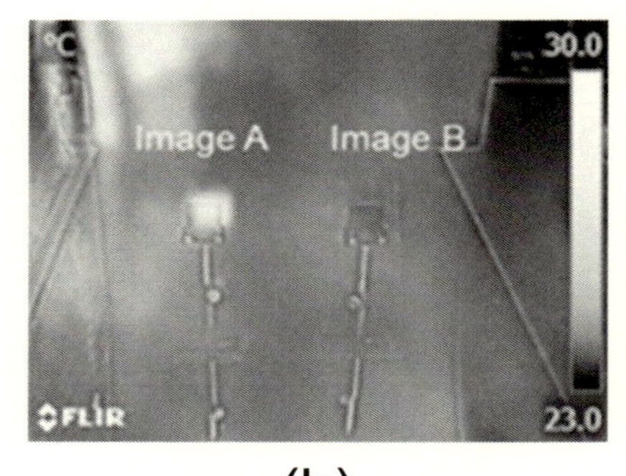

(b)

図7　空中ディスプレイと空中ヒーターの複合化
空中ヒーターの電源を入れるとImage Aの温度が上昇する。

ように空中映像に加えて多感覚のフィードバックを提示する手法の開発が進んでいる。

4　今後の展望

空中ディスプレイは，自動車のコックピットや各種の表示器，ディジタルサイネージやエンターテインメント用途において，急速に実用化が進むと期待されている。その市場規模は，2040年には３兆５千億円規模になるとの予測もなされている[18]。自動車においては，たとえば，ウィンドシールドの手前に見えるヘッドアップディスプレイ，運転席で操作しやすいように空中に操作画面のあるコンソール，自動運転において自動車の状態を示すような外部向けのサイン，ドライバーの意図を察知して各種の操作補助を行うバーチャルエージェントの表示[19]などの用途が期待されている。ディジタルサイネージにおいては，通り抜けられる看板[20]や空中マルチビューサイン[7]など，従来にはない新しい表示メディアとして期待されている。エンターテインメント用途においては，等身大スケールのボーカロイドの実像が舞台上に表示されて本物のダンサーと踊るオペラの上演[21]がなされるなど，舞台やコンサートでの実用化が始まっている他，パチンコなどのアミューズメント施設における演出[22]への応用が期待されている。図８はパチンコ台のガラス面の上に空中像を表示する光学系と表示例を示している。この場合，後付けユニットの形で空中ディスプレイ装置をパチンコ台の上に設置する形で空中映像の重畳を実現している。

空中スクリーンは，画面に触れることなく入力が可能になる端末画面として，医療用端末，飲

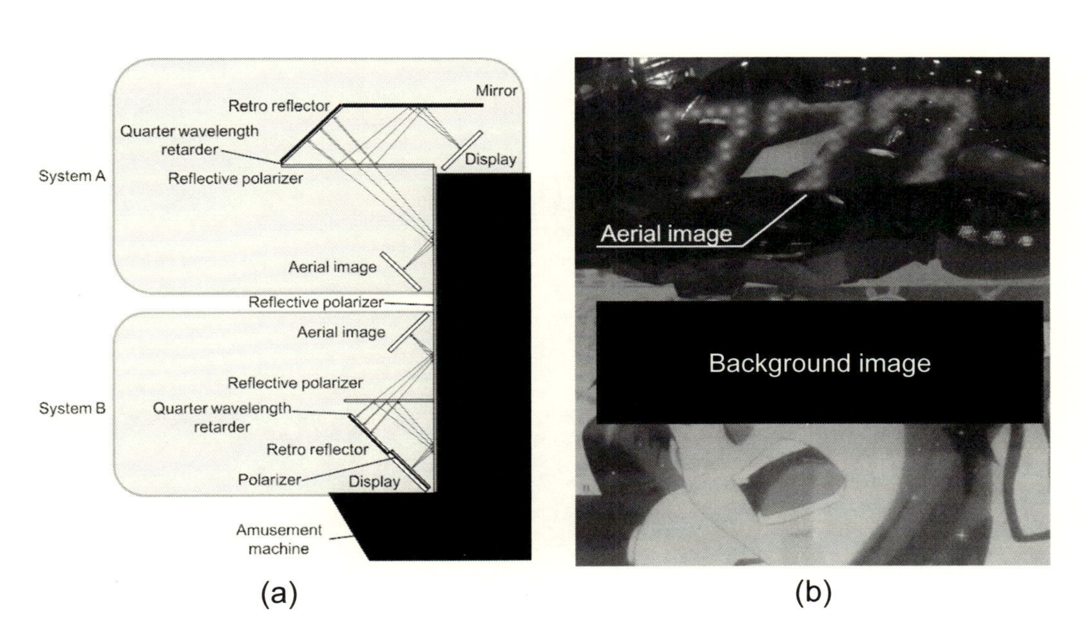

図８　(a) パチンコ台に対して空中映像を重畳する光学系，(b) パチンコ台の上に空中 LED サインが浮かんでいる様子

食店での注文端末や ATM 向けの実用化も期待されている。これらの用途では手袋をしたままで操作できるだけでなく，画面を払しょくすることなく衛生状態を保てる利点がある。さらに，偏光変調により覗き込み防止機能を有する空中ディスプレイが可能である[23]。図９（a）に示すように，積層された液晶ディスプレイに暗号化された画面を表示している。図９（b）に示すように，３次元的に限定された位置から観察した時だけ，秘密画像を観察できる。

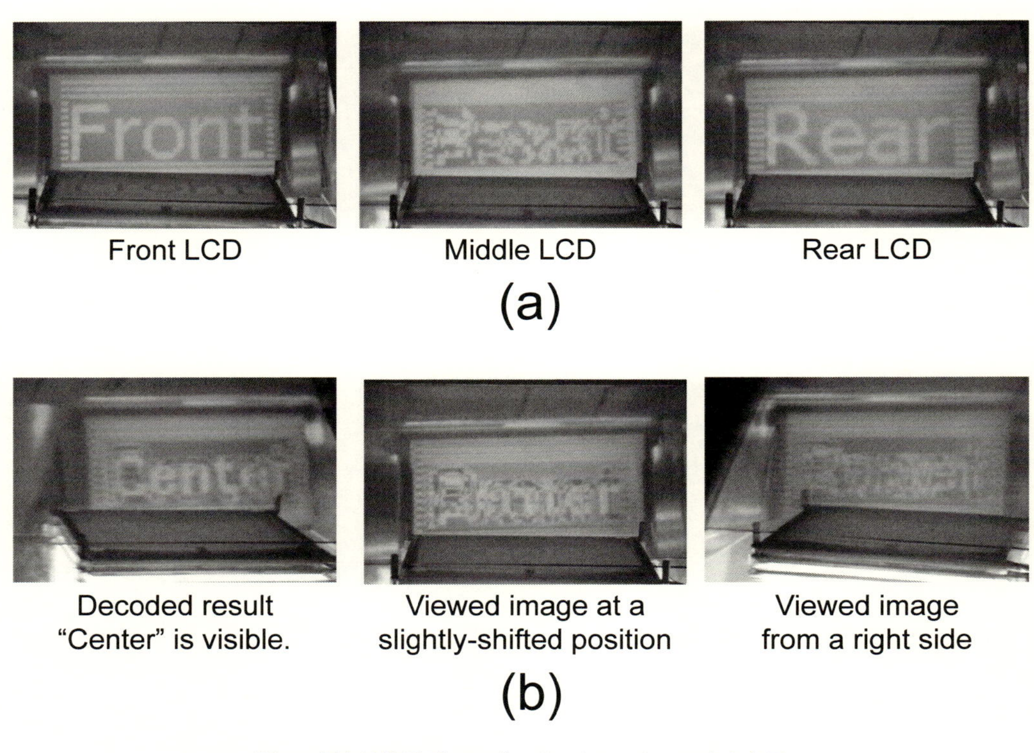

図９　偏光演算型ディスプレイによるセキュア空中表示
（a）３層の液晶ディスプレイに表示された映像，（b）限定された位置でのみ秘密情報（Center）を認識可能。

図 10　空中結像を応用した水中ディスプレイ

空中結像の原理は，水中にも応用できる。図10は水の中に表示した様子である。従来にはディスプレイを置けなかった水中にスクリーンを形成できるため，水族館での演出だけでなく，プールにて映像を泳ぎぬける体験ができるようになる。メダカなどの魚を使った行動生物学実験への刺激提示への空中ディスプレイの応用が始まっている[24)]。また，植物が生い茂った中で注目領域を照明する用途[25)]でも空中ディスプレイの応用がなされている。

5　おわりに

本稿では空中ディスプレイの開発動向として，空中に浮いているとわかりやすくする工夫についていくつかの例を示した。つぎに，インターフェース応用で重要となるインタラクティブ空中ディスプレイについて紹介した。さらに，応用が期待される用途として，自動車，サイネージ，エンターテインメントがあることを述べた。

空中ディスプレイを用いれば，物理的接触なしにタッチパネル操作が可能になることから公共空間でのタブレット端末の置き換えとなりえる。また，簡単な空中ボタンユニットの形での普及なども期待されるところである。このように，本稿が様々なものを空中に置き換える発想のヒントになれば幸いである。

謝辞

本研究の一部は，JST ACCEL Grant Number JPMJAC1601，JSPS科研費24300041, 24656052, 24246071, 15H02739によるものである。AIRR Tabletは石川正俊博士・M. Sakti Alvissalim博士・安井雅彦氏と共同で開発された。積層液晶を用いた空中表示は，伊藤秀征氏・内田景太朗氏，R2D2 w/ AIRRの開発は徳田雄嵩氏，水中結像は小貫健太氏と共に研究を進めた成果である。ここに記して謝意を表したい。

文　　献

1）H. Yamamoto *et al.*, *Opt. Rev.*, **9**, 244（2002）
2）S. Suyama *et al.*, *Vision Res.*, **44**, 785（2004）
3）大坪誠，本書，第Ⅱ編 第1章
4）前田有希，本書，第Ⅱ編 第2章
5）山本裕紹，本書，第Ⅲ編 第2章
6）柴田隆史，本書，第Ⅰ編 第2章
7）R. Kujime *et al.*, *Opt. Rev.*, **22**, 862（2015）
8）Y. Horikawa *et al.*, Proc. IDW/AD '12, 1289（2012）
9）Y. Tokuda *et al.*, SIGGRAPH Asia 2015 Emerging Technologies, 20（2015）
10）H. Yamamoto *et al.*, Proc. IWH（International Workshop on Holography and Related

Technologies）2014 Digest, 34（2014）
11）小池崇文，本書，第Ⅲ編 第4章
12）岩根透，本書，第Ⅲ編 第5章
13）安井雅彦ほか，計測自動制御学会論文集，**52**, 134（2016）
14）T. Tokimoto *et al.*, *J. Disp. Technol.*, **12**, 1581（2016）
15）篠田裕之，本書，第Ⅲ編 第10章
16）山本裕紹，本書，第Ⅱ編 第7章
17）T. Okamoto *et al.*, Proc. IDW/AD '16, 823（2016）
18）矢野経済研究所，*Yano E plus*, No.104, 69（2016）
19）森田学ほか，本書，第Ⅳ編 第4章
20）菊田勇人，本書，第Ⅳ編 第1章
21）冨田勲×初音ミク『ドクター・コッペリウス』（渋谷オーチャードホール，2016年11月11日-12日開催）
22）小堀智史ほか，OPJ2017 講演予稿集，31aP18（2017）
23）K. Uchida *et al.*, *Opt. Rev.*, **24**, 72（2017）
24）E. Abe *et al.*, Proc. IDW '17, 932（2017）
25）K. Kawai *et al.*, Proc. IDW '17, 928 (2017)

第Ⅱ編
要素技術

第1章　ASKA3D プレート—対面ミラー型マイクロ反射素子を用いた面対称光学結像素子—

大坪　誠*

1　緒言

完全なる“立体像＝自然視認と同一”の生成は有史以来続く人類の夢である。その最初の提案者が，“ホログラム”原理を1947年に発見したオーストリア出身の物理学者ガーボル・デーニッシュ（Gábor Dénes）であったことは広く知られている。

筆者は当時，このホログラム原理そのものを変えて実現できないか模索していた。1996年の夏頃であった。“空中に歪みのない実像を浮かばせたい”。度々の会社出張の際，新幹線の窓から外の景色を眺めながら夢想していたことを思い出す。

着想のきっかけを得たのが，このまさに新幹線の“窓ガラス”であった。今から思えば当たり前のことだが，一枚の窓ガラスの板を通過する無数の光線群が，幾何光学的な法則に従い，まさに立体像を形成している。（車窓の向こうではあるが）そこから“空中結像”への着想が始まった。

窓ガラスを通過する光線一本一本を幾何光学に置き換えてみると，窓の外の被写体の一点からコーン状に拡散する無数の光線が想像できるであろう。発光の起点から，窓ガラス（開口）の枠を縁とする立体角内に，放射状に拡散する光線群の束（Lb）が窓ガラスを通過し，筆者の眼に届いているという現象である。

この現象を時間（ti）的に考察すると，光線は光点（t0）→窓ガラス（t1）へ発散している。時間軸を反転すれば元の光点へと帰する。ここが着想のポイントだった。

空中に結像させるには，全ての光線群（Lb）を（t1）→（t0）に時間反転できれば可能だが，時間反転は物理的にできない。そこで考案したのが，それと等価な方法として，光線群（Lb）ベクトルを（t1）→（t0）とするデバイス【ガラス板に直角な反射面を持つ】が“マイクロミラーアレイ”である。

そのアイデアが翌年1997年1月10日，最初の特許出願「光学結像装置」[1)]となった。当時，光学素子（光線群（Lb）ベクトルを（t1）→（t0）とするデバイス）としては，シリンドリカルミラー素子，球面内部反射素子，矩形（断面が正方形）ロッドミラー素子等を候補に想定していた。

＊　Makoto Otsubo　㈱アスカネット　エアリアルイメージング事業部　研究開発チーム　スペシャリスト

この中の【矩形（断面が正方形）ロッドミラー素子】が工業化に適した【上下セパレート型の直交ミラーデバイス＝ASKA3D プレート】として発展し，現在に至る。

近年の動向としては，【歪みの少ない立体像形成・要素技術】として，いくつか提案されている。その筆頭が“DCRA 素子”，“再帰反射素子＋ハーフミラーのシステム”であろう。

以下，要素技術の観点から ASKA3D プレートの仕組みと応用につき紹介する。

2　原理と構造

対面ミラー型マイクロ反射素子を上下直交させた面対称光学結像素子

2.1　構造

互いに平行に配置され，内面が反射ミラーの光学結像素子であって，素子単体（ミラー間距

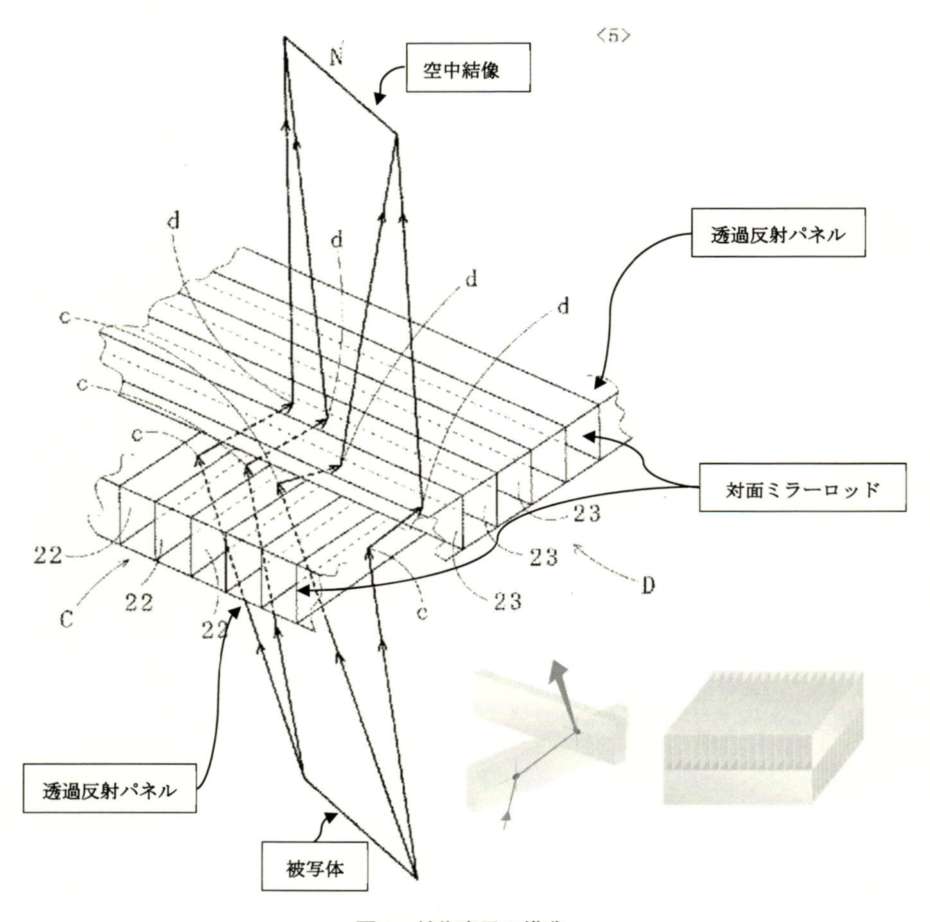

図１　結像素子の構造

離：d，ミラー高さ：h，素子長：Lsで形成された内面反射型透明ロッドミラー）を水平面内で，その反射面を密接してN個並べて側面接着統合された透過反射パネル1と同様の透過反射パネル2があり，この2枚のパネルを上下で直交するように密接または，離間して接合された透過反射デバイス。

2. 2　原理

光学分野では一般的なコーナーキューブの特徴である2面直交ミラーの2回反射による再帰反射機能を利用する原理である。

図1に示すように，結像デバイスの一方側から被写体の各点から発する入射光線各々が，デバイス面で面対称に反射し他方側に各々出射することにより，他方側空間側に再度各点（面対称）に収束することにより，実像として結像する。

ただし，この場合の実像は，被写体に対しシュードスコピックである（凹凸逆）。

補足1

この場合厳密には上下反射層の各々奇数回反射の反射点である各点間の入射から出射までの総延べ距離“光路差”が最終的な空中結像の必然的な離散的誤差となる。したがって，厳密には面対称に結像した“点”は“点の集合体”である。この“点の集合体”から発する光束を網膜に結像するが人の眼にはその分解能の関係で，“点”として網膜に結像認識される。

補足2

本原理では，“2次元配列のコーナーキューブ素子群”とは異なり，本来2回反射の反射層を，1回目を下部反射第一パネル，2回目を第二の上部パネルに分離した点，と，かつ対面ミラーにしたところが異なる。

特徴

入射光を一定時間対面ミラー内に閉じ込める効果がある。この構造は，以下の3点を意図している。

①　工業的に生産しやすい構造

②　低回折効果

ミラー開口部は上下分離方式により，

ASKA3D：1次元スリット開口

※ミラー素子間の仕切り：限りなく“0”

コーナーキューブ方式：2次元ピンホール開口

※成形方式では，反射素子間に型貫穴の空隙必要

③　輝度UP（重要）（図2，図3参照）

1次元開口により，アスペクト比を高くでき，また対面ミラー効果により，複数回反射が可能となり，低アスペクト比では透過していた光線が効率的に取り込め，結像輝度がかなりアップする（実質2倍）。

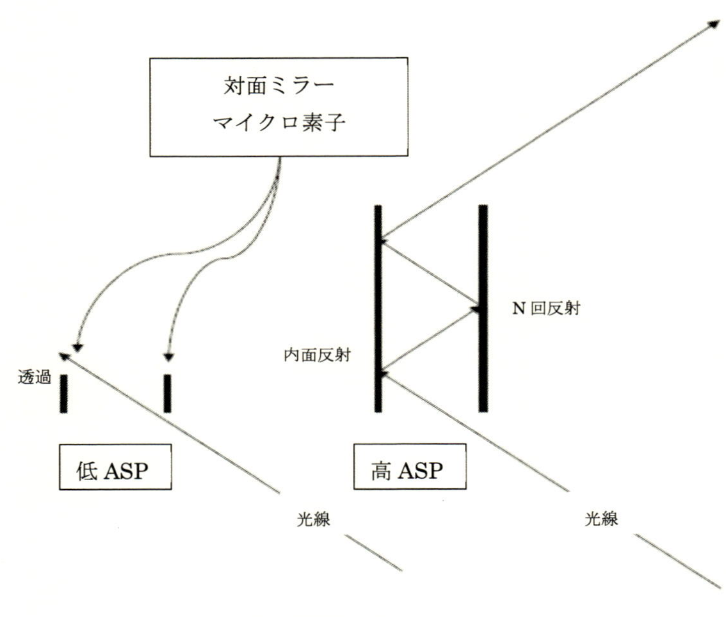

図2　対面ミラー素子

この場合，下部層：奇数回反射，上部層：奇数回反射が「空中結像成分」で，遇数回反射成分は「ゴースト像成分」となる。

また，コーナーキューブでは2面のミラー素子は必ずペアであるが，上下分離構造では多数の上下ミラー素子ペアが実現でき，さらに輝度アップの要因となる。

2. 3　光学シミュレーション

2. 3. 1　光学シミュレーション

結像の明度を左右するのは，対面ミラー素子のアスペクト比である。

アスペクト比（略称：ASP） = h/d

d：ミラーピッチ，h：ミラー高さ

図4，図5にアスペクト比の最適化を図るために光学シミュレーションした結果のその一例を示す[2)]。

図5に示すように，L = 500 mm，θ = 45度の場合，アスペクト比（=ミラー高さ／ミラーピッチ）が2～3の時が最も明度が増すことが分かる。したがって，ASKA3Dプレートは硝子積層方式の場合，アスペクト比は2.5～3に設定されている。

2. 3. 2　光学パネルの反射モード

図6に，ASKA3Dプレートの光学反射モードについてそのシミュレーション条件を，図7にその結果を示す[2)]。

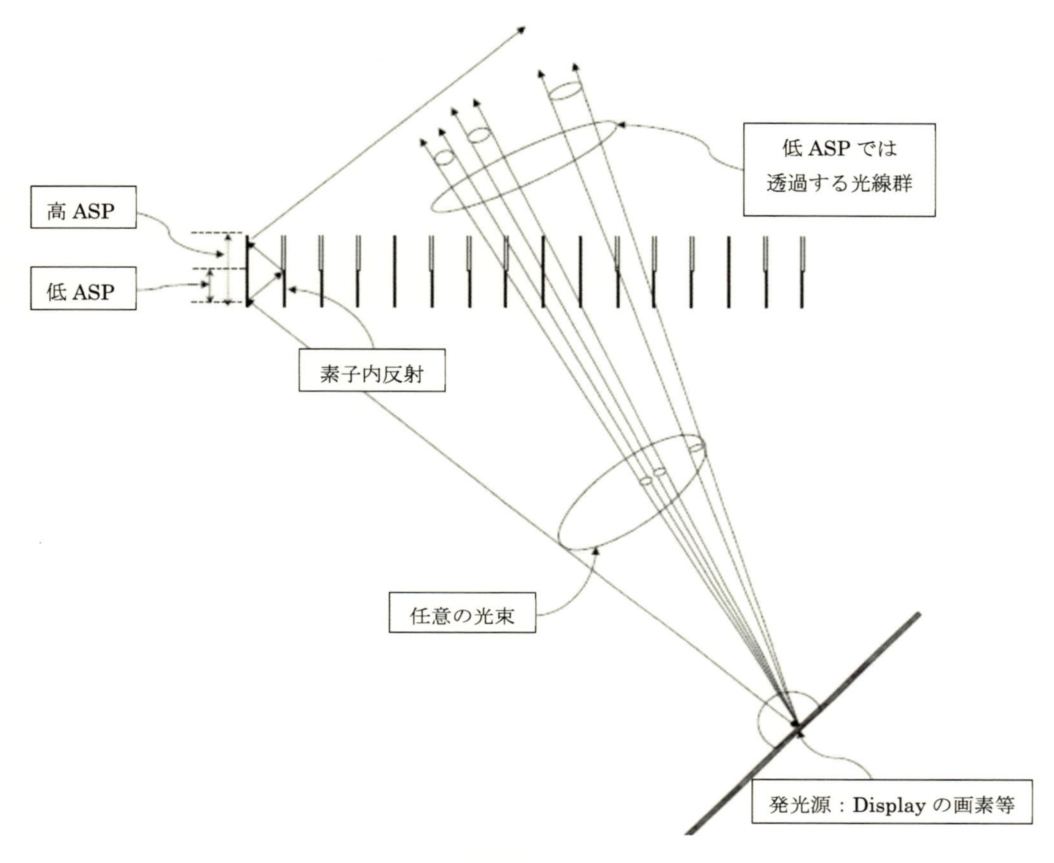

図３　対面ミラー素子の効果

考察

図６に示すように，反射モードは４つあり，その内の一つが，“空中結像”である。この場合の反射回数は，プレート①内部，プレート②内部共に奇数回となる。それ以外の（奇数回＋偶数回）は鏡像反射であり，これを“ゴースト”と称している。また，（偶数回＋遇数回）は内部の被写体が直接見える透過による透視像となる。

図７の結果に示すように，観察位置によりゴーストの発生の仕方が異なる。接近して観察するとゴースト[※1]の発生が大となり空中像の品質が低下する。

※１　ゴースト対策：この原因は，被写体（例えば Display）の各画素からの拡散光成分が半球面状であるため，結像パネルへの入射角度に依存して偶数回成分が増加する。対策としては，プライバシーフィルム等で拡散方向を制限することで効率的に回避できる。

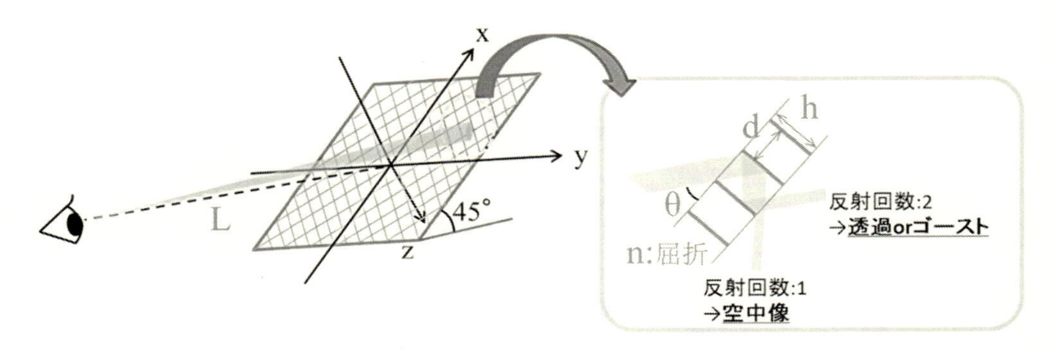

図4　結像デバイスの光学シミュレーション条件[2)]

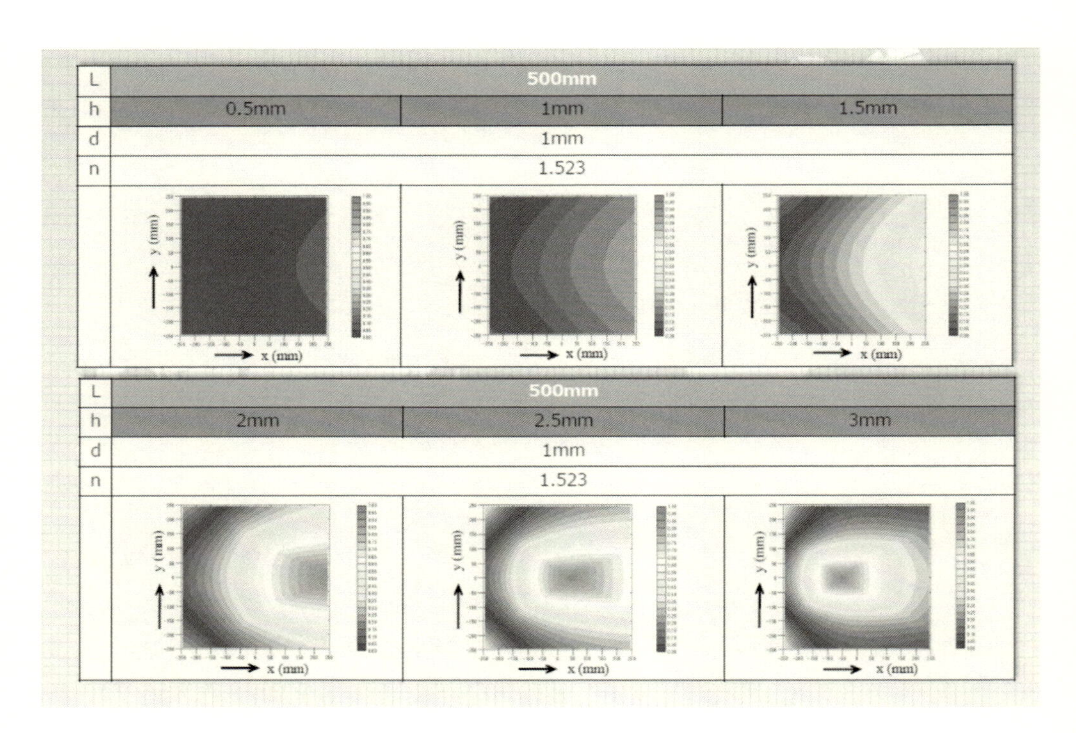

L	500mm		
h	0.5mm	1mm	1.5mm
d	1mm		
n	1.523		

L	500mm		
h	2mm	2.5mm	3mm
d	1mm		
n	1.523		

図5　シミュレーション結果[2)]

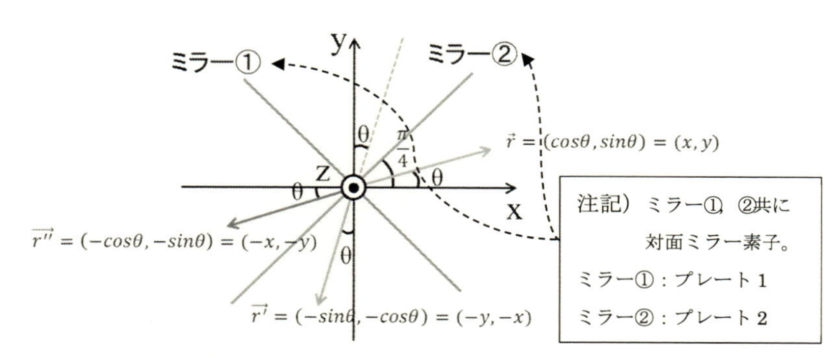

入射ベクトル $\vec{r}$	反射回数		出射ベクトル $\overrightarrow{r''}$	備考
	プレート1	プレート2		
(x,y)	奇数回	奇数回	(-x,-y)	空中結像
	奇数回	偶数回	(-y,-x)	ゴースト像
	偶数回	奇数回	(y,x)	ゴースト像
	偶数回	偶数回	(x,y)	透過

図６　反射モードシミュレーション条件[2)]

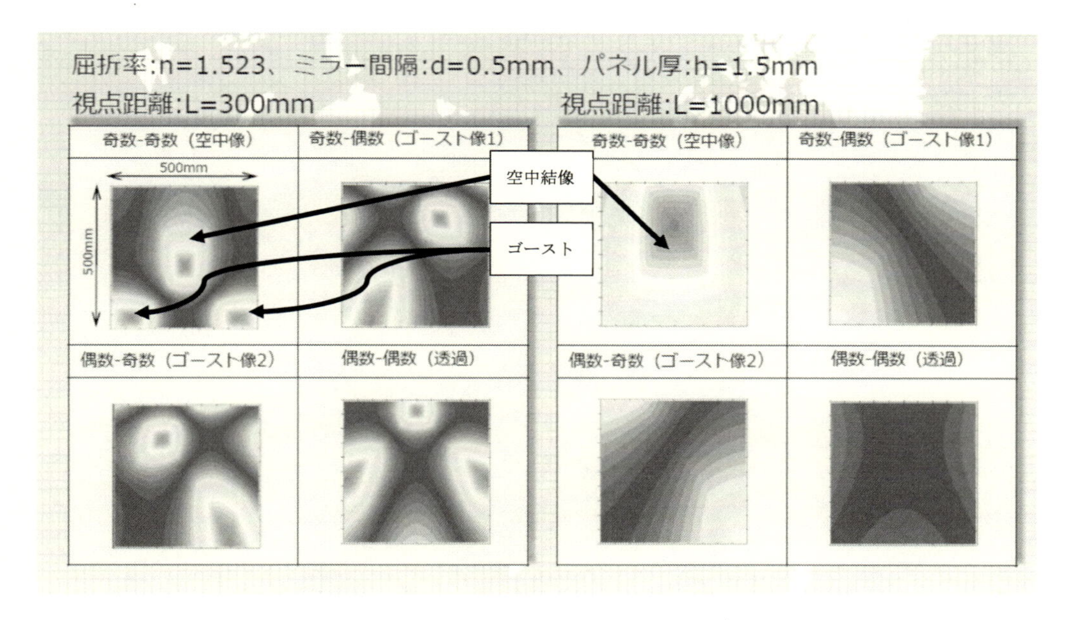

図７　反射モードシミュレーション結果[2)]

3　製造方法

製造方法としては，下記の２つがある。紙面の都合で概要のみ記す。積層方式と成形方式である。

3. 1　積層方式

図８に示すのは，一般的な製造方法である。

<メリット>

① 高精度な鏡面形成が容易

② 高精度な対面ミラー素子の形成が容易

③ アスペクト比の選択が容易

④ タイリングが可能（面積拡大）

<デメリット>

① 生産性が低い

② 高コスト

③ 重い

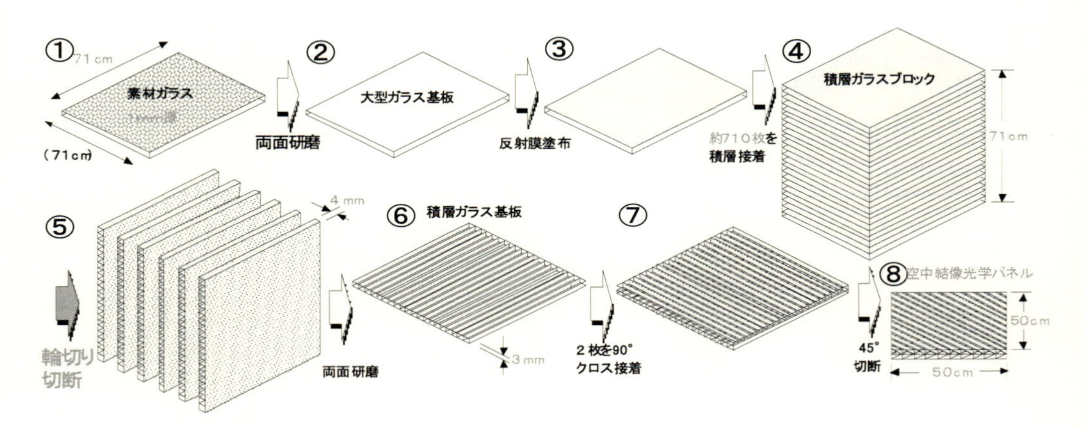

図８　硝子基板積層方式による製造法の一例[3)]

3. 2　成形方式

素材は樹脂に特化され，射出成形方式が一般的であろう（図９参照）。

断面が“鋸型”のライン状 Rib を射出成形し，垂直面にのみ選択的に金属蒸着後，２枚の基板を上下直交にて透明樹脂をモールディング貼り合せ硬化[※2]にて樹脂プレートが完成。

※２　モールディング樹脂は基板と略同一の光学物性である。

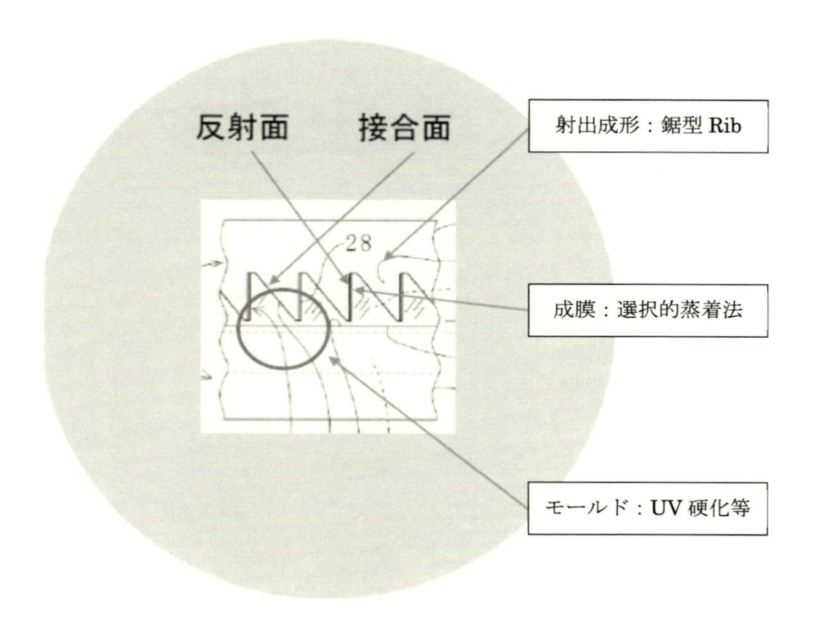

図９　鋸型 Rib 射出成形方式

＜メリット＞

① 大量生産可能
② 低コスト
③ 軽い
④ 鏡面形成が容易
⑤ 対面ミラー素子の形成が容易

＜デメリット＞

① アスペクト比がやや低い：1.5～2.0
② 大型化が困難

4　応用システム

本デバイスは，いわゆる“新しい光学レンズ”の様なものである。

凸レンズが“倒立実像”（歪みが大きい）に対し，ASKA3D プレート（本デバイス）はシュードスコピック（凹凸逆）の正立実像（無歪み）である。

4. 1　光学レンズとして

空間分解能はミラーピッチが支配しているため，例えば顕微鏡，望遠鏡，カメラ等への基本的

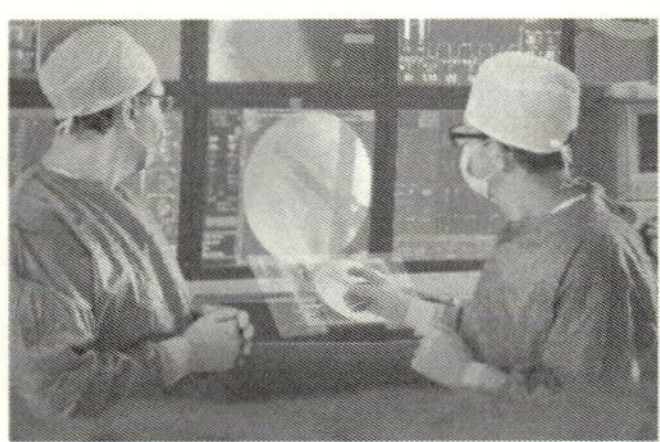

図10　応用イメージ図[4)]

な応用はミラーピッチを最適化して使用されるであろう。

また，ミクロな高精細デバイスとしては，射出成型等の光学樹脂への転写が最適ではないかと考えられる。

したがって，その応用範囲は多岐にわたり，今後さまざまな光学系に応用されることが期待される。

4. 2　非接触タッチパネルとして

指位置を検出するセンサと組み合わせれば，“非接触タッチパネル”となる。以下への応用が期待される。

一般民生，車載，工業用途，外食分野，医療系，バイオ分野，衛生機器。

4. 3　空中サイネージ

サイネージ業界への応用が期待される。空中表示のみでなく，センサ，触覚システムとの融合で，多様なインタラクションシステムが実現可能。

4. 4　その他

ATM，自動車，アミューズメント分野，公共施設，住宅。

5　おわりに

本稿では，空中結像素子の一つである，「対面ミラー型マイクロ反射素子による面対称光学結像素子」について，その原理，構造，光学シミュレーション結果，またその応用について紹介した。

今後は，本技術の課題である「狭視野角，斜視，低明度等」，さらなる品質の向上，生産性，コスト改善につき開発が進むものと期待している。

文　　献

1）出願番号：特願平 7-180757／特開平 9-5503
2）滋賀県産業支援プラザ，H27.11.13 研究開発推進委員会報告資料，平成 26 年度戦略的基板技術高度化支援事業【精密な大型空中結像光学パネルを実現する為のレーザー加工とダイヤモンドワイヤソー切削の複合技術の開発】（㈲オプトセラミックス）テーマ 4 より抜粋
3）©2014 ㈲オプトセラミックス
4）©2017 Asukanet Co., Ltd.

第2章　2面コーナーリフレクタアレイを用いた空中映像表示技術とその応用

前田有希*

1　はじめに

サイエンス・フィクションの小説や映画では，何もない空中に映像を表示する技術に関する表現が度々登場する。近年になり，何もない空中に映像を表示できる“空中ディスプレイ”が大規模な展示会などで発表されることが増えており，注目を集めつつある。その中の一つに2面コーナーリフレクタアレイ[1]を用いた空中映像表示技術があり，裸眼で観察できること，像が無歪みであることや既存の映像コンテンツを使えるといった利点があり，実用化が有望視されている。

本稿では，2面コーナーリフレクタアレイを中心に，空中ディスプレイの原理とその応用について述べる。初めに，人の目で空中映像が見える仕組みについて簡単に説明し，どうすれば空中映像を表示できるのかについて述べる。また，筆者が所属する㈱パリティ・イノベーションズにおいて研究開発が進められている2面コーナーリフレクタアレイ（商品名：パリティミラー）とその応用について述べる。

2　空中映像が見える仕組みと空中映像表示の実現方法

観察された映像が空中映像であると認識するためには，空中映像とその周囲の物体の奥行き情報を得ることが必要であり，つまり立体視の要因を満たすことが必要である。立体視の要因としては，図1に示すような生理的要因 ―両眼視差，運動視差，輻輳（あるいは輻湊），焦点調節― と，過去の経験から来る心理的要因 ―遠近法，物体の隠蔽関係（手前の物体が奥の物体を隠す，オクルージョンともいう），陰影― などが挙げられる。立体視の要因についての詳細は3次元ディスプレイや立体視に関する論文や書籍を参照されたい[2~4]。本稿では，空中映像表示を実現するための簡単な考え方について，以下に述べる。

図2に示すように，ある一点から四方八方に広がる光を観察したとき，人はその場所に物体が存在すると認識する。例えば，液晶ディスプレイでは各画素から四方八方に光が広がっており，その2次元的な分布を観察することで，液晶ディスプレイ面に映像が表示されていると認識する。したがって，このような光の状態を何もない空中で再現することができれば，空中映像表示を実現できる。その手法の一つとして，光学素子を用いた光線の結像が挙げられる。これは，図3に示すように，光点Aから広がった光線が空中の一点Bに集められると，光の直進性

---

*　Yuki Maeda　㈱パリティ・イノベーションズ　取締役研究開発部長

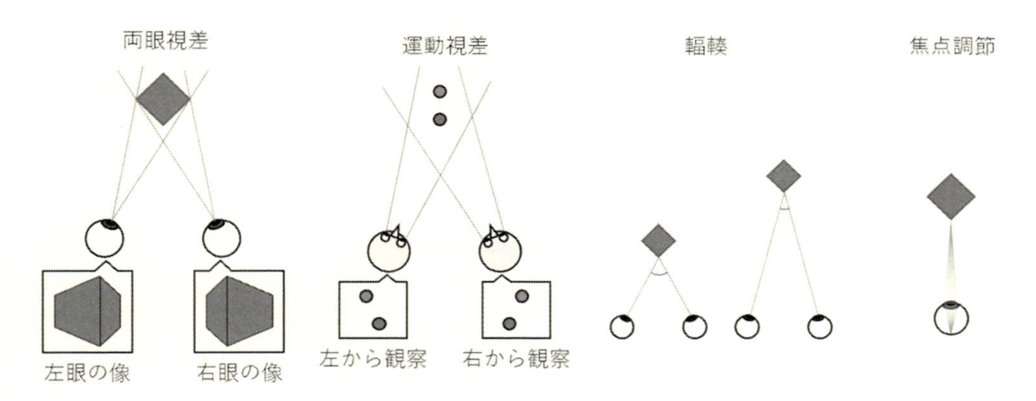

図１　立体視の要因

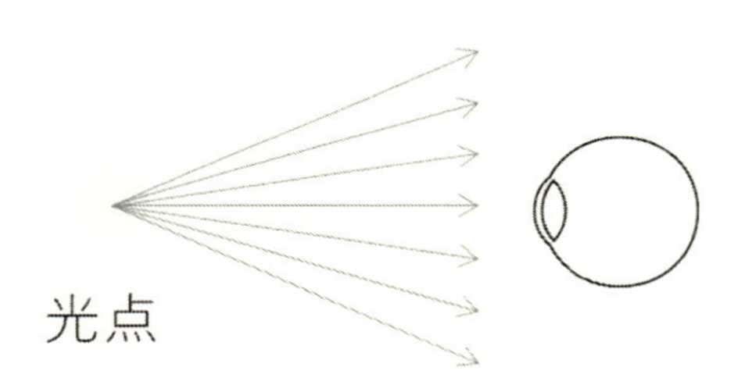

図２　物体の視覚的な認識

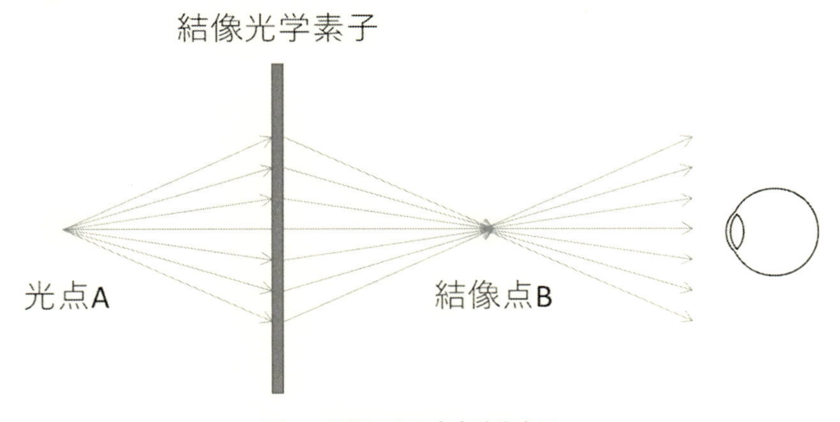

図３　結像による空中映像表示

より集まった光はさらに直進していき，観察者から見ると点Bに点Aと同様の映像が存在すると認識される，というものである。2面コーナーリフレクタアレイは上述した結像を実現する結像光学素子の一つである。

また，観察者に今見ている映像が空中映像であると認識させるためには，その映像が物体表面に存在しておらず，周囲には空気しか存在していない，という情報を与えることも重要である。例えば，その映像が手の届く距離にある場合，手で映像を掴んでみようとして，手が映像をすり抜ける，という体験を得ることにより，今見ているものが空中映像であると強く認識することができる。

次節では，2面コーナーリフレクタアレイの結像原理について述べ，そのシミュレーション結果や実物による空中映像表示結果を示す。

3 2面コーナーリフレクタアレイ

3. 1 2面コーナーリフレクタアレイによる結像の原理

2面コーナーリフレクタアレイは，90° の角度を持つ2面の平面鏡，すなわち2面コーナーリフレクタを，同一方向に保ちながら一定間隔で平面内にアレイ配置した構造を持つ。各2面コーナーリフレクタは，図4（a）に示すように矩形開口の側壁が鏡面の金属となっているタイプでも，図4（b）に示すように透明材料により作られた凸状の直方体の側壁を反射面として用いるタイプでも良い。特に図4（b）のタイプでは，透明材料の屈折率が十分に高ければ，側壁を金属膜で覆わなくとも全反射により光線を反射，結像させることができる。

次に，2面コーナーリフレクタに入射した光線の進み方を説明する。図5に示すように，入射光の一部は各平面鏡で1回ずつ，合計2回反射されて出射した光線の入射角度 ϕ_{in} と出射角度

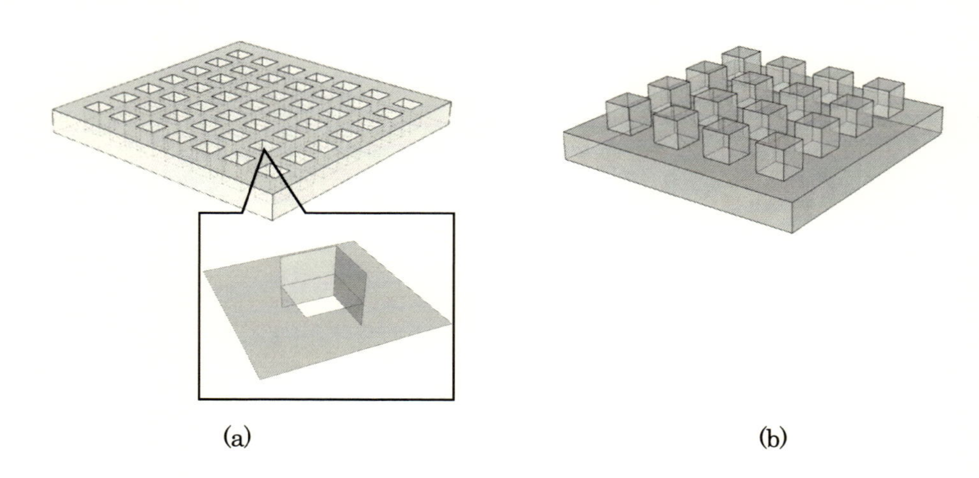

図4 2面コーナーリフレクタアレイの構造

（a）矩形開口を用いるタイプ，（b）透明材料の凸状直方体を用いるタイプ。

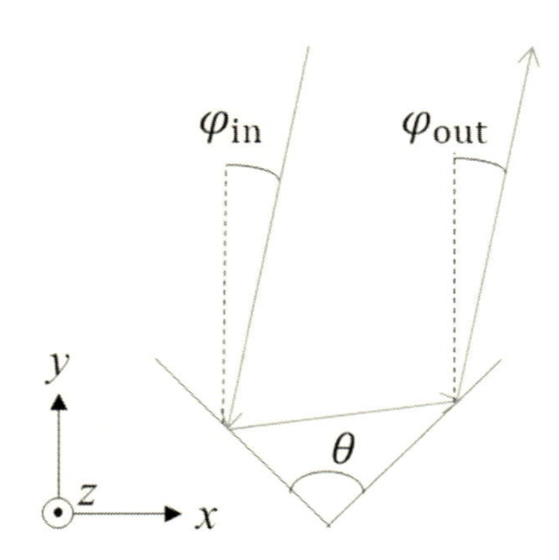

図５　２面コーナーリフレクタにおいて２回反射する光線の模式図

ϕ_{out}の関係は，

$$\phi_{out} = \phi_{in} - (2\theta - 180°) \quad (1)$$

となる。したがって，コーナー角θが90°のとき$\phi_{out} = \phi_{in}$となり，各平面鏡に垂直であるxz平面において入射光の面内成分が反転される。つまり，反射の様子をz軸から見ると，光線が元来た方向に戻る「再帰性反射」が生じていることになる。一方，光線のz軸方向成分は変わらないため，図６に示すように，２回反射した後に２面コーナーリフレクタを出射した光線はxy平面に対して入射光線と面対称な経路をたどる。上記の２回反射が各２面コーナーリフレクタで起こることにより，各出射光は２面コーナーリフレクタアレイ面に対して光源と面対称な点に向かい，面対称位置に結像されることになる。ここで注意すべきこととして，２面コーナーリフレクタアレイは光線を細かく分割して一点に集めているため，幾何学的には結像と呼べるが，波

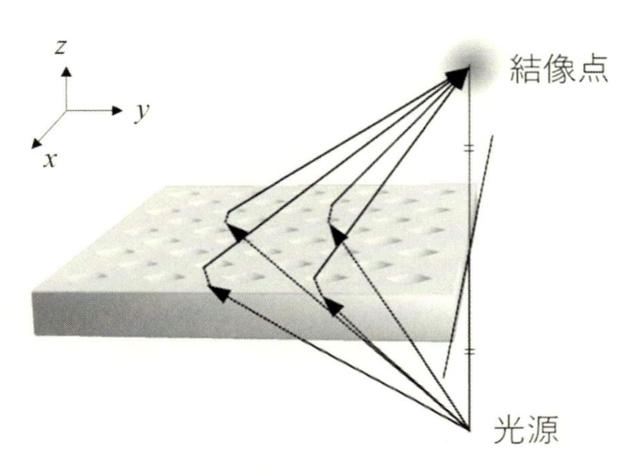

図６　２面コーナーリフレクタアレイによる結像の模式図

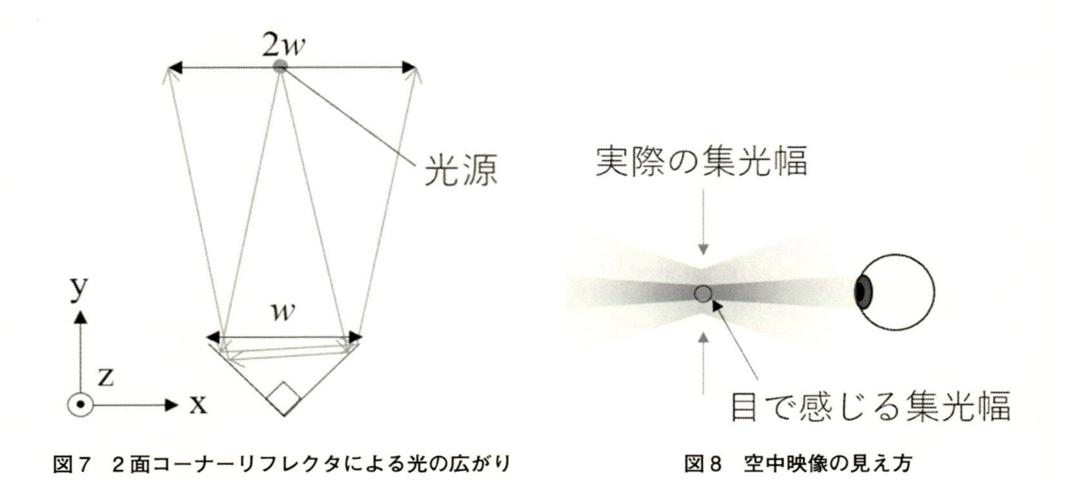

図7　2面コーナーリフレクタによる光の広がり

図8　空中映像の見え方

面レベルで結像しているわけではない。しかし，人の目で見て空中映像と認識させる目的においては，光線の分割が十分細かい状態であれば，幾何学的な結像でも十分である。

2面コーナーリフレクタアレイによる結像では，結像点における集光幅は光源よりも広がるため，空中映像の解像度は元の映像より悪化する。幾何光学的には図7に示すように，出射光はxy平面内で見たときに最大で2面コーナーリフレクタのピッチ幅 w の2倍まで広がる。また光線は2面コーナーリフレクタという矩形開口を通り抜けることから，波動光学的には回折による広がりの影響を受ける。2面コーナーリフレクタアレイによる点像広がりに関する詳細な解析は，いくつかの文献で報告されている[5,6]。また，現実的には完全に90°のコーナー角を持つ反射面を製造することは極めて困難であり，この角度の製造誤差により結像点は面対称位置から僅かにずれるため，解像度悪化の原因となる。製造誤差による集光幅の広がりのシミュレーションは3. 2において述べる。ただし，図8で示すように，空中像が人の目で観察された場合，結像点の大きさは集光幅と同じ大きさで知覚されるわけではなく，観察者の瞳に入射する光線の集光幅が実際に観察される像の幅となる。そのため観察者が感じる結像点の大きさは，上記の要因を全て含めたときの集光幅より小さくなることが期待される。

一方，2面コーナーリフレクタで1回だけ反射，あるいは3回以上反射して出射した光線は再帰性反射とならず，面対称位置への結像は実現されない。これらの光線は，観察位置によっては迷光やゴースト像として観察され，空中像を観察する際に問題となる。これらの迷光も含めた光線追跡シミュレーションについて，次に述べる。

3. 2　2面コーナーリフレクタアレイによる結像のシミュレーション

2面コーナーリフレクタアレイによる結像と迷光を視覚的に理解するため，光線追跡シミュレーションソフトウェアにより2面コーナーリフレクタアレイを通り抜ける光線の様子を描画した。シミュレーション結果を図9に示す。素子寸法は現行の当社製品「パリティミラー」に合わせた。理想的な角度で作られた2面コーナーリフレクタアレイであれば，光源と面対称位置に結像することがわかる。一方，反射されずに出射する光線や，2面コーナーリフレクタで1回だけ反射された後に出射する光線が多く存在することもわかる。

次に，2面コーナーリフレクタ製造誤差がある場合のシミュレーション結果を図10（a）および図10（b）に示す。例えば0.2°という僅かな角度誤差であっても目に見えるほどの影響がある。これは3．1で述べた解像度の悪化として認識され，製造誤差が大きい場合は像のボケや二

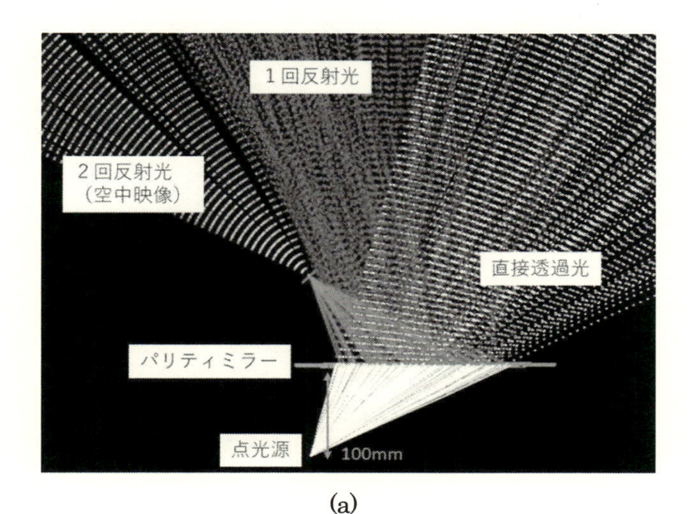

(a)

(b)

図9　2面コーナーリフレクタアレイの光線追跡シミュレーション結果
（a）真横から観察した時，（b）真上から観察した時。

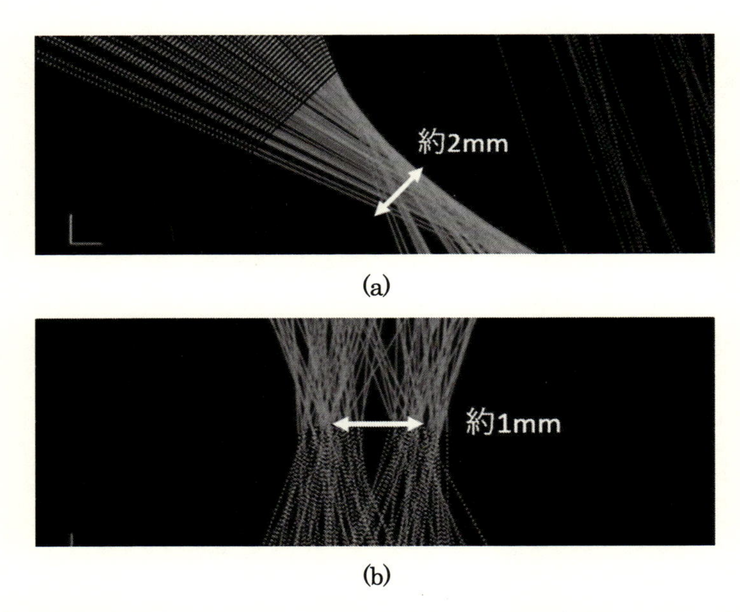

図 10　角度誤差がある場合の 2 面コーナーリフレクタアレイの光線追跡シミュレーション結果
（a）完全垂直から 0.2° 傾いた時，（b）完全直角から 0.2° 開いた時。

重像，あるいは観察位置を変えた時に像も動いてしまう定位性の消失にも繋がる。いずれも，空中映像の品質に大きな悪影響を及ぼすため，角度誤差は極力少なくすることが望ましい。

3. 3　2 面コーナーリフレクタアレイによる空中映像表示

3. 2 で説明したように，2 面コーナーリフレクタアレイを空中映像表示に用いる場合，非常に高い精度での製造が求められる。最初に作られた 2 面コーナーリフレクタアレイは，図 4（a）で示した構造であり，電鋳により製造された[1)]。高精度での製造ができたものの，コストが非常に高く実用的ではないと考えられた。そこで，微細なパターンを精密に転写・成型できるナノインプリントにより図 4（b）のタイプを目指した製造を試みた。ただし，金型からの離型を容易にするため，実際には図 11 に示すように 2 面に抜き勾配を設けた。これら勾配面での反射は空中映像の結像に寄与しないため，2 つの隣り合う垂直鏡面側に向かう方向からのみ空中映像を観察することができる。製造した試作品による空中映像表示の様子を図 12 に示す。図中では空中映像の右端とペンの先端を同じ位置に配置しており，左右の運動視差を与えても位置関係が変わらないことから，定位感のある空中映像を表示できており，実用には差し支えない精度での転写に成功したといえる。

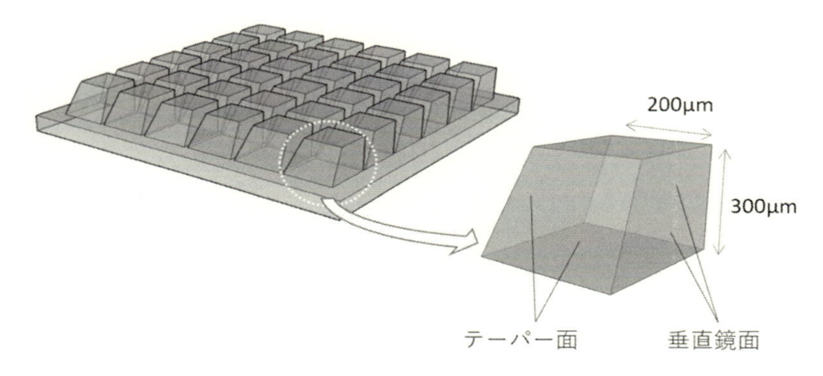

図11　ナノインプリントにより製造した2面コーナーリフレクタアレイの形状

図12　2面コーナーリフレクタアレイによる空中映像表示

4　2面コーナーリフレクタアレイを用いた空中映像表示技術の応用

空中映像は，単に表示するだけで人の目を引き付ける広告効果が期待できるが，2面コーナーリフレクタアレイによる空中映像は面対称位置に表示されるというユニークな特性を持ち，これを活かした応用の試みがなされている。例えば，映像ソースとなる液晶ディスプレイの位置を移動させることで空中映像の位置も移動する性質や，空中映像と実物体を空間的に重ね合わせられることを利用した医療用途のディスプレイが報告されている[7]。映像ソースとして裸眼で観察できる立体ディスプレイを置くことにより，立体空中映像を表示する応用も報告されている[8]。

また，各種センサーと組み合わせることにより，新しいユーザーインターフェースとして用いることができる。この場合，操作者の指が空中映像面に触れているかどうかを判定する必要があるが，面対称位置への結像という特性を利用することで，空中映像と指の接触判定は図13に示すように1台のカメラを用いた比較的簡便なシステムで実現することができる。図13中の赤外線は空中映像の結像面と同一の面内に照射されている。したがって，赤外線カメラにより観察者方向を撮影することで，指が赤外線を遮っていれば明るく光る場所が確認され，指が空中映像に触れていることが判別できる。

試作した空中タッチディスプレイ操作の様子を図 14 に示す。本システムでは空中映像に触ったかどうかを操作者に伝える工夫として，図 14 に示したタンポポ表示のコンテンツでは，指がタンポポの綿毛を表示している位置に来たとき，タンポポが揺れて綿毛が飛ぶと同時に効果音を流す演出を加えた。より強いフィードバックを与えるためには触覚を与えることが有効で，例えば指向性の超音波を表示コンテンツ付近に照射する方法などが考えられる。

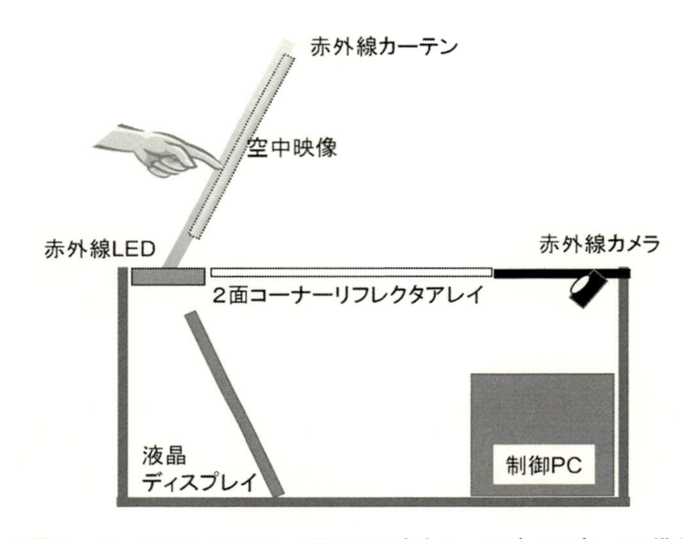

図 13　2 面コーナーリフレクタアレイを用いた空中タッチディスプレイの構造配置図

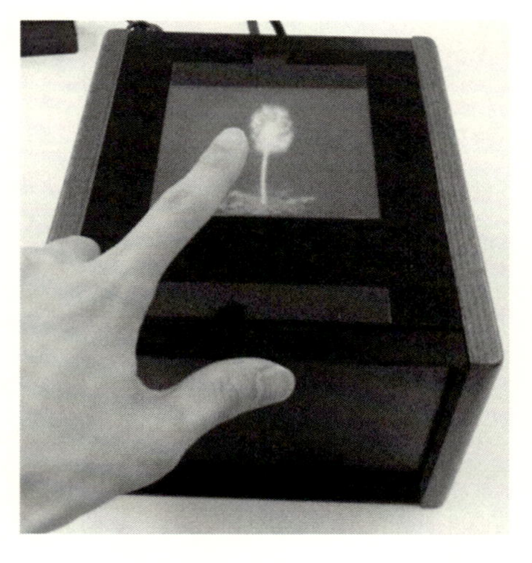

図 14　2 面コーナーリフレクタアレイを用いた空中タッチディスプレイ操作の様子

5　おわりに

本稿では，空中映像表示とその応用である空中タッチディスプレイについて，空中映像が見える仕組みの説明，結像を利用する空中映像表示の手法とその実現方法の一つとして2面コーナーリフレクタアレイについて述べた。2面コーナーリフレクタアレイによる結像の原理と光線追跡シミュレーションについて述べ，ナノインプリントにより製造した試作素子を示した。また，2面コーナーリフレクタアレイの応用の一つとして，空中タッチディスプレイに関して述べた。

2面コーナーリフレクタアレイの製造には非常に高い精度が求められるが，現時点の用途や市場のニーズを考えると，あまりに高コストの製造方法では普及は難しいと考えられる。現状，ナノインプリントによる製造に成功しているものの，なお市場から求められる価格には到達できていない。より安価かつ高精度の製造方法が求められており，当社においても研究開発を進める予定である。

文　　献

1）　前川聡ほか，映像情報メディア学会技術報告，**30**, 49 (2006)
2）　畑田豊彦，立体視テクノロジー，p. 21，エヌ・ティー・エス (2008)
3）　佐藤隆夫，立体視テクノロジー，p. 39，エヌ・ティー・エス (2008)
4）　井上弘，立体視の不思議を探る，オプトロニクス社 (1999)
5）　S. Yokoyama *et al.*, Proc. IDW '10, p.1249 (2010)
6）　仁田功一ほか，3次元画像コンファレンス 2012 講演論文集，p.164 (2012)
7）　S. Markon *et al.*, Int. Conf. Complex Med. Eng. 2015, OS14-5 (2015)
8）　D. Miyazaki *et al.*, *Appl. Opt.*, **52**(1), A281 (2013)

第３章　再帰反射シート

古江直美*

1　はじめに

再帰反射とは，図１に示すように，垂直方向で入射する光のみならず，どの方向から入射した光であっても再び入射方向へ光が帰る反射現象である。この現象を利用した再帰反射シートは，道路交通標識や工事用標識といった標識，ナンバープレート，衣料や救命具といった安全資材などで使用されている。当社は平成３年に再帰反射シート事業に進出し，世界中で広く採用されている。

ここでは，再帰反射シートの構造と特徴，再帰反射性能の評価，空中ディスプレイ用の再帰反射シートについて記載する。

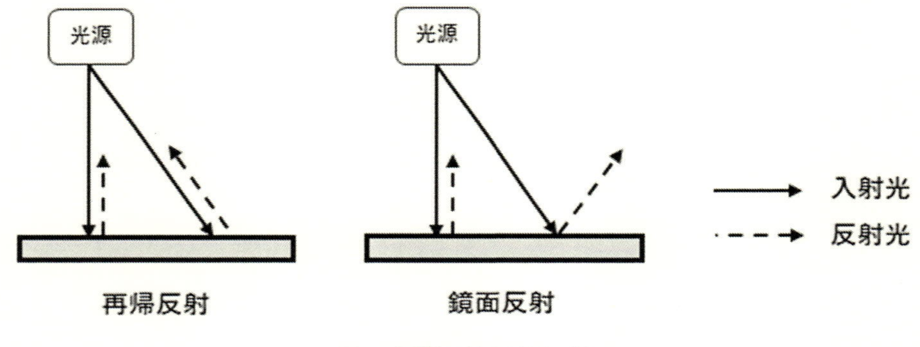

図１　再帰反射と鏡面反射

2　再帰反射シートの構造と特徴

再帰反射シートの構造は，再帰反射素子の種類によりビーズ型とプリズム型に分類される。

2.１　ビーズ型再帰反射シート

ビーズ型再帰反射シートは，真円球の微小な高屈折率ガラスビーズを樹脂中に多数配置したものである。図２に示すように，ビーズ型再帰反射シートでは，ガラスビーズが凸レンズとして機能し，入射した光はガラスビーズの界面で屈折し，焦点に集光する。そして，その焦点に設け

---

*　Naomi Furue　日本カーバイド工業㈱　事業開拓・開発部　主幹

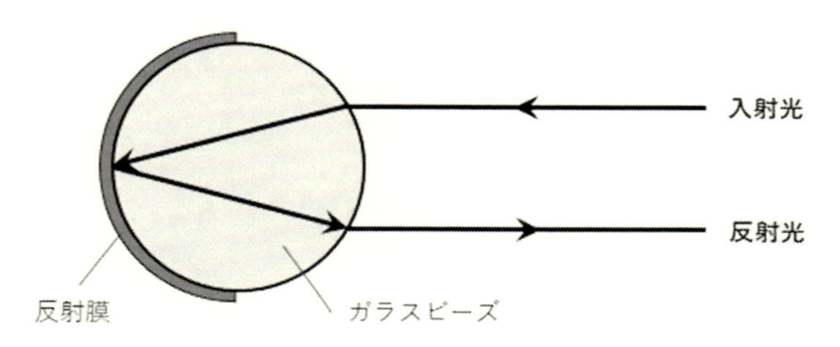

図２　ビーズ型再帰反射素子の反射原理

られた反射膜で鏡面反射することで，再びガラスビーズを通り入射方向に光が戻り，再帰反射する。

使用されるガラスビーズは，直径 40～90 μm の真円球で屈折率 1.8 以上のものである。また，反射膜は，蒸着やスパッタによって設けられた金属薄膜である。反射膜の金属には，アルミニウムや銀などが使用されるが，安価で容易に金属薄膜が得られることからアルミニウムが使用されることが多い。

ビーズ型再帰反射シートには，プリズム型再帰反射シートと比較して，一般的に次のような特徴がある。

・　光の入射する角度による再帰反射性能の変化が小さい。

・　ガラスビーズの球面収差などに起因して，再帰反射する光が広がる。

・　再帰反射素子であるガラスビーズ間に隙間があるため，再帰反射シート表面に占める再帰反射に寄与する面積が小さく，再帰反射性能に劣る。

・　比較的，安価である。

2. 2　ビーズ型再帰反射シートの種類

ビーズ型再帰反射シートには，オープンレンズ型再帰反射シート，封入レンズ型再帰反射シート，カプセルレンズ型再帰反射シートの３つの種類がある。それぞれの特徴は以下に記載するとおりである。構成と外観の一例を図３，写真１に示す。

なお，再帰反射性能は一般的に次のような関係にある。

再帰反射性能：オープンレンズ型＞カプセルレンズ型＞封入レンズ型

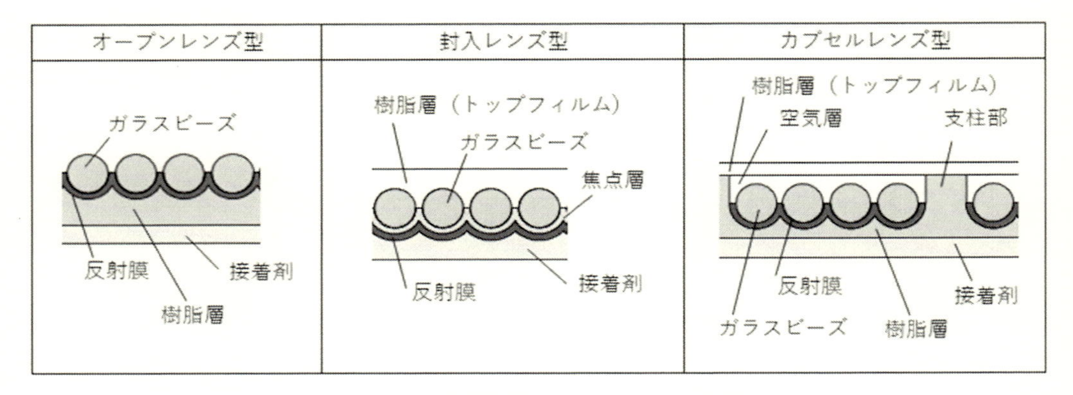

図3　ビーズ型再帰反射シートの構成（断面図）

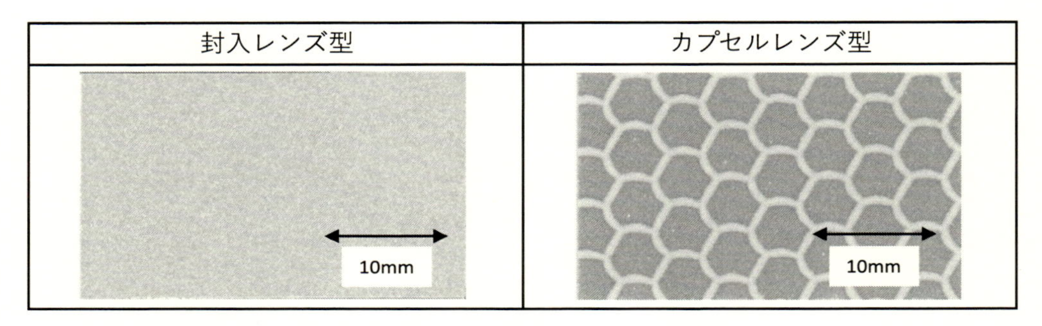

写真1　ビーズ型再帰反射シートの外観

2. 2. 1　オープンレンズ型再帰反射シート

オープンレンズ型再帰反射シートは，ガラスビーズがシート表面に露出した再帰反射シートである。ガラスビーズが露出しているため，ビーズ型再帰反射シートの中では，最も再帰反射性能が高い。一方，ガラスビーズが露出しているため，ガラスビーズ表面に埃やごみが付着しやすく，それにより再帰反射性能が低下するため耐久性に劣り，屋外の設置には向かない。また，ガラスビーズに水滴が付着した場合は，再帰反射性能が著しく低下する。

2. 2. 2　封入レンズ型再帰反射シート

封入レンズ型再帰反射シートは，オープンレンズ型再帰反射シートの耐久性を改善したものである。ガラスビーズの表面が樹脂で覆われているため，屋外に設置した場合でも耐久性に優れる。

また，ガラスビーズの表面が空気ではなく，樹脂で覆われているため，焦点が移動し，反射膜とガラスビーズとの間に焦点層と呼ばれる樹脂層が必要である。ガラスビーズ表面に設けられた樹脂層と焦点層とによる光の吸収や反射などに起因して，再帰反射光が減衰するため，オープンレンズ型再帰反射シートと比べて再帰反射性能に劣る。

2. 2. 3　カプセルレンズ型再帰反射シート

カプセルレンズ型再帰反射シートは，オープンレンズ型再帰反射シートの耐久性と，封入レンズ型再帰反射シートの再帰反射性能とを改善したものである。ガラスビーズが樹脂層と支柱部で囲まれた，カプセル状の空気層に接しているため，再帰反射性能を低下させる要因の一つである焦点層が不要であり，封入レンズ型再帰反射シートに比べて再帰反射性能が高い。また，ガラスビーズがシート表面に露出していないため，耐久性にも優れる。しかし，空気層を支えるための支柱部（写真１における白い編み目模様）が必要であり，この支柱部は再帰反射に寄与しないため，オープンレンズ型再帰反射シートに比べて再帰反射性能が劣る。

2. 3　プリズム型再帰反射シート

プリズム型の再帰反射シートは，多面体の形状を有する微細なプリズム素子をシート表面に隙間なく並べたものである。プリズム素子は，再帰反射に関与する３つの面が互いに垂直になるよう配置されている。図４に示すように，プリズム型の再帰反射シートでは，光はプリズム素子の３つの面で順に反射することで入射方向に光が戻り，再帰反射する。

プリズム型再帰反射シートには，ビーズ型再帰反射シートと比較して，一般的に次のような特徴がある。

・　再帰反射素子であるプリズム素子が隙間なく並んでいるため，再帰反射シート表面に占める再帰反射に寄与する面積が大きく，再帰反射性能に優れる。
・　再帰反射する光が広がり難い（指向性が高い）。
・　光の入射する角度により，再帰反射性能が変化しやすい。
・　比較的，高価である。

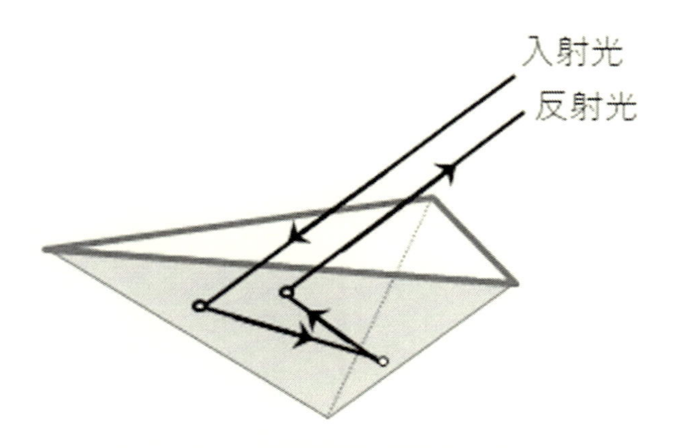

図４　プリズム型再帰反射素子の反射原理

2. 4　プリズム素子の形状

プリズム素子の形状としては，三角錐型，フルキューブ型（六角錐型），テント型，クロスプリズム型などがある。当社では，三角錐型とフルキューブ型のプリズム型再帰反射シートを販売している。写真２に素子の一例と，写真３に再帰反射領域を示す。写真３は，再帰反射シートの垂直方向から光が入射した場合における再帰反射領域を示しており，黒く見える部分が再帰反射に寄与する領域であり，白く見える部分が再帰反射に寄与しない領域である。

写真３に示したとおり，三角錐型プリズム素子の三隅に，垂直方向から入射した光は再帰反射せず，三角錐型プリズム素子の三隅は再帰反射に寄与していない。これは，三隅に入射した光が，１回反射や２回反射で出射することによる。

一方，写真３に示したとおり，フルキューブ型プリズム素子では，稜線以外は，再帰反射に寄与しており，再帰反射シートのほぼ全面が再帰反射に寄与する。よって，フルキューブ型プリズム素子では高い再帰反射性能が期待できる。

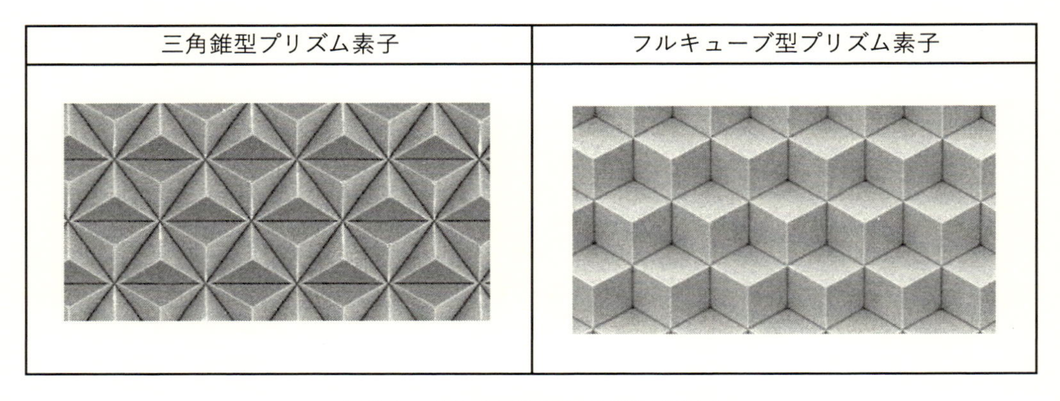

写真２　プリズム型再帰反射素子の写真

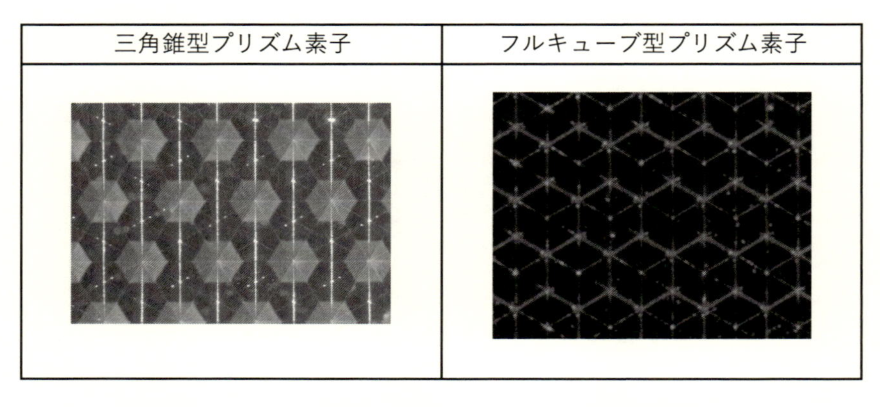

写真３　プリズム型再帰反射シートの再帰反射領域を示す写真

2. 5 プリズム型再帰反射シートの種類

プリズム型再帰反射シートには，空気層とプリズム層との屈折率差による全反射を使用した内部全反射タイプ，金属による鏡面反射を使用した鏡面反射タイプがある。それらの特徴は以下に記載するとおりである。構成と外観の一例を図５，写真４に示す。

2. 5. 1 内部全反射タイプのプリズム型再帰反射シート

内部全反射タイプのプリズム型再帰反射シートは，図５に示すとおり，プリズム層が空気層と接しており，それらの屈折率差による内部全反射を利用した再帰反射シートである。入射した光が内部全反射する最も小さい入射角を臨界角と呼び，屈折率差が大きいほど臨界角は小さくなる。よって，より広い角度で入射した光が内部全反射するように，プリズム層には屈折率の高い樹脂が使用される。また，プリズム層に使用される樹脂には，上記屈折率に加え，透明性や成形性といった性能も要求される。プリズム層には，ポリカーボネート（屈折率：1.59，臨界角：39°）やアクリル系樹脂（屈折率：1.49～1.50，臨界角：42°）やポリ塩化ビニルなどが使用されている。

内部全反射タイプでは，臨界角を超えた角度でプリズム素子に入射した光は，99％以上の反射率で内部全反射するため，光が減衰し難い。そのため，プリズム素子としての再帰反射効率は高い。しかし，内部全反射タイプでは，空気層を支えるための支柱部（写真４における白い編

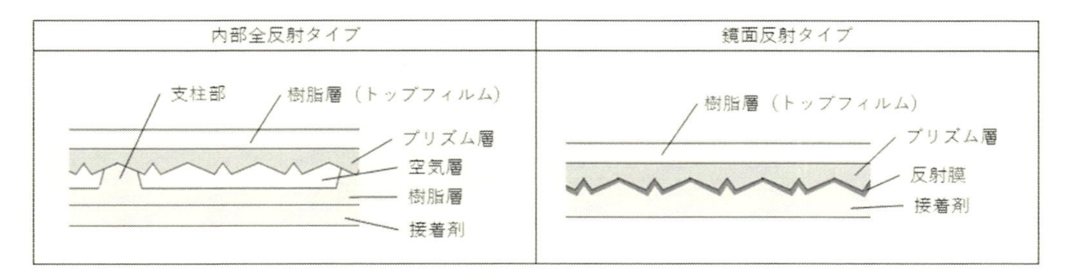

図５　プリズム型再帰反射シートの構成（断面図）

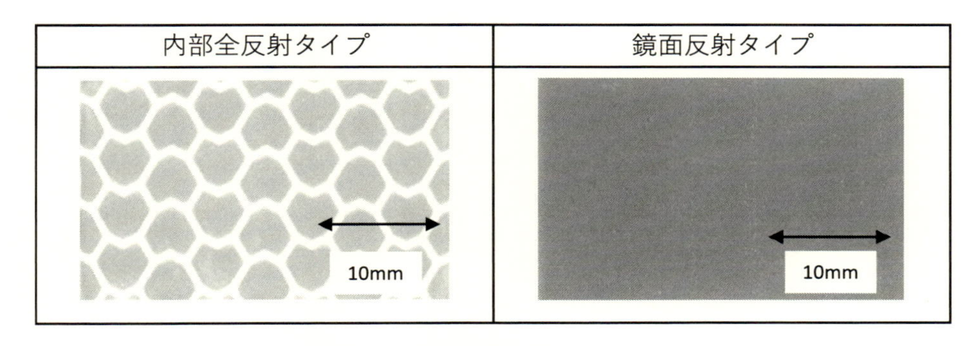

写真４　プリズム型再帰反射シートの外観

み目模様）が設けられることが多く，支柱部は再帰反射に寄与しないため，結果的に，再帰反射性能は鏡面反射タイプと同等となる。

また，臨界角より小さい角度で入射した光は，内部全反射しないため，鏡面反射タイプと比較して，光の入射する角度による再帰反射性能差が大きい。

2.5.2 鏡面反射タイプのプリズム型再帰反射シート

鏡面反射タイプのプリズム型再帰反射シートは，図5に示すとおり，プリズム層のプリズム素子表面に反射膜が設けられ，その反射膜による鏡面反射を利用した再帰反射シートである。反射膜はビーズ型再帰反射シートと同じく，アルミニウムの金属薄膜が使用されることが多い。

反射膜の鏡面反射は，内部全反射より反射率が低いため，光が減衰する。よって，内部全反射タイプのプリズム素子と比べて，プリズム素子としての再帰反射効率は低い。例えば，アルミニウムの反射率は約90%であるため，プリズム素子に入射した光は，プリズム素子内で3回反射することにより約70%に減衰する。しかし，鏡面反射タイプでは支柱部が存在しないため，結果的に，再帰反射性能は内部全反射タイプと同等となる。

また，鏡面反射を利用しているため，光の入射する角度による再帰反射性能差が，内部全反射タイプと比べて少ない。

なお，プリズム層に使用される樹脂には，内部全反射タイプとは異なり高屈折率は要求されないが，透明性や成形性が要求されることから，同様の樹脂が使用されている。

3 再帰反射性能の評価

再帰反射性能は，JIS Z9117 に記載の方法で測定された再帰反射係数（R'）によって評価される[1)]。再帰反射係数（R'）は，値が大きいほど，再帰反射性能に優れていることを表す。再帰反射係数は単に反射輝度と呼ばれることもあるが，いわゆる輝度を示す値ではない。再帰反射係数は，下記式（1）に示すとおりの係数である。

$$R' = Er \cdot d^2 / Es \cdot A \qquad (1)$$

R' ：再帰反射係数（単位：cd/lux/m^2）

Er ：図6の配置における受光器上の照度（単位：lux）

d ：再帰反射シートと受光器との距離（単位：m）

Es ：入射光の方向に垂直に置かれた再帰反射シートが受ける照度（単位：lux）

A ：再帰反射シートの面積（単位：m^2）

再帰反射係数の測定方法は以下のとおりである。

① 投光器から照射された光が再帰反射シートに入射する照度（Es）を測定する。

② 所定の観測角と入射角において，再帰反射されて受光器に戻ってくる照度（Er）を測定する。

③ 上記式（1）を使用して，再帰反射係数（R'）を求める。

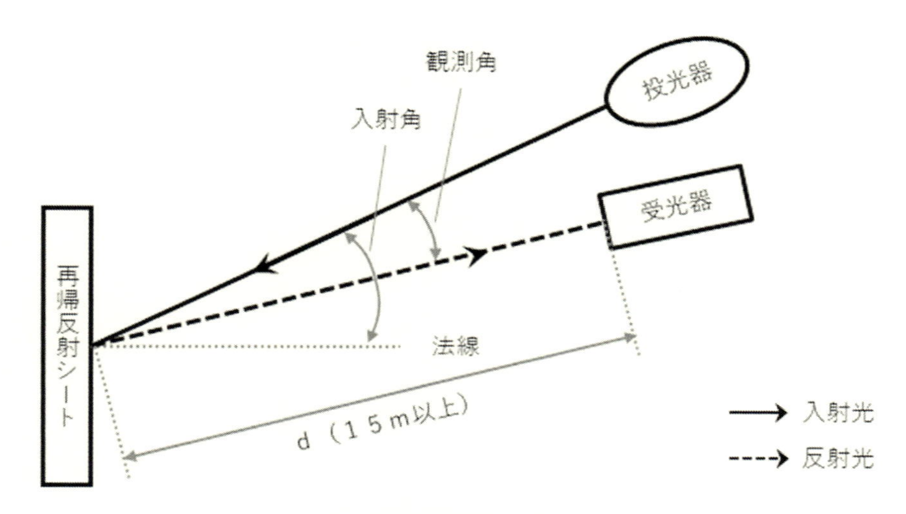

図６　再帰反射係数の測定方法

再帰反射性能は，入射角と観測角により変動するため，再帰反射係数には，それらの角度が記載されている。また，入射角と観測角を変化させて測定した複数の再帰反射係数が記載されていることが多い。それらの値を使用して，入射角による再帰反射性能差や，観測角による再帰反射性能差（指向性）を評価することができる。入射角による再帰反射性能差を評価したいときは，観測角が一定の条件で，入射角を変えたときの再帰反射係数の変化で判断できる。また，指向性を評価したいときは，入射角が一定の条件で，観測角を変えたときの再帰反射係数の変化で判断できる。

4　空中ディスプレイ用の再帰反射シート

4．1　再帰反射シートの設計

空中ディスプレイ用の再帰反射シートとしては，オープンレンズ型再帰反射シートや封入レンズ型再帰反射シート，鏡面反射タイプのプリズム型再帰反射シートが使用されている。当社では，再帰反射性能に優れる鏡面反射タイプのプリズム型再帰反射シートにおいて，空中ディスプレイ用の再帰反射シート（Nikkalite™ RF-A シリーズ）を開発している。

上述のとおり，再帰反射シートは，標識用途などで使用されており，それらの用途では，光が適度な広がりを持って再帰反射するようにプリズム素子が設定されている。これは，例えばヘッドライトなどの光源から標識に入射し，再帰反射した光が，ヘッドライトとは離れた位置にいる運転者の目に届きやすくするためである。

しかしながら，空中ディスプレイの用途では，再帰反射する光が広がると，空中に結像する像（空中像）がぼやけたり，輝度が低下したりするという問題を生ずる。

よって，空中ディスプレイでは，従来の再帰反射シートとは異なり，再帰反射する光の広がりを抑えた，指向性に優れた再帰反射シートが要望されている。

当社ではプリズム素子形状の最適化と精度向上を行い，Nikkalite™ RF-ANとして空中ディスプレイ用再帰反射シートを上市している。さらに，指向性を高めたNikkalite™ RF-ACも2018年5月に上市予定である。それらの再帰反射性能を表1に示す。

今後は，空中ディスプレイ装置のサイズに合わせて再帰反射性能を最適化した商品ラインアップを揃えていく予定である。

表1　Nikkalite™ RF-Aシリーズの再帰反射性能

品名			RF-AN	RF-AC
色			グレー	グレー
再帰反射性能	観測角	入射角	再帰反射係数（cd/lux/m^2）	
	0.2°	5°	1,186	1,697
		15°	1,127	1,733
		30°	731	1,384
		45°	261	676
上市時期			販売中	2018年5月
備考			標準品	指向型

※値は測定値であり，保障値ではない。

4. 2　再帰反射シートの表面処理

プリズム型再帰反射シートは，入射した光がプリズム素子の3つの面で順に反射することで，再帰反射するが，再帰反射シートに入射した光がすべてプリズム素子まで到達するのではなく，再帰反射シートの表面で反射する光も存在する。空中ディスプレイでは，再帰反射シートの表面で反射した光が，再帰反射した光による結像とは異なる位置に結像し，いわゆるゴーストと呼ばれる像が形成される。その結果，ゴーストが空中像と同時に観察されてしまい，視認性を悪化させる原因となる。

また，再帰反射シートに表示装置の画像が映り込み，それが空中像と同時に観察されるという問題も存在する。

このため，再帰反射シートの表面には，反射防止処理を施す場合がある。反射防止処理としては，ARフィルムやモスアイフィルムのラミネートや，ARコーティングやLRコーティングを実施している。

5　おわりに

再帰反射シートはすでに標識などで広く使われており，大型化と量産化に対応できる設備と体制が整っている。

第３章　再帰反射シート

当社は，素子設計から再帰反射シート製造までの一貫生産により，高品質の商品を安定的に供給でき，新商品の開発を迅速に行うことができる。これまでに培った再帰反射シートに関する技術を基に，今後も空中ディスプレイの発展に寄与していきたい。

文　　献

1）JISZ9117:2011

第4章　ビームスプリッター（コレステリック液晶フィルム）

矢賀部　裕*

1　はじめに

ビームスプリッターとは，入射光を所定の分割比で2つの光に分割する光学部品である。一般的に，誘電多層膜を用いて透過光・反射光を制御するもの，直線偏光タイプにてp波とs波の割合等を分離するものがある。

本稿は，偏光タイプで特に，コレステリック液晶を材質とした円偏光を分離するビームスプリッターについて述べる。

2　材質およびビームスプリッター原理

2.1　液晶とは

液晶とは位置秩序はなく，方向秩序があるものである（図1）。液晶にも，様々な種類があり，棒状分子や板状分子などが存在する。

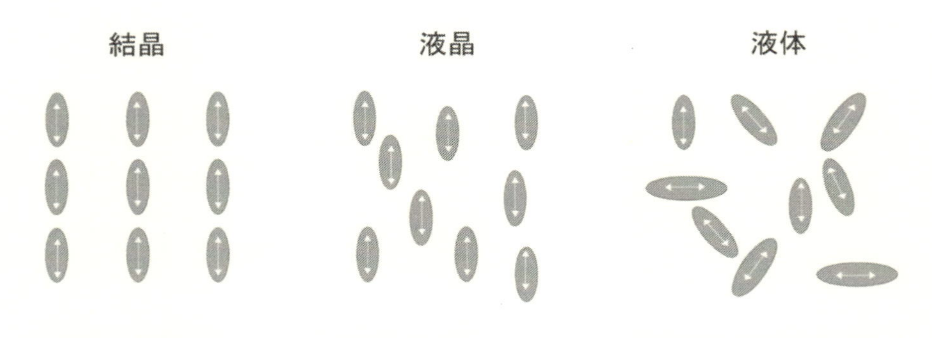

図1　液晶定義

* Hiroshi Yakabe　日本ゼオン㈱　高機能部材事業部　技術部　課長／博士

2. 2　液晶で円偏光を発現させるためには

図2のような棒状分子がねじれながら回転し，層構成をつくるものをコレステリック液晶と呼ぶ（一説にはコレステロールに構造が似ているため)。

層内ではそれぞれの分子が一定方向に配列しており，互いの層は分子の配列方向がらせん状になるように集積している。通常は基板に対して垂直方向をらせん軸としており，一定周期のらせん構造を持つ。

ねじれの力学としては，図2の棒状分子の長軸を一方向にそろえただけの液晶分子を光学活性，もしくは光学活性なゲスト分子（カイラル剤等）を混合すれば，隣接分子間にねじれが発生する。そのねじれには長距離相関があり，分子軸に垂直な方向にらせん周期構造が現れる。このねじれが右回りであれば右円偏光，左周りであれば左円偏光となる。

図2　液晶模式図

2. 3　ビームスプリッター原理

このねじれの方向により，ねじれと同方向の光は反射し，ねじれと逆方向の光は透過するようになる（図3)。これが，円偏光を用いたビームスプリッターの原理である。

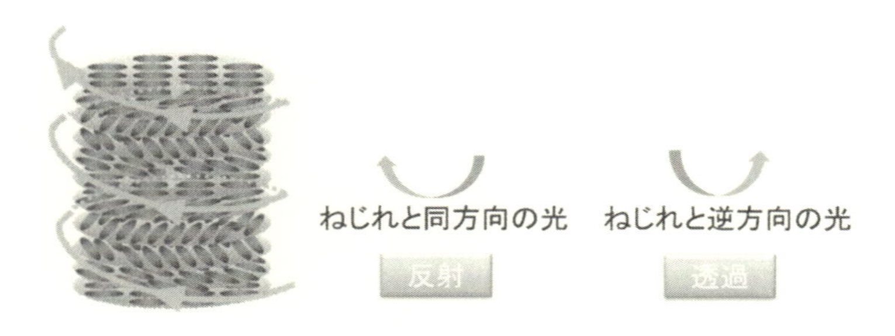

図3　液晶ねじれ

3　日本ゼオンのフィルム（開発中）

3. 1　概略

日本ゼオンのフィルムは，主原料としてコレステリック液晶を用いる。現在，弊社では，材料合成⇒配合⇒コレステリック液晶のコーティングによるフィルム化を開発中である。

最大の特徴は，銀色を含めた任意の色を表現できることにある。‘任意の色を表現’とはイ

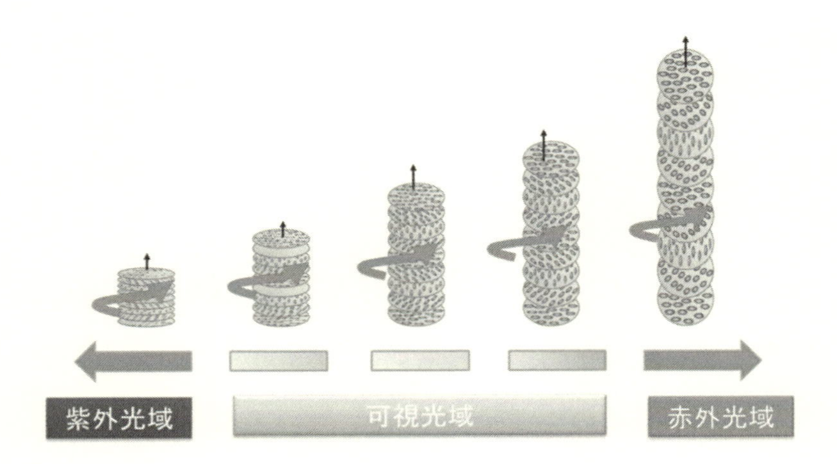

図4　ピッチによる構造色

コールその色における波長用のビームスプリッターになるということである。

この発色（任意の波長）は，図4に示すように，コレステリックのねじれピッチを変えることによって実現される。このピッチを調整すると，可視光のみならず，紫外域，赤外域までの調整も可能となる。

3. 2　ピッチ調整方法

特定波長 λ（nm）のある領域 $\Delta\lambda$ を反射する特性（ビームスピリット）は液晶分子の屈折率 n と螺旋ピッチ P（nm）（図5）によって，以下の式で表せられる（Δn は屈折率異方性の大きさ）。

$$\lambda = n \times P$$

$$\Delta\lambda = \Delta n \times P$$

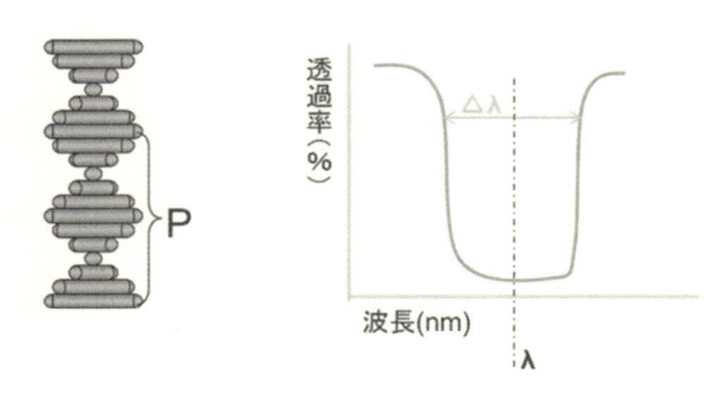

図5　定義の図示化

3. 3　フィルムの作製

実際に作製したフィルムの透過スペクトルおよびイメージ写真を図6に示す。

可視光域すべてを反射させたときは銀色（透過率が50%の線），および波長550 nmあたりをくぼませると緑色となる。弊社のフィルムは銀色を1層で実現したことが特徴である。

厚みとして約5 μmの薄膜を実現している。

また，反射率も50%未満では任意に変えることができる。弊社標準層数（ピッチ数）を100%とした時，反射率は47%であった（図6）。層数80%の場合，反射率36%，層数50%の場合，反射率は19%であった。

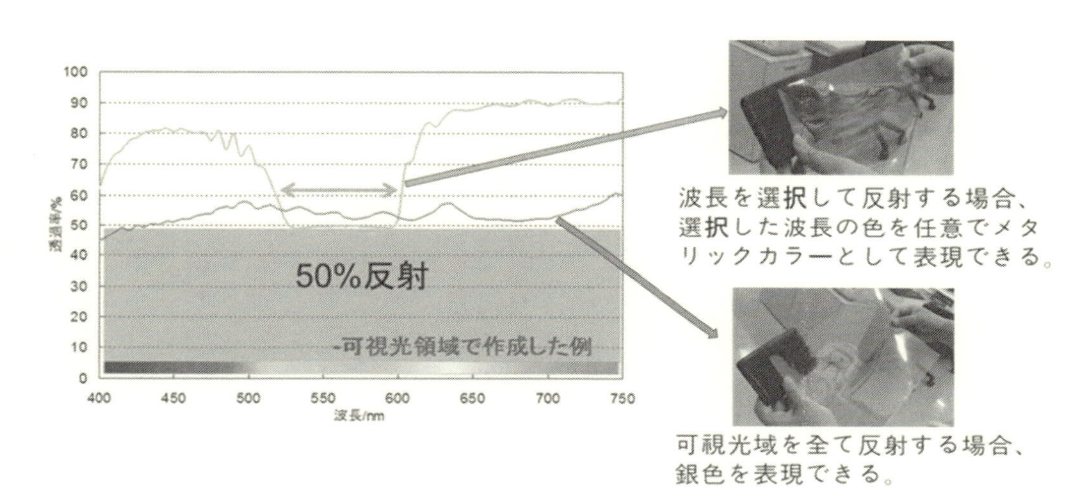

図6　色と波長の関係

3. 4　実際にねじれているかどうかの検証

上段で述べてきたことは，理論および代替数値であるため，実際に作製したフィルム断面をFE-SEMで観察した写真を図7に示す。きれいな層のピッチ（=らせん構造のピッチ）ができていることがわかる（白と黒の線）。

ここで，ピッチが白と黒の線で見えることを説明する。図8は，液晶分子を鉛筆に見立てて，

図7　フィルム断面観察

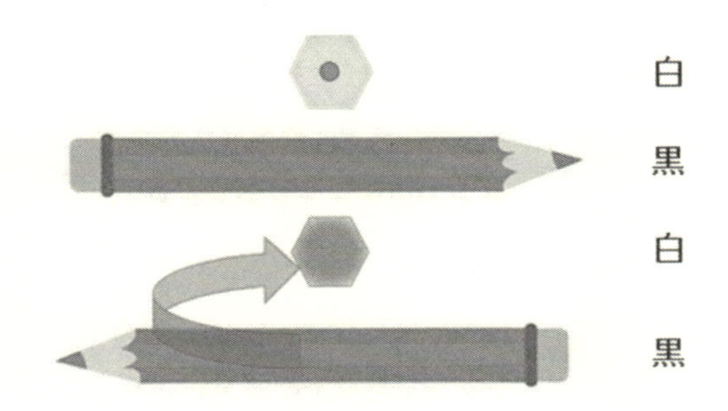

図8　ねじれのピッチ模式図（図7対応）

回転したものである。これは，例えば，鉛筆（液晶）が紙面方向に立った状態が白，寝た状態が黒となる。

3．5　円偏光度

3．3で作製した銀色のフィルム（可視光域全体を反射するもの）の円偏光度を測定した（サンプルAとする)。また，比較として，一般的に円偏光版と言われるものの作り方を模して，市販の直線偏光板にレタデーション141 nm（一般的にλ/4フィルムと呼ばれるもの）を45度の角度に貼り合わせたものを作製した（サンプルBとする)。

図9に測定結果を示す（円偏光度1が完全な円偏光である)。

実線がサンプルA，点線がサンプルBである。実線は，円偏光度は完全ではないものの，平均的（フラット）に可視光域をカバーしていることがわかる。これによって，空中に映像が浮かんだ際，赤・緑・青の波長の割合が均一に保たれ，実映像（例えば図10のdisplay）と空中映像との色違いが起こらないことが推測される。

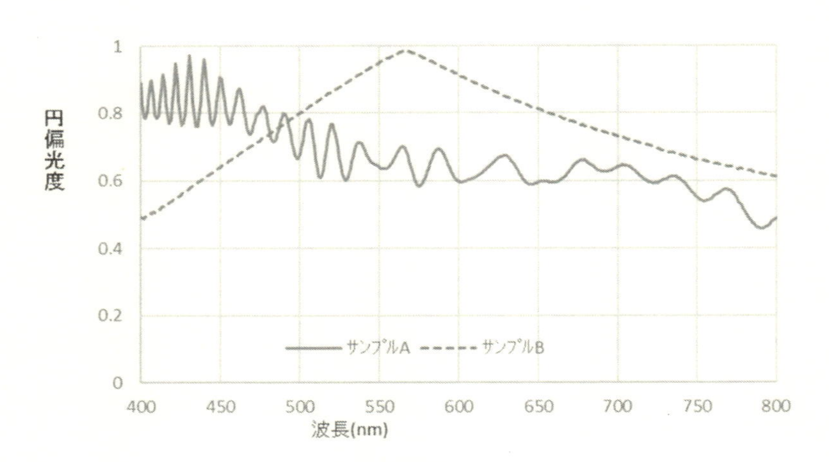

図9　円偏光度

4　空中映像への応用例

例えば，図10のような構成にすると，空中映像が浮き出す（矢印が光の方向，回転矢印が偏向方向を示す）。

また，空中映像の場合，外光反射や内部反射光の影響をうけ，画像が見にくくなってしまうが，外光・内部反射光ともに，図10のように，減少されるために，空中映像自体の見やすさ（輝度）に貢献できる（これは，スマートフォンに用いられる円偏光による反射防止と同じ理論である）。

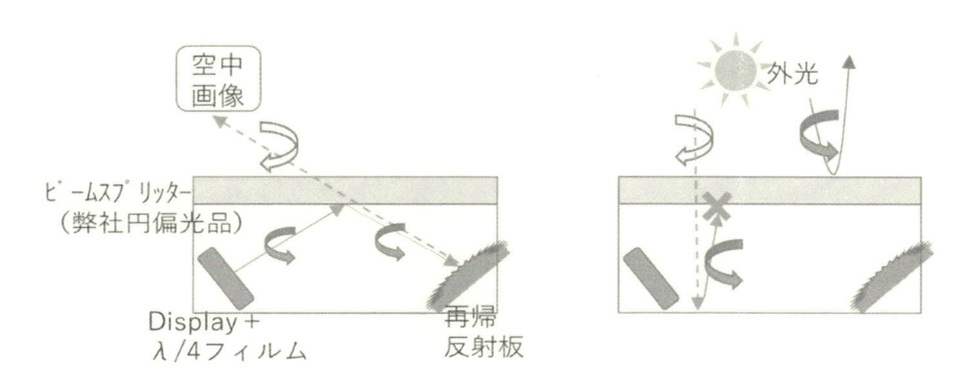

図10　空中映像の構造例

5　おわりに

本稿では薄膜1層で作る円偏光タイプのビームスプリッターの開発を述べた。空中映像への貢献を期待する。

文　　献

1）井上潤哉，市川和典，半導体を用いた多層膜干渉による構造色の製造，神戸高等専門学校市川研究室HPより
2）渡辺順次，光学，**33**(4), 238 (2004)
3）竹添秀夫，渡辺順次，液晶・高分子入門，p.86，裳華房 (2004)
4）飯村一賀，浅田忠裕，安部明広，液晶高分子―その基礎と応用―，シグマ出版 (1995)
5）Y. Pochi, Optical Waves in Layered Media, John Wiley & Sons (1988)

6）吉岡伸也，薄膜干渉を繰り返し用いて多層膜反射スペクトルを計算する方法，構造色研究会 HP より

第5章　精密シートレンズ

佐藤公一*

空中ディスプレイには様々な方式が挙げられ，サイネージ，アミューズメント，家電，自動車コックピット，医療などの用途への活用が期待されている。いずれの方式においても，像があたかも空中に存在するように表現を行うためには，光の反射・屈折などを駆使して視点に対して像を提示する必要があり，同時にそれらの表示装置には小型化，軽量化かつ高精細化が求められている。

日本特殊光学樹脂では薄型，軽量の光学部材として空中ディスプレイ・裸眼立体視用途としても活用されているフレネルレンズやレンチキュラーレンズ，シートプリズムなどの精密シートレンズを設計・製造している。本稿では，これらについて設計や選定を行う上でのポイントや留意点などを製造の観点から述べる。

1　はじめに

空中ディスプレイは，例えばヘッドアップディスプレイなどとして，自動車や航空機の運転・操縦において視界から目をそらすことなく様々な情報を視認できるように表示したり，テーブル

図1　HolograFX 社立体ディスプレイ例

*　Koichi Sato　日本特殊光学樹脂㈱　代表取締役

トップなどの空中にあたかも物体が存在するかのように像を提示したりするような装置である。

フレネルレンズの空中像への使用例としては，HolograFX ディスプレイ（図 1）[1]や，大画面裸眼立体表示技術（図 2，図 3）[2]などが挙げられる。

また，液晶パネルなどに表示した情報をミラーなどに反射させながらコンバイナやフロントウィンドウを介して，運転者やパイロットに対して虚像として表示させるヘッドアップディスプレイもその一例である[3]。これらの装置を構成する要素（図 4）[4]は，画像の表示器，投影光学系

図 2　裸眼立体ディスプレイ　実際に見える画面の例

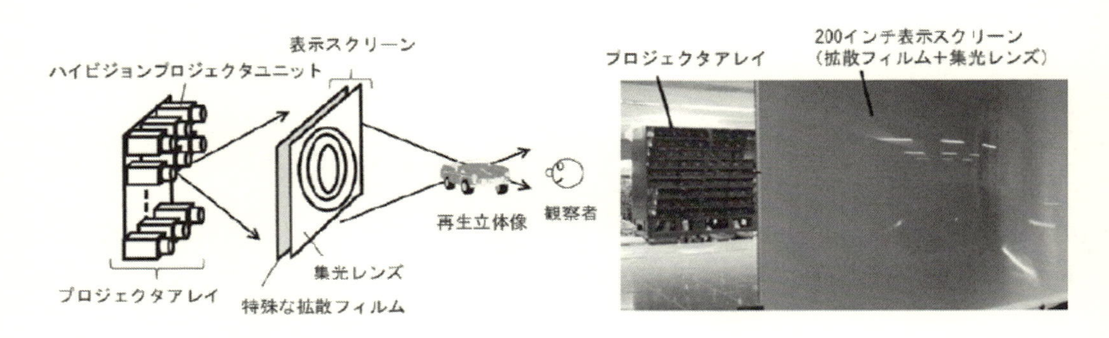

(a)　基本構成　　(b)　外観写真

図 3　200 インチ裸眼立体ディスプレイの構成

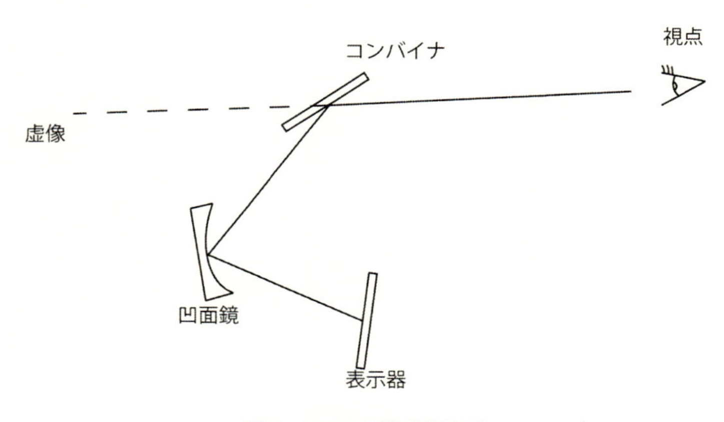

図 4　HUD の構成概念図

のミラーや画像表示面としてのコンバイナなどが挙げられる。

以下，日本特殊光学樹脂のフレネルレンズに代表される薄型・軽量なシートレンズの設計，金型製造，成形技術などについて解説する。

2　シートレンズについて

ここでシートレンズとは，平面上など，ある面内に微細なパターンを形成することで，集光や拡散，屈折・反射などの光学的な機能を持たせた数 mm 程度の厚さの薄型レンズのこと指す。さらに μm オーダーのフィルム状にしたフィルムレンズへの応用も可能である。

ここではその中から，空中ディスプレイへの応用が可能なシートレンズの例として，フレネルレンズ，レンチキュラーレンズ，シートプリズムおよびマイクロレンズアレイについて述べる。

2. 1　フレネルレンズ

フレネルレンズとは，レンズの曲率だけを平面上に並べたレンズである。等ピッチでの分割方法（図5）や，プリズム等高での分割方法（図6）など手法はいくつかあるが，平面状のレンズのためスペースと重量が節約でき，球面レンズでは製造が困難な口径より短い焦点距離のレンズや非球面レンズを簡便に作ることが可能である。

その形状により，光を一箇所に集光させたり，一点から出射する拡散光の拡散角を狭めたりして配光制御したりする凸レンズ効果（図7），逆に平行光を拡散させたりする凹レンズ効果を持たせることが可能である（図8）。また，フレネルレンズ面に反射コートを施すことにより，凹面鏡や凸面鏡として使うことも可能である。なお，レンズの材質は光学ガラスやアクリルなどの樹脂材料が挙げられるが，近年では軽量性や加工性のため樹脂材料で製造されることが比較的多い。

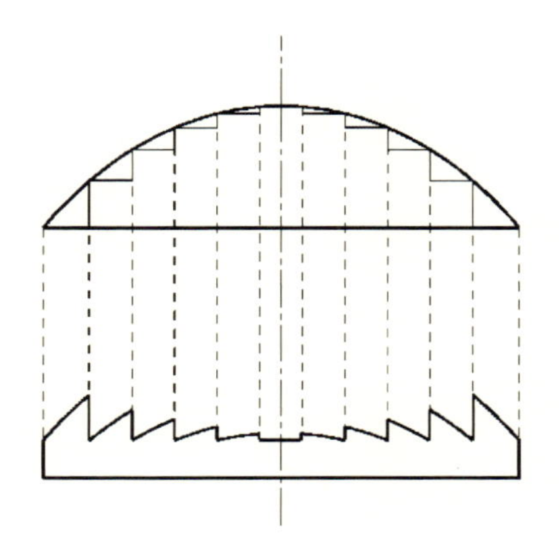

図5　ピッチ一定のフレネルレンズ

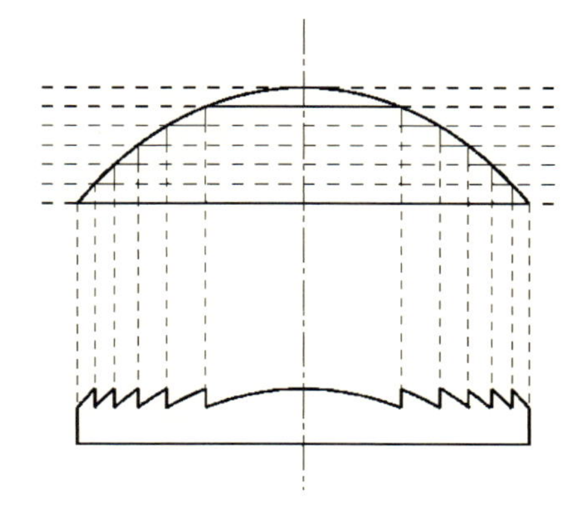

図6　プリズム高さ一定のフレネルレンズ

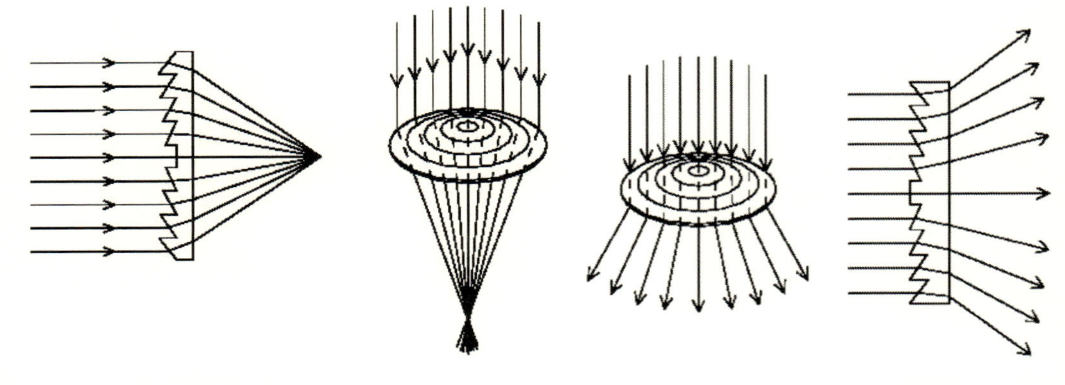

図7　凸フレネルレンズの光路　　図8　凹フレネルレンズの光路

図9　NTKJ ビジョン

図10　若狭湾エネルギー研究センターの太陽炉

フレネルレンズは空中ディスプレイへの応用も行われているリアプロジェクションテレビのスクリーン用途（図9），反射型スクリーン用途，拡大鏡，広角ミラー，集光レンズ（図10），センサー用レンズ，照明用配光制御レンズや自動車のヘッドライトの配光検査装置などに用いられてきた。

2. 2　レンチキュラーレンズ

レンチキュラーレンズは平面上に複数のシリンドリカルレンズ（かまぼこ型のレンズ）が並んだ構造をしている（図11）。

その形状により1軸方向に光を集光あるいは散乱させる効果がある。光線を1軸方向に拡散させる機能を持つことから，リアプロジェクションテレビ・スクリーンの視野角拡大の目的で用いられている。また，LEDとの組み合わせを行うことにより，光のムラを軽減させたりする目的でも用いられる。さらに，空間ディスプレイ・裸眼立体ディスプレイへの応用ではレンチキュラーレンズの光線コントロール特性から，左右の目から異なる映像を観察できるようにしたり，多数の視点映像を連続的に生成したりするように光をコントロールすることにより，2眼式，多眼式，超多眼式，インテグラルイメージングなど様々な裸眼立体表示方式の光線コントロール素子として用いられている。

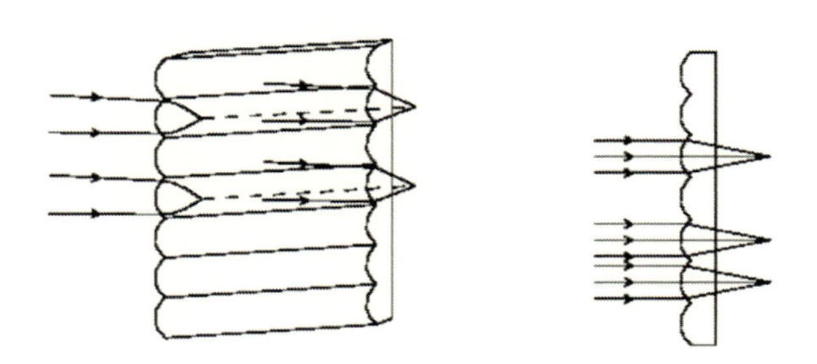

図11　レンチキュラー模式図

2. 3　シートプリズム

シートプリズムは，一定の角度の直線状の微細なプリズムを平面上に並べた構造で，光を屈折させ，方向を変える機能を有する（図12）。

その機能から，液晶ディスプレイの導光板や，表示を見やすくするための配光制御板，照明の配光をコントロールするための照明用途などに活用されている。空中ディスプレイとしては再帰反射プリズムなど，屈折・反射特性を利用してディスプレイにされることもある。

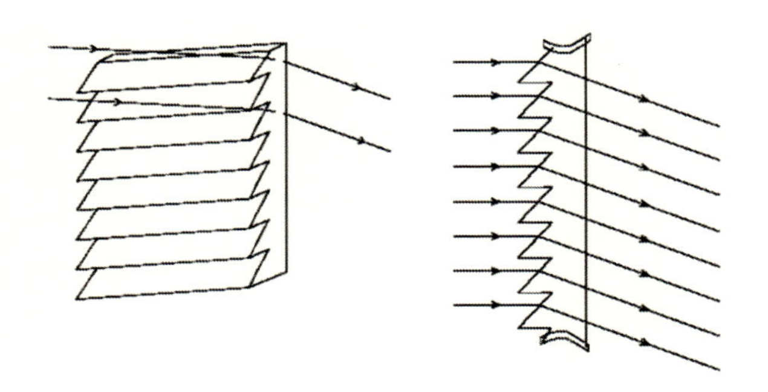

図12　シートプリズム模式図

2. 4　フライアイレンズ・マイクロレンズアレイ

フライアイレンズ（マイクロレンズアレイ）は単レンズを平面上に多数配置した構造をもつ(図13)。

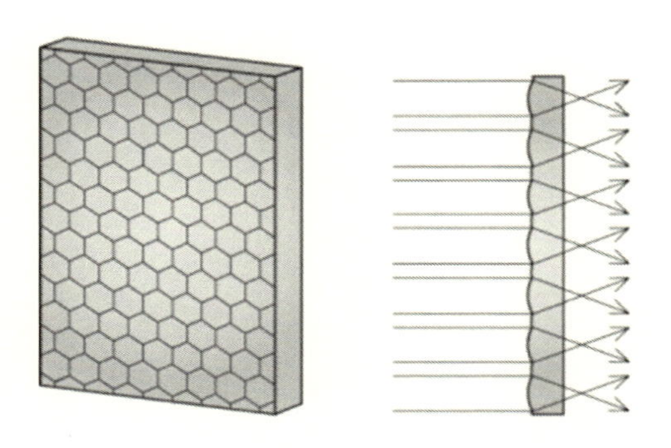

図13　フライアイレンズ模式図

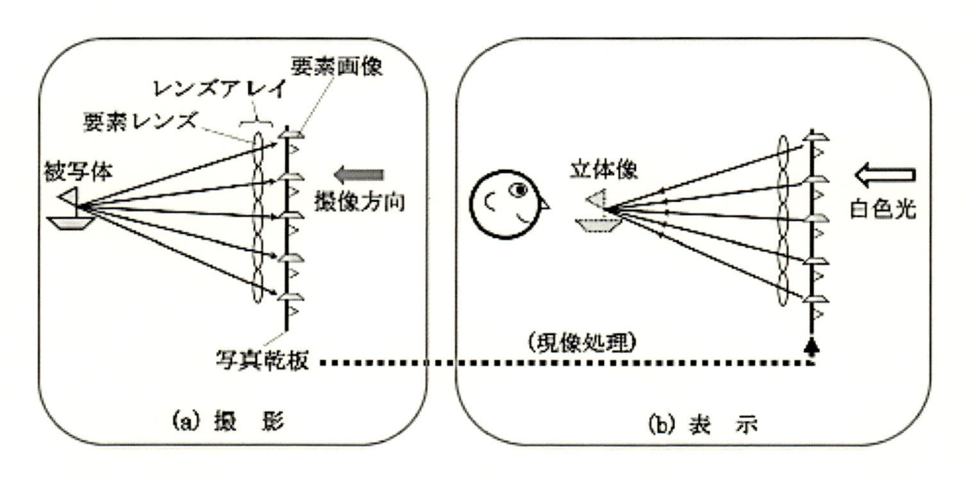

図14　インテグラルフォトグラフィの原理

その形状により，光源の輝度ムラをなくしたりする性質があり，プロジェクター用の投影レンズや，液晶のバックライト用途として用いられている。

マイクロレンズアレイの空中ディスプレイへの応用としては，立体写真の技術としてLippmannから提案されたインテグラルフォトグラフィ（IP）[5]を基本原理（図14）[6]としたインテグラル立体[7]における撮像用レンズアレイや，表示用レンズアレイへの活用が挙げられる。

3　シートレンズの空中ディスプレイへの応用

シートレンズの最大の特徴は従来の光学素子を薄型・軽量化できるということである。また，微細形状を表面に附形することによって，省スペースで光を屈折・反射させてコントロールできることも特徴であり，この機能を活かして空中ディスプレイへ応用されるケースが多い。

例えば，ヘッドアップディスプレイにおいては自由曲面形状を有したミラーやコンバイナが用いられることが多く，いままでそれらの厚さは光学設計された自由曲面形状の高低差およびその形状を保持するための構造部によって決定され，光学性能と，省スペース化の実現を両立することには限界があった。しかし，これらの自由曲面光学素子にフレネルレンズの原理・構造を用いれば薄型・軽量化を実現することが可能となる（図15）[8]。

また微細加工を施したシートレンズにミラーコートを施してミラーとして活用したり，ハーフミラーコートを施し，コンバイナとして表示像と風景とを重ね合わせて表示させたりすることで，空中ディスプレイへ応用することも可能である。

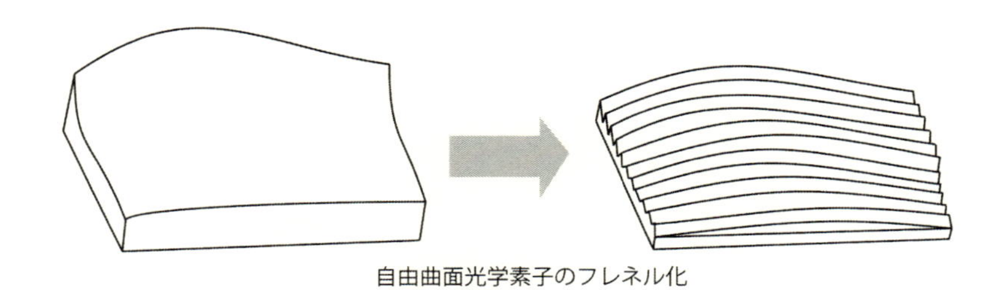

図15　自由曲面のフレネルレンズによる薄型化

4　シートレンズの設計と製造技術

4. 1　シートレンズの設計

微細構造を有するシートレンズでは，設計時に微細構造と光路の関係を把握し留意する必要がある。例えばフレネルレンズ，リニアフレネルレンズならではの留意すべき点としては，離型のためのドラフト角が設計光路に及ぼす影響を考慮する必要がある[9]。ドラフト角とは，成形後に金型から製品を取り出す際に，垂直に切り立った面があると樹脂収縮の影響で，金型から離れにくいという問題が生じる。そのため，収縮時に離型しやすいようにドラフト角を数度つけることが一般的である（図 16）。

ところが，LCD などからの投影光がフレネルレンズに入射する際，ドラフト角を持った面（ドラフト面）に入射する光線群は意図する投影点には向かわないため，損失となったり，迷光となったりして画質の劣化を招いてしまう（図 17）。

さらに，反射用途で用いる場合にも連続面のミラーと異なり，フレネル形状の設計においてはドラフト面において光線が妨げられたり，意図しない方向への反射光が迷光となってしまうケースがあるため（図 18），これについても留意して設計を行う必要がある。

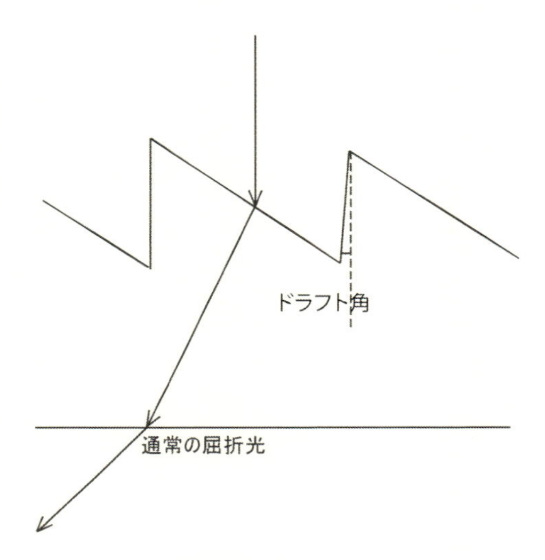

図 16　ドラフト角

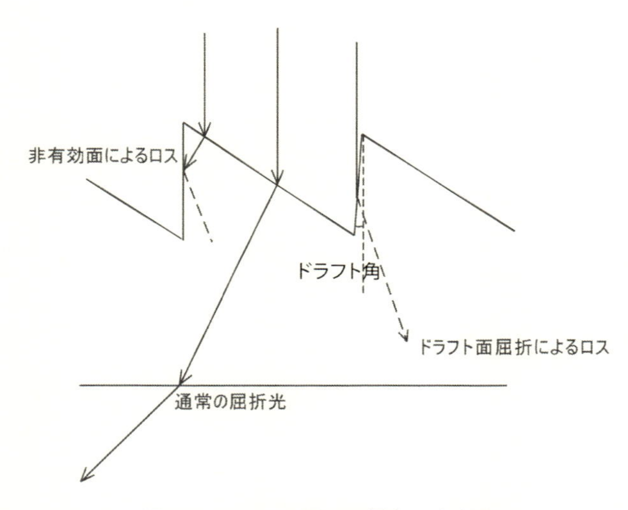

図 17　ドラフト面での損失・迷光図

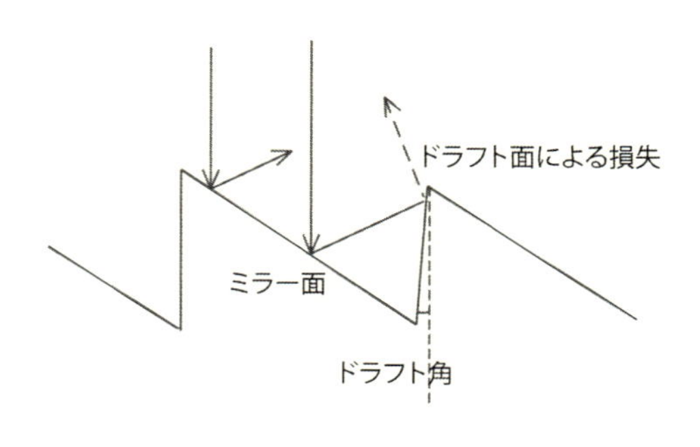

図 18　ミラーのドラフト面による損失

4. 2　シートレンズの金型製造と留意点

シートレンズの製造には次項で述べるような様々な成形方法があるが，いずれの方法でも形状の元になる金型を製作する必要がある。金型加工にあたっては，レンズの性能はその金型精度に依存する割合が大きいため，十分留意する必要がある。例えばフレネルレンズの金型を製作する場合，角度精度が像の倍率や解像度に影響し，またプリズム形状の谷の R 形状の大きさは迷光やコントラストに大きな影響を与えるため，空中ディスプレイの視認性を向上するためには細部に亘って高精度の金型加工を実現する必要がある。日本特殊光学樹脂では，これを実現するために温度・振動管理の徹底されたナノオーダーの位置決め分解能を有する超精密加工機（図 19）などによって金型を加工するため，その形状精度の信頼性が比較的高い。

また，高画質化，高コントラスト化のためにはシートレンズ表面での不要な光の拡散を抑える必要があり，平滑な面を実現するだけの面精度を有する必要がある。そのためには光学鏡面を実現する加工機精度と加工技術が要求される。

さらに日本特殊光学樹脂では，リアプロジェクションテレビ向けのフレネルレンズなど，大型かつ精密なフレネルレンズ金型を製作してきた実績があり，それらのノウハウを活かして空中ディスプレイ向けの金型加工にあたっても，金型におけるプリズム谷底の R を極小にして加工

図 19　超精密加工機

したり，非接触三次元測定を活用することにより，微細形状の確認を行いながら，様々な形状のシートレンズの金型製造を行うことが可能である。

4. 3 シートレンズの成形方法と留意点

上記の通り，金型の製造精度やプリズム谷部分のR形状は画質に大きな影響を与えるが，例え金型が精密に加工されていても，その形状を樹脂に転写できなくては製品としての精度は保つことができない。

特に，金型のプリズム谷部分がシャープなエッジを有していたとしても，成形時に樹脂が谷部分まで入り込まないと，製品のプリズム山部分がR形状を持つことになるため，迷光の発生や画質の劣化などが顕著に見られるようになってしまう（図20）[10]。

日本特殊光学樹脂ではこの形状転写を精緻に行うため，主に熱プレス成形という方式を採用している。

熱プレス成形はヒートコンプレッション方式あるいはホットエンボシング方式などとも呼ばれシート状の熱可塑性樹脂を金型で挟み，熱と圧力を加えることにより金型形状を樹脂に転写してレンズを成形する方式のことである（図21）。

あらかじめ材料がほぼ製品サイズのシート状になっていることから，必要最低限の樹脂流動で成形することが可能なため，成形残留応力を抑えて複屈折を低減したり，比較的高圧で成形可能

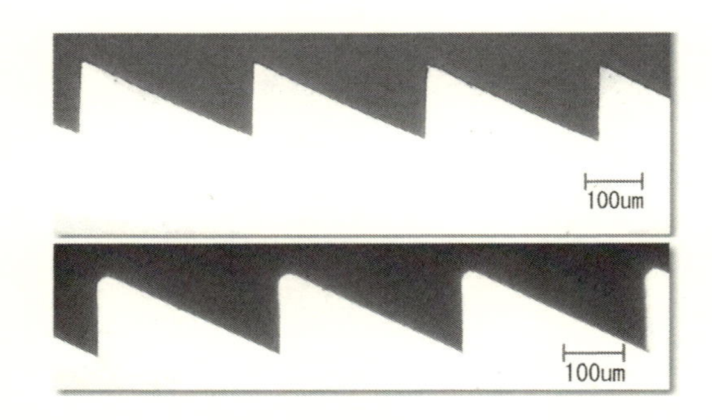

図20　熱プレス成形（上）と射出成形（下）の転写性の違い

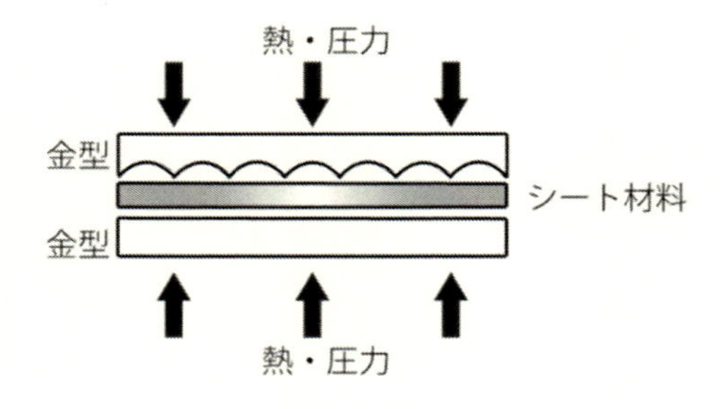

図21　熱プレス成形の概念図

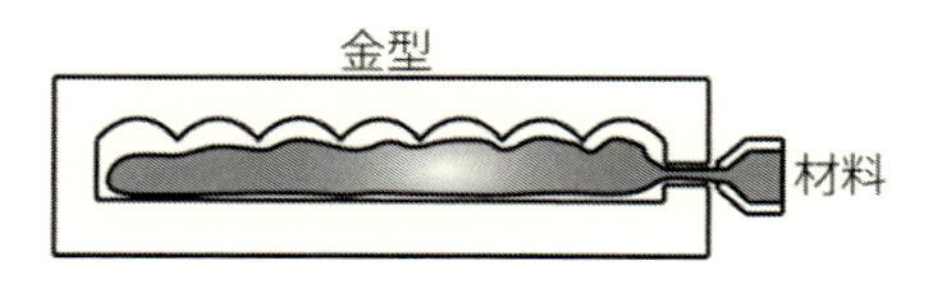

図22　射出成形の概念図

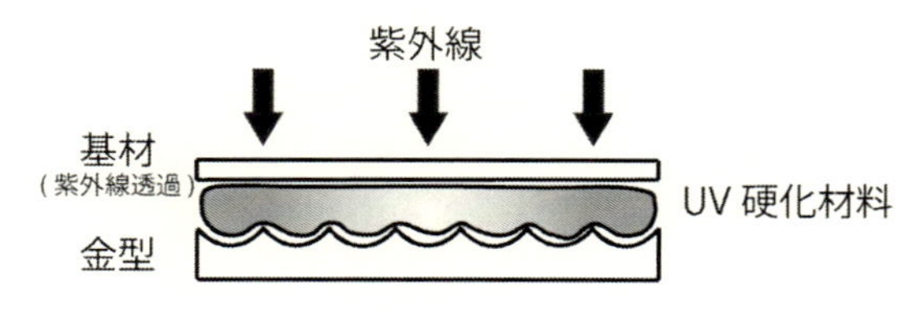

図23　UV 成形概念図

なため，金型の形状転写精度が優れているという特徴がある。さらに射出成形では難しい薄肉大型の成形にも適しており，日本特殊光学樹脂では最大70インチクラスまで熱プレス方式により量産可能である。

また，金型構造が比較的簡便であるため製作期間を短縮し費用を抑えることも可能で，成形材質の変更や厚さの変更などにも対応できるため，試作開発や小ロットの生産に適する特徴もある。日本特殊光学樹脂の熱プレス方式は枚葉成形ではあるものの，サイズや製作数量に応じて半自動化された成形設備により，試作開発から量産まで対応可能である。

一方，射出成形（図22）でフレネルレンズを成形することも可能ではあるが，先に述べたとおり，溶融した樹脂を金型内に射出して微細な形状を転写しなければならないことから，金型のプリズム谷底まで樹脂が充填されず，成形品におけるプリズムの山部分がR形状を持ってしまうケースが多い。

また今後，さらに薄型化の要望が高まってくれば，熱プレス成形よりも薄いフィルムを用いて成形することができるUV成形（図23）の選択肢もある。これは厚さ100～数百 μm のPETフィルムなどにUV硬化樹脂を用いて金型のプリズム形状を転写，形成するものであり日本特殊光学樹脂でも対応可能である。

5　おわりに

このようにフレネル構造を有する光学素子は空中ディスプレイ装置に対して応用することで薄型・軽量化を図ることが可能になる。一方で，フレネル独自の設計留意点や製造上のハードルが存在するため，設計手法ならびに製造手法の選定には高度な技術と経験が必要となる。日本特殊光学樹脂では40年にわたるシートレンズ製造技術やノウハウを活かし，今後も高精度プラスチックレンズのパイオニアとして，特色ある製品・技術を市場に提供していきたい。

文　　献

1) http://www.holografx.com/
2) 岩澤昭一郎，情報通信の未来をつくる研究者たち，p.116，情報通信研究機構 (2012)
3) 特許公報　平 05-104979，平 05-104980，平 05-229366 など多数
4) 佐藤公一，機能材料，**37**(12), 12, シーエムシー出版 (2017)
5) M. G. Lippmann, *J. de Phys.*, **4**, 821 (1908)
6) 清水直樹，映像情報メディア学会誌，**68**(1), 76 (2014)
7) 洗井淳，岩舘祐一，映像情報メディア学会誌，**68**(11), 835 (2014)
8) 特許 2014-535330 など
9) 佐藤公一，メガソーラー事業戦略～導入・参入に向けた課題から要素技術・運用事例まで～，第 2 節第 3 項，情報機構 (2012)
10) 佐藤公一，シートレンズの熱プレス成形技術，プラスチック成形加工学会第 28 回年次大会予稿集，p.167 (2017)

第6章　空中ハプティクスがもたらす価値

Heather Macdonald Tait *

英国ウルトラハプティクス社は，空中で触感を生成する「空中ハプティクス技術」を開発した。目には見えないが，その形やテクスチャ（感触）を実際に触れて感じることができる。映像や音声等の既存技術にこの触感が加わることで，多感覚の没入体験を創出することが可能になる。

この空中ハプティクス技術のコアとなるのは，ウルトラハプティクス社が特許を持つ超音波制御のアルゴリズムである。超音波スピーカーの制御によって生成される「バーチャル触感」は，他のハプティクス技術で使用されるコントローラやウェアラブル機器を必要とせず，直接ユーザの手に形状や手触りを伝える。

現在この技術の活用が検討されている分野として，デジタルサイネージ，自動車，ロケーションベースエンターテイメントおよびVR/ARなどが挙げられ，既に多くの分野で製品開発が始動している。空中ディスプレイとの融合も注目されるアプリケーションの一つである。

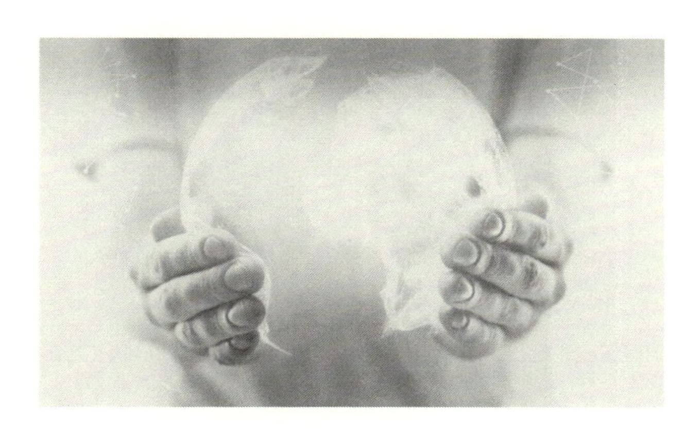

1　超音波が触感生成する仕組み

超音波によって人間の触覚受容体を刺激する研究は，ガブリーロフを始めとする1970年代の生物科学に源を発する。当時超音波は神経障害や聴覚障害の診断に利用されていた[1)]。集束された超音波が，皮膚内部の神経受容体を刺激することが発見され，様々な触感，温度感，くすぐり

---

* Director, Marketing Communications, Marketing and Product, Ultrahaptics Limited

感，掻痒感，痛みといった感覚を生成することが分かっている[2]。

ウルトラハプティクス社の触感フィードバック技術は，超音波が皮膚に反射した際に生成される音響放射圧を利用する。超音波が皮膚表面で集束されると，皮膚組織内において横波が誘発される。横波による皮膚変位は皮膚内部の機械受容器を刺激し，触感を生成する。このような触感生成のための音響放射圧の利用は，ダレッキーらによって最初に立証された[3]。

2　ウルトラハプティクスの技術

空中ハプティクス技術を支える基本原理は，超音波干渉パターンを生み出す超音波トランスデューサアレイの位相遅延を利用する。位相遅延によりつくり出された焦点が空気の圧力差を生み，その圧力差が皮膚内の横波を誘発して触感として感じることができる。このシステムは，ウルトラハプティクスが特許を保有するアルゴリズムによって制御されている[4]。

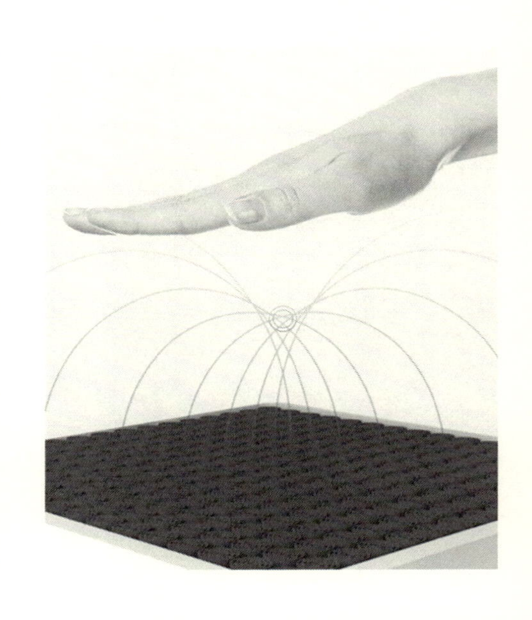

ウルトラハプティクスのシステムでは，超音波トランスデューサアレイをサードパーティ製品(特定のメーカーに制限されない）のカメラシステムと組み合わせることで，手の位置やジェスチャーの認識を行っている。触感はトランスデューサアレイの表面から，最大１メートルまで到達する。また，同時に複数の触感焦点を生成することが可能である。

さらに「タイムポイントストリーミング」というウルトラハプティクスの最新技術を利用すると，超音波の強度と焦点の三次元座標（x，y，z）を１秒間に 40,000 回更新することができる。すなわちそれは，テクスチャ（感触）の違いや 3D 形状も空中に生成可能ということを意味する。

3　安全性について

ウルトラハプティクスの空中ハプティクス技術は 40 キロヘルツの超音波を利用しているが，人間の皮膚内の受容体はそのような高周波の振動を検出できないため，知覚として感じる範囲内でより低い周波数へと変調する。超音波生成に使用されるエミッタは，自動車のパーキングセンサや侵入防止警報器に使用されるエミッタと同等のものである。

安全性の観点から考えると，超音波エネルギーの大部分は皮膚において反射する。皮膚は密度の高い軟組織であり，人体からの超音波の反射係数は非常に高いとされている。空気中の反射係数と比較しても何百倍も大きいため，結果として，人体との境界層において非常に高い反射係数を生じさせる。具体的に言うと，99.9%以上の超音波圧力波は皮膚組織から反射し，実際に人体に吸収されるのは0.1%未満であることが研究によって明らかになっている[5)]。

4　空中ディスプレイに触感を加える利点

人間にとって触覚とは，視覚・聴覚体験ではつくり出せない，五感の中でも独特の力を持つものである。ハプティクスはインターフェースをより直感的にすることができ，それがオンライン／オフラインマーケティングにおいて消費者のエンゲージメント（どれだけ興味・反応を示したか）を獲得する上で，非常にポジティブな効果を生むことが様々な研究によってわかっている。

空中ディスプレイへ触感を加える主な利点：

- ハプティクスは，インターフェースをより直観的で分かりやすく，そして楽しくすることができる。ジェスチャーコントロールに空中ハプティクスの触覚フィードバックを加えることで，タスク完了までの時間や誤操作を削減し，ユーザの操作感を格段に向上する[6)]。
- ハプティクスは視覚に頼らないインターフェースを可能にする。触覚フィードバックがあることで，ユーザは目線を外したまま操作が可能になる（自動車のHMI等）。
- 人間に対し，視覚・聴覚以上に強く，本能的，感情的な効果を与えることができる[7)]。
- 実際の製品に触れられない状況でも，「バーチャル触感」を与えることができるため，消費者のエンゲージメント上昇につなげることや，伝えたいメッセージに説得力を持たせることができる[8)]。
- 触感自体が製品特徴に直接的に関わらない場合でも，ハプティクスがあることで消費者が「楽しめる」という知覚価値を与える[9)]。
- 触感インタラクションは，消費者とブランド・製品との繋がりを強固なものにする[10)]。

4.1　空中ハプティクスのメリット

従来のハプティクス技術は，ユーザが触覚フィードバックを得るためにデバイス表面に触れる必要があった（タッチスクリーンやウェアラブル機器，ゲームコントローラ等）。また，大型スクリーンや固定スクリーンにハプティクスを組み込むことは，技術的に困難とも言われていた。実際にものには触れず，空中に触感を作り出す空中ハプティクス技術は，空中ディスプレイアプリケーションにおいてハプティクス技術の可能性を飛躍的に拡大する。

空中ハプティクスの主なメリット：

- アクセサリやウェアラブル機器，周辺機器が不要：ユーザは空中で，素手でインターフェース操作ができる。
- 従来にない衛生的なインターフェース：操作に物理的な接触が伴わないため，衛生面での懸念やメンテナンスの必要性を軽減し，さらにセキュリティ性，耐久性も向上する。
- フレキシブルな3次元インタラクションゾーンを空中に形成することが可能。

4. 2　空中ハプティクスのアプリケーション事例

4. 2. 1　オートモーティブ

自動車業界では現在，革新的なデザイン変更が進められている。General Motors 社 CEO の Mary Barra 氏は，過去50年間で起こった以上の進化が，この5～10年の間に自動車業界で見られると予測している[11]。

多くの自動車メーカーが新技術開発に奔走する中，ウルトラハプティクスの空中ハプティクス技術は，市場をリードする次世代製品開発を可能にし，とりわけ接続性と安全性の向上という相反する市場要求を同時に叶える，新たなソリューションを提供する。

自動車の HMI としてのジェスチャー操作に空中ハプティクスを組み合わせることで，直感的かつノールック（視線を外したまま）での操作が可能になる。これまでのように，ボタンやスクリーン操作のためによそ見運転に陥る危険性を軽減することができるのだ。

(1)　ハーマン社の事例

ハーマン社が開発したコンセプトカーでは，オーディオインフォテインメントを含めた複数の車載システムのインターフェースとして，ジェスチャー操作と空中ハプティクス，さらにハーマン社の GUI（グラフィカルユーザインターフェース）を組み合わせている。運転手のジェスチャーコマンドに対し，触覚フィードバックと共に応答する。

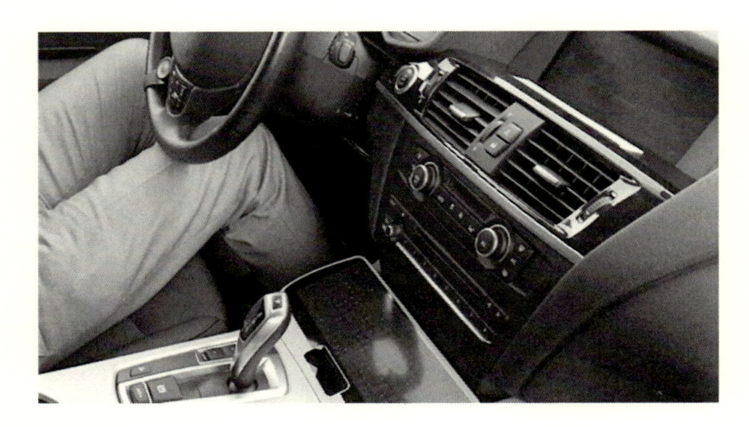

(2)　ボッシュ社の事例

ボッシュ社は，ウルトラハプティクスの空中ハプティクスとジェスチャー操作による HMI をコンセプトカーに取り入れ，2017年，2018年の Consumer Electronics 展（CES）で発表した。運転手がジェスチャーコマンドを出すために手を伸ばした際，手が正しい位置にあるかどうかを触覚によって運転手に伝える。また，コマンドが受理されたかどうかも，別の触覚を与えることで知らせることができる。

将来的には，自動運転車の車内で提供されるAR/VRコンテンツに対しても，空中ハプティクスを加えることで，自動車メーカーは他社との差別化が可能になる。空中ハプティクス技術は，仮想の物体を見るだけでなく触れることを可能にするため，より没入感のあるAR/VR体験をもたらす。

4. 2. 2　デジタルサイネージとキオスク

近年，デジタルサイネージは急速に拡大し，進化を遂げている。サイネージシステムは静的な表示だけのものから，上質でインタラクティブ（相互作用的）なものへと移行しつつあり，これを支える技術も急速に進化している。

一方で，現在のデジタルサイネージシステムでは，スクリーンに触れることでインタラクティブ性は得られるが，十分な触覚フィードバックを得られるものはない。

空中ハプティクスを組み込み，AV（オーディオ・ビジュアル）からAVH（オーディオ・ビジュアル・ハプティクス）に移行することにより，新たな統合インターフェースソリューションを形成することができる。AVHはデジタルサイネージ革命における次の波の重要な要素となり，より大きな革新性，直感性，シームレス性，説得力，さらに感情的な体験をユーザにもたらすだろう。

デジタルサイネージやキオスク端末に空中ハプティクス技術を加えることで，以下のような産業に著しい影響を与える。

①　Out of home（OOH）広告・マーケティング

ショッピングモールや映画館において，空中ハプティクスを用いたマーケティングは，オフラインとデジタルの差を埋め，デジタルマーケティング技術の利点（フレキシブル性，インタラクティブ性，ターゲットを絞った費用対効果の高さ等）を全て残しつつ，実際に触れることができる感動的な体験をつくり出すことができる。

②　ロケーションベースエンターテインメント

空中ハプティクスが加わったデジタルサイネージは，そのままアーケードゲームやテーマパークアトラクション等，インタラクティブなゲームデバイスに転用することができる。空中ハプティクス技術はコントローラや触覚用グローブなどが必要ないため，運営側にも管理・費用メリットがあると同時に，真のウォークアップ・アンド・プレイ（walk-up-and-play）体験を実現することができる。

③　ナビゲーション／キオスク端末

ショッピングモールや博物館，学校，大学，企業，病院等のインタラクティブな案内システムやキオスク端末。より直感的かつ，インターフェースを物理的に触れることなく操作することができるため，メンテナンスや衛生面の不安を軽減することができる。

④　ワークスペース

オフィス内，オフィス間，リモートオフィス等，近年の業務環境の変化により，オフィスを繋ぐコミュニケーションツールが求められている。出席者が様々な環境から参加するブレインストーミング会議やプレゼンテーションにおいて，空中ハプティクスを取り入れたインタラクティブな2D，3Dデジタルディスプレイを導入することで，視覚・聴覚・触覚を満たすことができる。離れた場所，もしくは製品の実物がない状況でも，より情報が伝わりやすい，新しい会議形態を創り出す。

(1)　アスカネット社の事例（ハプティックATM）

CES2018と先端デジタルテクノロジー展2018において，空中ハプティクスとアスカネット社の空中ディスプレイ（グラスフリーの空中3D結像技術），ならびにリープモーションジェスチャートラッキングを組み合わせた，未来的な3DホログラフィックATMが展示された。ATMのディスプレイには，インタラクティブなバーチャルボタンが付いており，直感的な3Dホログラフィックディスプレイに仕上がっている。そのホログラフィックイメージは，ディスプレイの正面に立つユーザにのみはっきりと見られるようになっているため，プライバシー性が高いという利点もある。

(2)　バルコ社の事例（ハプティック映画ポスター）

ウルトラハプティクス社は2017年，New Scientist Live 2017においてスターウォーズのデジタル映画ポスターを発表した。このポスターはユーザが手をかざすとフォースを感じることができる。また，Digital Signage Expo 2018ではバルコ社と共同制作した「レディ・プレイヤー1」の映画ポスターを同じく発表した。このポスターにはさらにインタラクティブなゲーム性も加わっており，従来の見るだけのポスターと比較すると，小さなアーケードゲームのようなエンタテイメント性の高いものとなっている。

まず，手をかざすと映画のロゴから迷路の映像に切り替わる。そして，プレイヤーはスクリーン前でハンドジェスチャーをすることで，迷路の中でアバターをゴールまで手引きしなければならない。このゲームにはQRコードやコールトゥアクション（CTA）も表示されるため，広告としても大きな効果を発揮する。

4. 2. 3　VR/AR

映画「レディ・プレイヤー1」は，没入体験におけるハプティクスの重要性を強く喚起するものであった。映画の中で，人々は多くの時間を虚構のバーチャル世界「オアシス」で過ごす。そして，本作の最も興味深い要素の一つは，ハプティクス技術がVRヘッドセットと同じくらい，オアシスの世界で必要不可欠なものとして描かれていることだ。オアシスでの深い没入感，臨場感，そして，直感的インタラクションは，VRヘッドセットのオーディオ・ビジュアル情報と同時に，触覚技術によって大きく左右される。

空中ハプティクスはウェアラブル機器や周辺機器を用いずに，ユーザが仮想オブジェクトと相互作用することができるため，自然でユニークな没入体験を得ることが可能である。

(1)　ZeroLight社／Meta社の事例（未来型カーコンフィギュレータ）

CES2018においてウルトラハプティクスは，AR業界のパイオニアであるMeta社，自動車のグラフィックソフト開発のパイオニアであるZeroLight社と共同制作した未来型自動車コンフィギュレータを発表した。パガーニのウアイラ・ロードスターをAR上で視覚，聴覚的に，また触感も加わり感覚的に体験することができる。

4. 2. 4　その他のアプリケーション

空中ハプティクス技術は，ジェスチャー操作のゲーム，スマートホームや家庭用電化製品，産業機器，医療分野など，様々なアプリケーションへ展開できる。

ウルトラハプティクス社について

ウルトラハプティクス社は2013年に創設された，カリフォルニア，ドイツ，韓国にオフィスを構えるグローバルメーカーである。現在世界中の多くのマーケット，パートナーと空中ハプティクスを利用したプロジェクトを展開しており，2017年に初めて空中ハプティクス技術を搭載した製品がリリースされた。

ウルトラハプティクス社は，商品化前のプロトタイプの作成，ユーザ／市場調査，技術検証等ができる，数多くの製品・プログラムを取り揃えている。高性能のソフトウェアツールと技術サポートを含むプラグ＆プレイ開発キットおよびプログラムから，リファレンスデザイン，ライセンスモデルに至るまで，様々なステージでのサポート体制が整っている。

製品・プログラムの詳細につきましては，ウルトラハプティクス社ホームページ（https://www.ultrahaptics.com）もしくは日本総代理店のコーンズテクノロジー株式会社までお問い合わせください。

コーンズテクノロジー株式会社
東京都港区芝3-5-1 コーンズハウス
電話：03-5427-7566
Email：ctl-comm@cornes.jp

文　献

1） L. Gavrilov, *Ultrasonics*, **22**, 3 (1984)
2） L. R. Gavrilov *et al.*, *Brain Res.*, **135**, 2 (1977)
3） D. Dalecki *et al.*, *J. Acoust. Soc. Am.*, **97**, 5 pt 1 (1995)
4） T. Carter *et al.*, Multi-point mid-air haptic feedback for touch surfaces, UIST '13 Proceedings of the 26th annual ACM symposium on User interface software and technology (2013); B. Long *et al.*, *ACM Trans. Graph.* (*TOG*), **33**(6), Article No.181 (2014)
5） C. Wiernicki & W. J. Karoly, *Am. Ind. Hyg. Assoc. J.*, **49**, 9 (1985)
6） D. B. Vo & S. A. Brewster, Touching the invisible: Localizing ultrasonic haptic cues, World Haptics Conference (WHC), 2015 IEEE (2015); O. Georgiou *et al.*, Haptic In-Vehicle Gesture Controls, Proceedings of the 9th International Conference on Automotive User Interfaces and Interactive Vehicular Applications Adjunct (2017)
7） See for example: D. J. Linden, Touch: The Science of Hand, Heart and Mind, Penguin (2016)
8） J. Peck & J. W. Johnson, *Psychol. Market.*, **28**, 3 (2011)
9） A. Krishna *et al.*, *Curr. Opin. Psychol.*, **10**, 142 (2016)
10） See for example: A. Gallace & C. Spence, In touch with the future: The sense of touch from cognitive neurosciences to virtual reality, Oxford University Press (2014)

11） https://www.forbes.com/sites/joannmuller/2016/01/18/davos-2016-gm-boss-sees-a-revolution-in-personal-mobility/#3849f6af46bf

第７章　空中ヒーター

山本裕紹*

1　はじめに

空中ディスプレイの特徴の一つは，映像のある位置にハードウェアが存在しないことであり，通り抜けられる看板や指紋のつかないタブレット画面など，物理的接触がないことを利点とする応用が期待されている。一方で，空中の映像に触ったときに操作者に感覚フィードバックを展示する手法も求められている。

空中映像と人間とのインタラクションにおいて，指の位置を検出して瞬時に映像を変える視覚フィードバックは，画面をマルチタッチ操作するような用途において有効である[1)]。また，空中ボタンを触った際に映像の奥行きを変化させることの有効性が報告されている[2)]。しかしながら，視覚によるフィードバックはユーザーの注視を必要とするため，従来のボタンのように，瞬時に気軽に利用することが難しい。

人間への感覚フィードバックにおいて触覚の利用は有望である。メカニカルキーボードのタイピングにおいてはクリック感と反力が高速な入力に寄与している。自由空間において非接触で触覚刺激を提示する手法として，超音波の収束が実現されている[3)]。超音波の収束位置をコンピューターで制御できることやパターン提示が可能であるなど，自由空間における触覚提示技術の一つとして有力である。一方で，複数ユーザーに対して空中スクリーン面の存在を提示するような用途，すなわち，自由空間内である広がりを持った面の提示用途においては超音波の収束による提示には膨大な素子コストを要する。

簡易に空中映像に触れたときに感覚フィードバックを提示する手法として，我々は温度刺激の利用を提案している。従来の暖房技術は，表１に示されるとおり，３種類に分類される。対流式暖房はエアコンのように暖めた空気の対流を利用するものである。部屋全体を暖められるが，空気の乾燥や消費電力が高いことが課題である。伝導式暖房は，乗用車のシートヒーターのように省スペースで実現できるが，接触箇所だけが暖められるものであり，離れると効果がない。輻射式暖房は，たき火の暖かさであり，遠赤外線により体深部まで暖められる感覚が得られる。しかしながら，輻射熱の強度は，熱源からの距離の２乗に反比例して低下するため，熱源から離れると効果がない。

＊　Hirotsugu Yamamoto　宇都宮大学　大学院工学研究科　先端光工学専攻／
オプティクス教育研究センター　准教授

表１　従来の暖房技術の分類

	対流式暖房	伝導式暖房	輻射式暖房
原理	空気の対流	熱伝導	赤外線の輻射
器具の例	エアコン， ファンヒーター	電気毛布， シートヒーター	蓄熱暖房機， ハロゲンヒーター
長所	部屋全体を暖められること	ランニングコストが低いこと	空気の対流を生じないこと，体深部まで暖められること
短所	空気の対流でホコリが舞うこと，乾燥，高い消費電力	接触箇所のみが暖められるため，離れると効果がないこと	熱源から離れると効果がないこと

我々は，空中ディスプレイ技術を利用することで，輻射式暖房の欠点を克服した新しい暖房方式として「空中ヒーター」を提案している（図１)。輻射式暖房において，熱源からの距離が遠ざかると暖房効果が低下する問題に対して，空中ディスプレイにおける結像光学系を利用することで解決をはかる。通常の結像にはガラスやプラスチックでできたレンズが用いられるが，これらの素材は赤外線を吸収するため，輻射熱の収束には適さない。そこで，反射型の結像素子の利用による赤外線の収束を行う。

本章では，第２節において，光と熱の空中表示を可能にする素子であるCMA（crossed-mirror array）について原理と実験結果を示す。第３節と第４節においては，空中ヒーターで求められる大型化に適した構造をもつ光学素子であるSPA（square-pipe array）およびWARM（double-layered arrays of rectangular mirrors）について記す。第５節でまとめる。

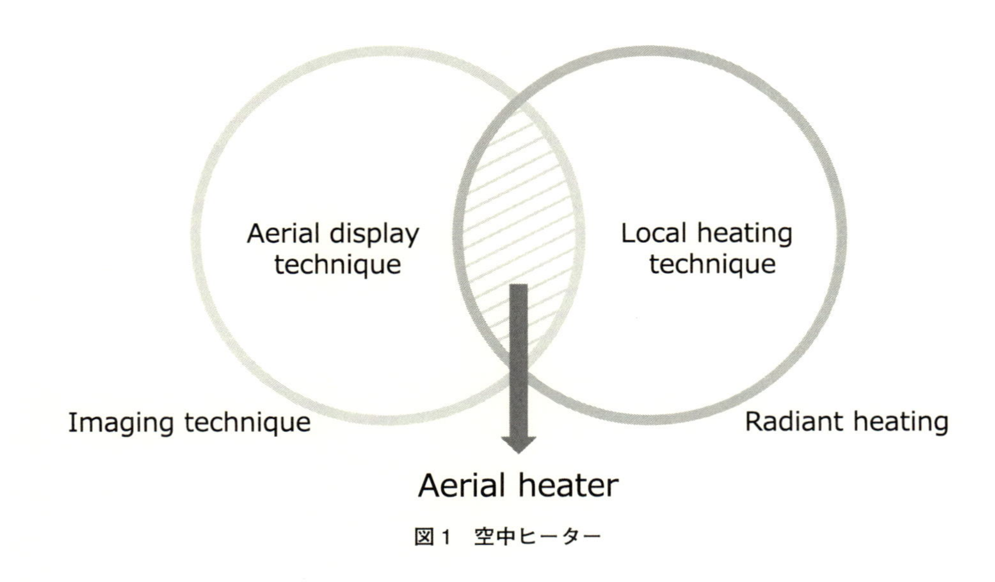

図１　空中ヒーター

2 直交ミラーアレイ CMA（crossed-mirror array）

空中ディスプレイを形成する手法として，直交する反射で構成されるアレイ状素子を用いる手法が提案されている[4)]。液晶ディスプレイを結像させるためには高精細の加工技術を必要とするが，LED パネルの空中結像や空中ヒーターの用途であれば，結像における点像分布関数が広がりを持っていることがむしろ望ましい。そこで，開口ピッチ 5 mm，開口の大きさが 4 mm × 4 mm からなる CMA 素子（外形 14 cm × 14 cm）を製作した。原理を図 2 に示す通り，直交するミラーアレイで構成された素子（crossed-mirror array：CMA）を用いることで，CMA の面内方向については 2 回反射により反転するため，CMA に対して面対称の位置に光が収束する。

タイリングされた CMA による結像を実証するために LED サインの空中表示を行った[5)]。図 3 は，CMA 素子を横に 3 個並べて，LED サインを空中結像した様子である。LED の各文字を異なる奥行きに設置しているため，スクリーンの位置に応じて各文字がスクリーン上に結像することを確認した。

製作された CMA の各開口は中空構造であるため，可視光だけでなく，遠赤外線に対しても結像が可能である[6)]。空中ディスプレイ実験での光源の代わりに，半田ごてを置いて遠赤外線の空中結像を行った結果を図 4 に示す。結像距離付近で空気の温度が局所的に上昇していることが

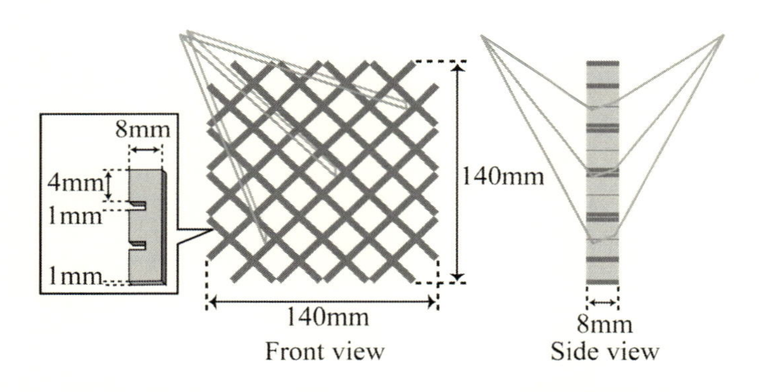

図 2　製作した直交ミラーアレイ（CMA）の形状と結像の原理

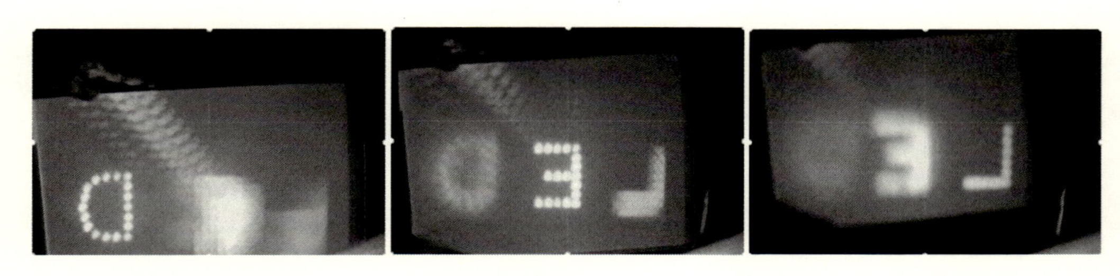

図 3　タイリングされた CMA を用いて，異なる奥行きに設置された LED サインの空中像をスクリーンの位置を変えて観察した様子

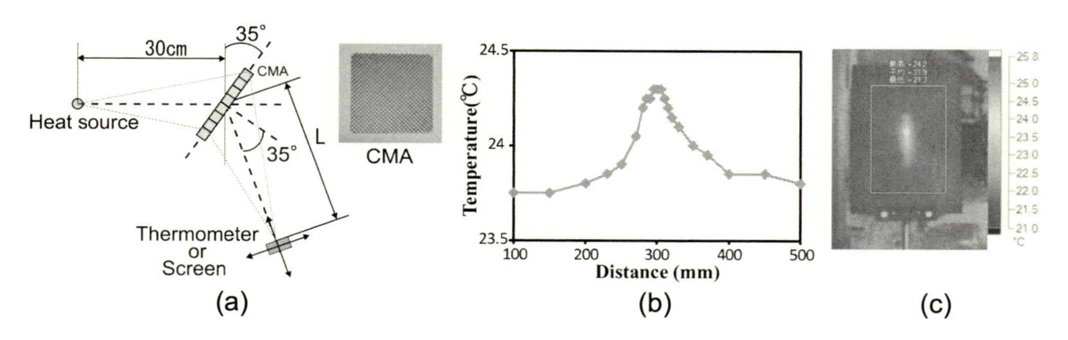

図4　熱源に半田ごてを用いたCMAによる遠赤外線の空中結像実験
(a) 実験配置。(b) 結像距離前後の温度分布。(c) 結像位置にスクリーンを設置してサーマルカメラで観察した様子。

わかる。さらに，スクリーンを設置してサーマルカメラで温度分布を観察したところ，半田ごての設置と同じく，垂直方向に温度が局所的に上昇しているパターンが観察された。

3　角パイプアレイ SPA（square-pipe array）

暖房のためには大型の結像素子が必要となる。そこで大型の空中結像素子として，角パイプアレイ（square-pipe array：SPA）を製作して，空中ヒーターの原理を実証した[7]。製作したSPAは，図5（a）に示される通り，4 cm角で長さ4 cmのステンレス製角パイプから構成される。加熱される空間の放射温度分布を測定するために，図5（b）に示すピンポングローブ温度計をアレイ化して用いた。ピンポングローブ温度計は，黒色球体の中に温度センサーを封入した構造を持つ。

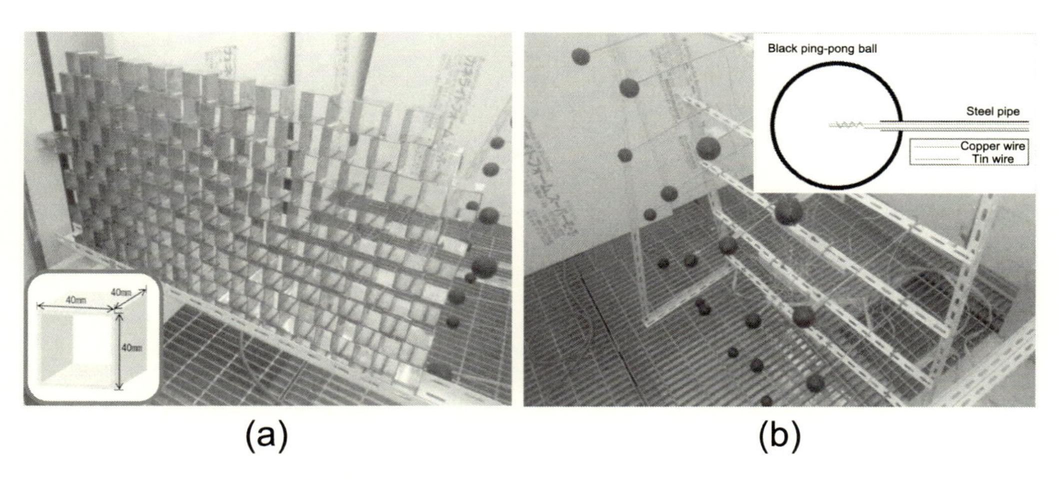

図5　空中ヒーター実験用の（a）角パイプアレイ（SPA）と（b）ピンポングローブ温度計アレイ

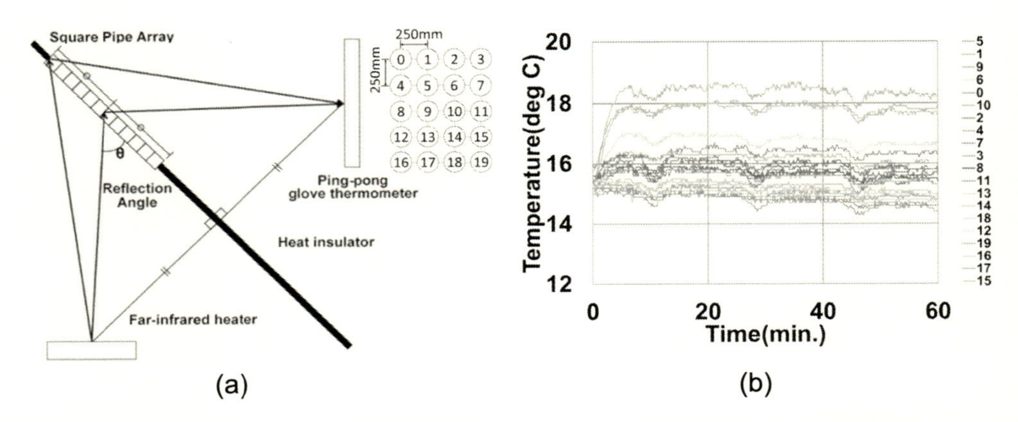

図6　SPAを用いた空中ヒーター実験の（a）配置と（b）各プローブ位置における温度の時間変化

SPAを用いた局所暖房の実験配置を図6（a）に示す。熱源には遠赤外線ストーブを用いた。ストーブのフィラメント部分の結像位置はピンポングローブ温度計アレイの5番と9番のセンサー付近である。反射角を45度としたときの結果を図6（b）に示す。加熱を開始すると，ストーブの結像位置である5番と9番の位置の温度が上昇しているのに対して，結像位置から遠い12番以降のプローブ位置では顕著な温度上昇がみられない。

4　二層矩形ミラーアレイ WARM（double-layered arrays of rectangular mirrors）

WARMは複数のプレートによりできた開口の反射を利用して，赤外線を収束する。WARMを用いた赤外線収束の原理を図7（a）に示す。一点から発せられた光線がWARMの鏡面に入射する。そこで水平方向と垂直方向でそれぞれ1回反射することで，面対称位置に光線が収束する。ヒーターからの赤外線がWARMに対して面対称となる位置に集まることで，空中にヒーターと同等の大きさの赤外線の収束点を形成する。図7（b）は作製したWARMのプロトタイプである。WARMは2層に分けられ，アルミプレートが一定間隔で配置された構造を持つ。1層目は600 mm × 40 mmのプレートが垂直方向に，2層目は520 mm×40 mmのプレートが水平方向に配置されている[8)]。

WARMが光線を収束する様子をLightToolsによるシミュレーションにより確認した。図8はシミュレーションに用いたWARMの構造である。大きさは1,272 mm×1,272 mmで厚さ80 mm，各開口の大きさは40 mm × 40 mmである。また素子の反射率を100%とした。受光面の大きさは1,000 mm × 1,000 mmであり，分割数50×50で計算する。光源の大きさを200 mm × 200 mmに設定した。シミュレーションで用いた光線本数は1,000万本である。光源からWARMまでの距離を1,000 mmとし，WARMから受光面の距離を500 mmから1,500 mmまで変化させたときに受光面で光線分布を計算した。図9（a）に示す通り，距離

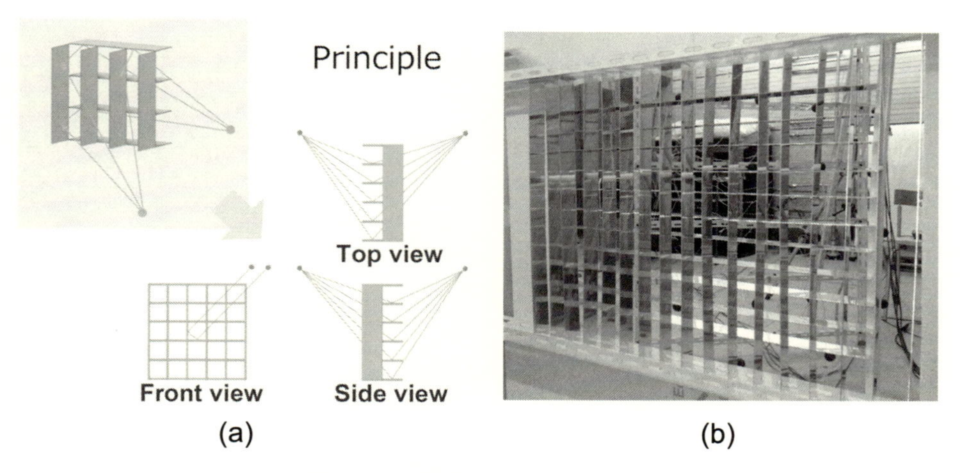

図7　WARMの（a）原理と（b）プロトタイプの写真

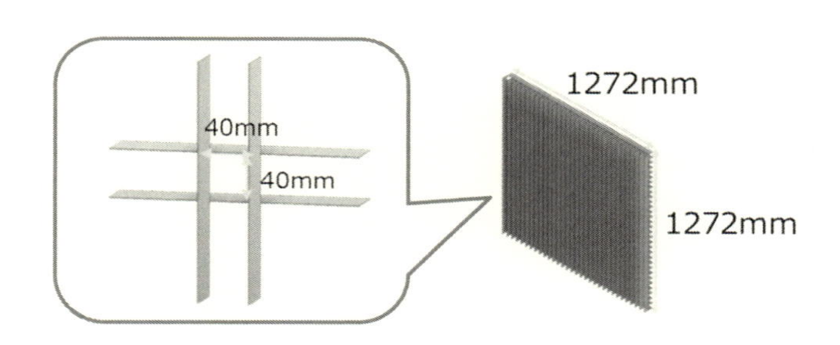

図8　シミュレーションに用いたWARMの構造

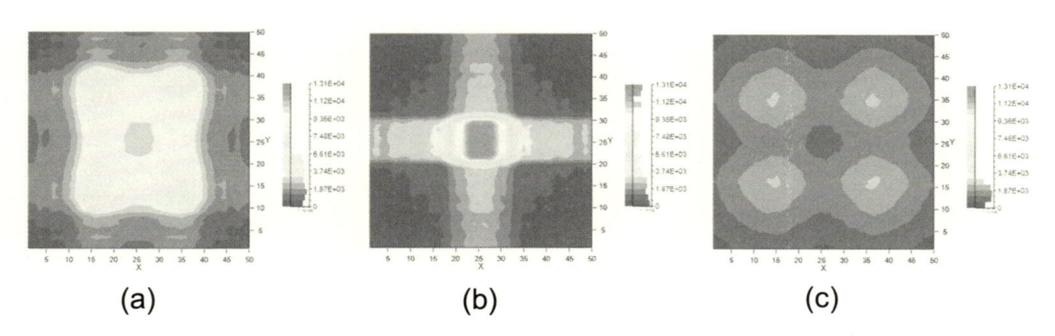

図9　光源からWARMまでを1,000 mmとして，WARMから受光面の距離を（a）500 mm，（b）1,000 mm，（c）1,500 mmとしたときのシミュレーション結果

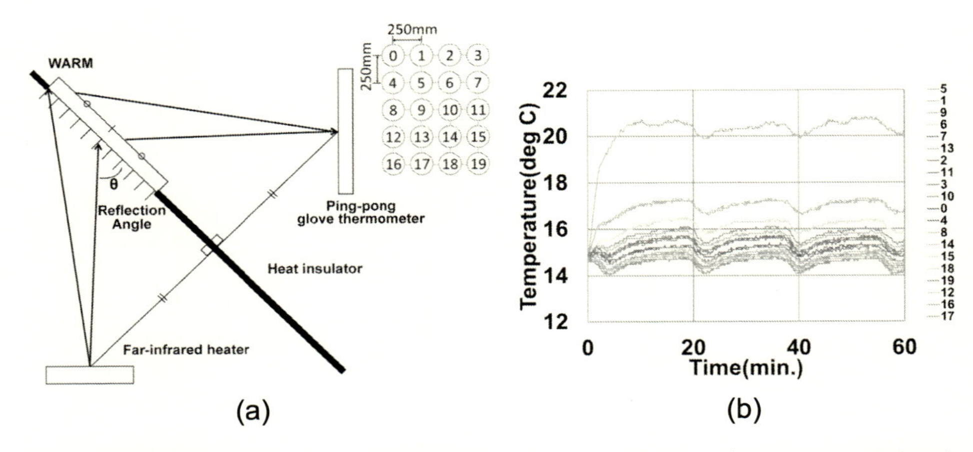

図10　WARMを用いた空中ヒーター実験の（a）配置と（b）各プローブ位置における温度の時間変化

500 mmのときにはおよそ600 mmに光線が広がっており，収束していない。図9（b）に示す面対称となる距離で中央部分に光線が集まり，空中ヒーターが形成されているのがわかる。さらに距離が伸びると，図9（c）に示される通り，光線が発散することがわかる。

WARMによる局所暖房実験を行った配置を図10（a）に示す。赤外線ヒーター，WARMを配置して，その面対称の位置にピンポングローブ温度計を配置する。配置を上から見たとき，熱源からWARM，WARMから温度計の距離を等しく500 mmとした。熱源の高さはピンポングローブ温度計の4番および5番の位置に対応する。WARMに対する赤外線の入射角度を45度にしたときの結果を図10（b）に示す。結像位置である5番およびその上下方向で温度上昇が見られた。250 mm離れた左右よりも4℃以上の温度差が観測され，局所暖房としての有効性が示された。

5　おわりに

本章では空中映像を触ったときに温かさを感じられるような感覚フィードバックを提示するために有効な空中ヒーター技術について，遠赤外線を収束する反射型光学系の原理と実験結果について示した。本稿では省略したが，遠赤外線の収束は放物面鏡でも可能であるが[9]，SPAやWARMに比べて大型化が困難であり，距離の局在性と配置の自由度の点に課題がある。またWARMはほかの手法との複合化にも適している。可視光を収束させる空中ディスプレイ装置の横にWARMを設置することで，空中スクリーンの一部のみを加熱するようなマルチモーダル空中ディスプレイが可能である[10]。

空中ディスプレイは視覚的な斬新さを有するだけでなく，無拘束で操作者とのインタラクションを実現する新しいメディアのシーズ技術となりえる。熱による触覚，音による聴覚などのマルチモーダル呈示は，インタラクションの結果を操作者の感覚にフィードバックする手段として有効であるだけでなく，知覚研究のツールとしても活用されることを期待している。

謝辞

本研究の一部は，JST ACCEL Grant Number JPMJAC1601，JSPS 科研費 24300041, 24656052, 24246071, 15H02739 によるものである。CMA は久次米亮介博士，陶山史朗博士との共同研究の成果であり，SPA および WARM は岡本智之氏，糸井川高穂博士との共同研究の成果である。

文　　献

1) 安井雅彦ほか，計測自動制御学会論文集，**52**, 134 (2016)
2) 伊藤秀征ほか，第 22 回日本バーチャルリアリティ学会大会論文集，2E (2017)
3) T. Hoshi *et al.*, IEEE Transactions on Haptics, **3**, 155 (2010)
4) S. Maekawa *et al.*, Proc. SPIE, **6392**, 63920E (2006)
5) H. Yamamoto *et al.*, Proc. SPIE, **8288**, 828820 (2012)
6) R. Kujime *et al.*, Proc. IDW/AD'12 (The 19th International Display Workshops in conjunction with Asia Display 2012), 1243 (2012)
7) 小野瀬翔ほか，第 76 回応用物理学会秋季学術講演会　講演予稿集，14p-2E-5 (2015)
8) T. Okamoto *et al.*, Proc. JSAP-OSA Joint Symposia 2016, 14a-C301-7 (2016)
9) H. Horie *et al.*, Proc. OSJ-OSA Joint Symposia 2016, 31pODP1 (2016)
10) T. Okamoto *et al.*, Proc. IDW/AD'16 (The 23rd International Display Workshops in conjunction with Asia Display 2016), 3D6/3DSA7-4 (2016)

第Ⅲ編
デバイス・システム

第1章　テーブルトップ直立空中像ディスプレイ

苗村　健*

1　まえがき

映像技術は，映画館での上映から，街角テレビを経て一般家庭にテレビが普及し，スマホでの個人視聴に至るまで，一人一人が個人で楽しむ方向へと発展してきた。立体感を伴う3次元映像技術も，ステレオ眼鏡の着用による個人メディアを出発点としたHMD（Head Mounted Display）が，拡張現実感（Augmented Reality）技術の成功を下支えしている。しかし，このようなディスプレイ技術の個人化には，「誰もが」「多人数でも」「事前準備なく偶発的に」映像体験を得ることに一定の制約を与えてきたという側面がある。HMDなど個人用の機器の装着に年齢制限を設けるのであれば，誰もが使えるメディアとは言えない。人数に応じて機器の数を増やす必要があるのであれば，多人数での利用には限界がある。機器を装着するまで映像を体験できないのであれば，その準備の労を厭わない人しか鑑賞することができなくなる。ディスプレイ技術の個人化に伴う大きな成功の次には，以上で述べた3つの条件を見据えた研究開発が必要であると考える。

3次元映像技術には，ホログラフィ・インテグラルフォトグラフィ・レンチキュラーレンズなど，上記の3条件を満たす方法も研究開発されてきた。しかし，これらはディスプレイという物理的な枠組みの前後に映像を見せているに過ぎず，現実世界に情報を重畳・混在させる拡張現実感の文脈での活用には限界がある。

本書が取り扱う空中結像光学系を駆使したディスプレイ技術には，現実世界における光線を制御することで，視覚的な拡張をもたらし，「ディスプレイの物理的な枠組み」を取り払う効果が期待できる。現在普及期を迎えている拡張現実感技術は，ディスプレイを通して現実世界が拡張されたように「感じさせる」技術である。これに対して，空中結像光学系は，実際に現実世界を視覚的・光学的に拡張するという意味において「現実拡張技術」と呼び得るものである。

本稿では，筆者らが取り組んできた現実拡張の試みを紹介する。この研究開発の過程において重要なのは，実物体と空中映像の関係性から想起し，そのために必要な光学的メディア技術と重畳提示するコンテンツ技術の組み合わせを模索することにある。別の言い方をすれば，万能な1つの方法を追い求めて思考停止するのではなく，ユーザに提示すべき映像体験から設計して，そのために必要充分なシステムに落とし込むというアプローチが重要になってくる。このような考え方は，デジタルファブリケーションなども含めた多品種少量生産の時代において，許容され得

＊　Takeshi Naemura　東京大学　大学院情報学環　教授

るものになってきている。

以下では，ミュージアムにおける展示物への空中像の重畳，手を差し伸べた空間を飛び交う空中像とのインタラクション，テーブル面上に接地した空中像の提示という3つの具体的な目標に向けた工夫を紹介する。

2　ミュージアム展示システム

ミュージアムにおけるショーケースでは，ハーフミラーを用いて，実物体（展示物）の前に虚像（映像）を重畳する試みが古くから行われてきた。「誰もが」「多人数でも」「事前準備なく偶発的に」，視覚的に拡張された展示物を眺めることができる。

しかし，この方法では，展示物の前にしか映像を重ねることができず，表現力が乏しいという制約があった。そこで，展示物の後ろ側にも光学系を仕込み，前後から空中映像で挟み込むことで，表現力を増すことを考えた。しかし，展示物のはるか後方に映像が提示されても効果は薄い。そこで，なるべく展示物に近接した位置に空中像を提示するために，フレネルレンズによって前に飛び出してくる実像を展示物後方に配置したのが，ExFloasion[1)]である。図1は，からくり人形の前後に説明用の文字情報を結像させた例である。

さらに，このような鑑賞体験を，展示物を囲む4方向から可能にしたのが，MRsionCase[2)]である。図2のように，土偶を4方向から前後2つの空中映像で挟み，合計8つの付加情報を重畳することが可能になっている。提案システムによって，来場者が展示物を周回してさまざまな方向から眺める様子が確認された。このような実装が可能になった背景には，光を再帰的に透過することで面対称な位置に実像を結像するDihedral Corner Reflector Array（DCRA）[3)]の登場によって，フレネルレンズが抱えてきた問題を解決できたことが大きい。このような新たな光学

図1　ExFloasion：実物体を前後から空中像で挟みこむ展示システム[1)]

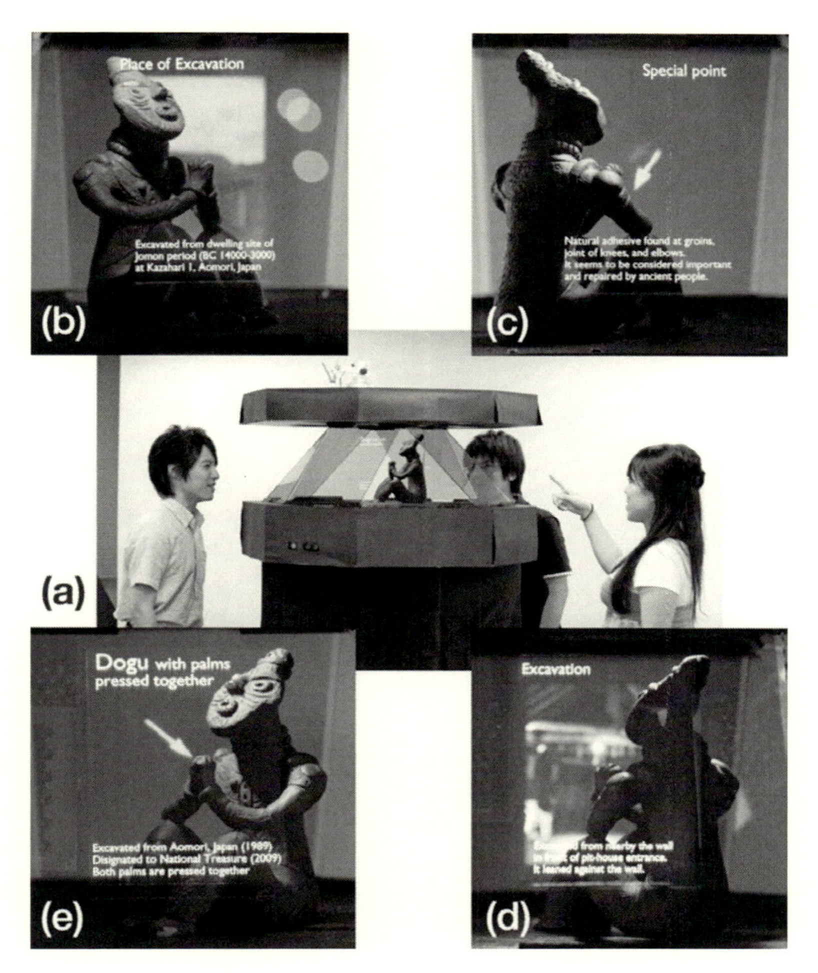

図２　MRsionCase：ExFloasion のコンセプトを４方向から鑑賞可能にした展示システム[2)]

デバイスを，以下では「再帰性透過材」と呼ぶ。図３に，MRsionCase の光学系を示す。展示物の前面に見える映像は，手前のハーフミラーで反射された虚像であり，後方に見える映像は，DCRA による実像の光路を奥のハーフミラーで曲げることでユーザに提示している。１名のユーザに対して，２枚のハーフミラーを用いることで，２つの映像で展示物を挟み込んでいる。また，展示物の反対側から鑑賞しているユーザに対しては，この２枚のハーフミラーの表面と裏面の役割が入れ替わり，見る方向によって異なる付加情報を重畳することが可能になっている。

このように，実物体と映像を混在させる場合，光学系を実物体の前に配するか後ろに配するかに，表現可能な映像体験が依存してくる。

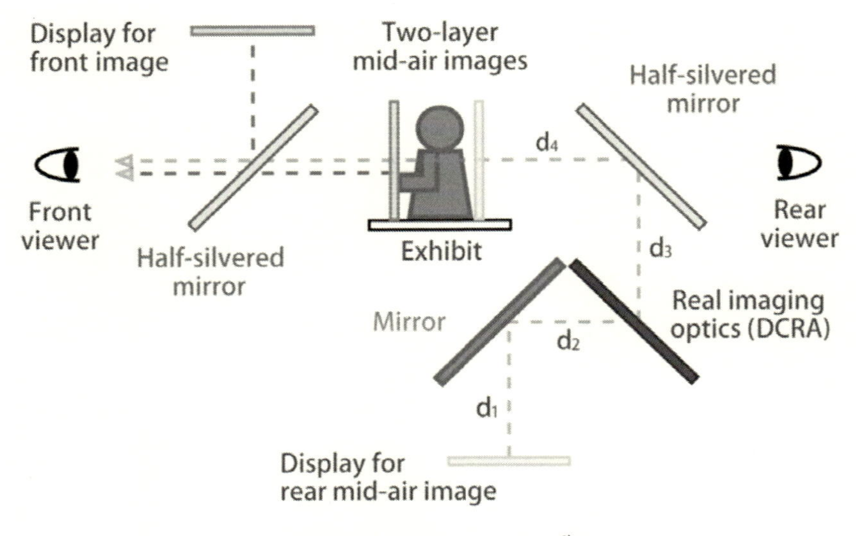

図3　MRsionCase の光学系[2)]

3　メディアの限界をコンテンツでカバー

ここでは，空中に浮かぶ映像に対して手を差し伸べ，働きかけるような応用を考える。この場合，手がぶつかってしまうため，光学系を映像の手前に配する（虚像で提示する）ことはできない。一方で，映像の後方に光学系を設置して実像で提示する場合は，光を手が遮ってしまうため，手より前に映像を結ぶことは物理的にできなくなる。

図4は，水平に提示された地面の空中像の上に，ユーザが円錐の実物体を配すると，その周

図4　メディア技術の限界をコンテンツでカバーした例[4)]

辺を直立したサルの空中像が飛び回る作品の例である[4]。ユーザがサルより後ろに実物体を置こうとしても，サルが逃げ回って，光学的な矛盾が生じるような状況を回避する仕掛けになっている。このように，光を制御するメディア技術の物理的な限界に対して，実物体の位置を検出することで，コンテンツ技術で破綻を回避することが，応用目的によっては充分に機能する。

「現実拡張工房」と題した日本科学未来館における常設展示[5]において，来場者が手でブロックを積むと，その上をヒヨコの空中像が飛び回る作品「でるキャラ」を展示した。MARIO（Mid-air Augmented Reality Interaction with Objects）と名付けたこのシステムにおけるインタラクションの様子を図5に示す[6]。実物体より上方もしくは横方向にキャラクタが逃げる仕掛けになっている。図6にシステム構成図を示す。アスカネット社が大型化に成功した再帰性透過材（ASKA3Dプレート（旧名称：AIプレート））を採用し[7]，アクチュエータを用いて前後に30 cmまで空中像の移動を可能にした[6]。天井の深度センサでブロックの位置を計測し，それに応じてヒヨコの動きを制御した。また，天井のプロジェクタからヒヨコの影を投影することで実在感を高めた。手の平の上にヒヨコをのせる人や，体験を終えてヒヨコにバイバイと手を振る子どもなど，興味深い反応が見られた。

MARIOでは，実物体（手やブロック）と映像物体（ヒヨコ）の隠蔽関係に矛盾が生じないコンテンツ制御を行っていた。ここで，複数の空中像が交錯するようなシーンを描こうとすると，空中像同士が半透明になってしまうために隠蔽関係を表現できないという問題が生じた。光を加えていくだけの仕掛けの限界である。そこで，光を減ずるために透明液晶を導入し，コンテンツに応じた動的なマスクとして機能させるOpaqueLusion[8]を提案・実装した（図7）。

以上，実物体と空中像が混在する現実拡張システムのためには，前後関係に起因する隠蔽を巧みに利用したコンテンツ設計が重要になってくる。

図5　MARIO：手で積んだブロックの上をヒヨコの空中像が飛び交うアプリケーション[6]

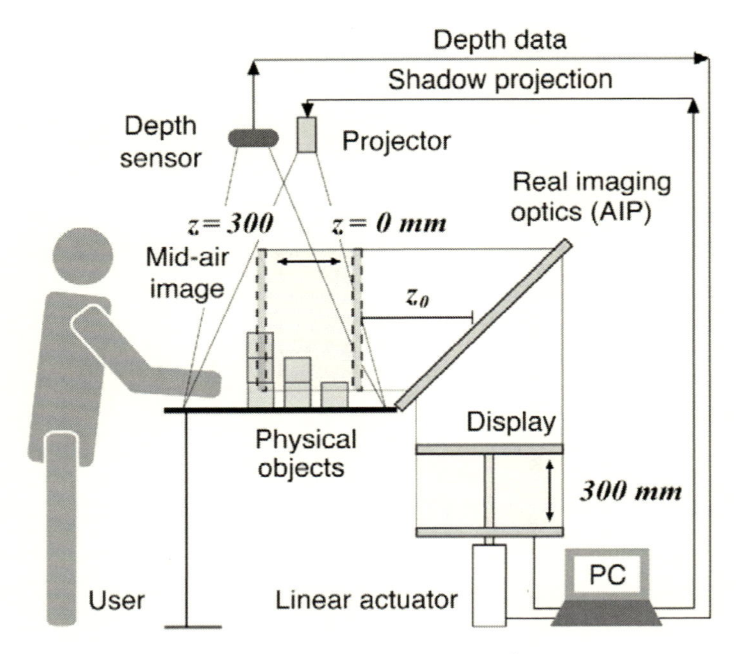

図6　MARIOのシステム構成[6)]

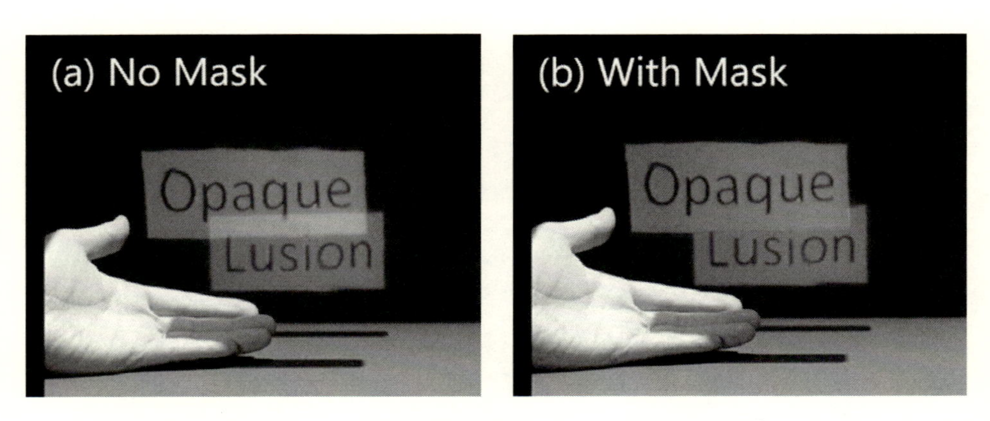

図7　OpaqueLusion：空中像間のオクルージョン表現[8)]

4　テーブルトップシステムへ

MARIOは，ブロックを置くテーブルに対して，光学系をテーブル奥に配置することで，テーブル上方の空間に空中像を提示するものであった。図8のように，テーブルトップシステムの構成を表すと，MARIOは，「Behind」に設置した光学系によって，「Above」の位置に空中像を提示するシステムであると位置づけられる。これに対して，テーブル面に接地した位置，すなわ

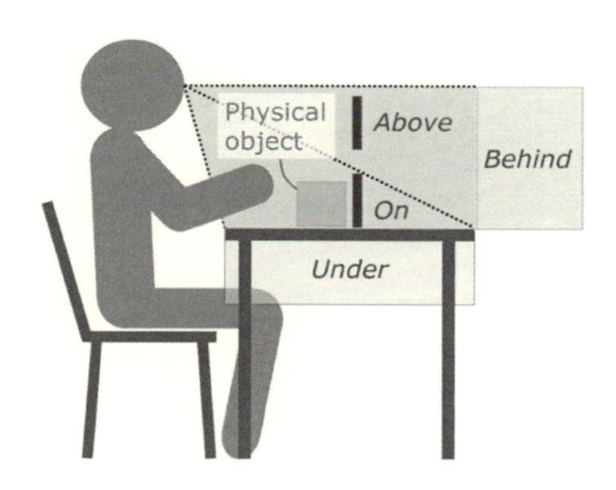

図８　テーブルトップ直立空中像ディスプレイの仕組み[10]

ち図８の「On」の位置に直立した空中像を提示することを次の目標とした。

このためにまず考えられるアプローチは，図８の「Under」の位置に光学系を設置し，テーブル表面から発せられる光を制御する方法である。これまでのシステムでは，図６のように，再帰性透過材を斜め45度に設置することで，水平に配置したディスプレイから直立した空中像を結像させていた。これが本来の使い方である。これに対して，再帰性透過材を水平に配置し，これをテーブル面として，テーブルの真下に垂直に配置したディスプレイの空中像を，テーブル上面に垂直に提示する光学系を構築した。テーブル下のディスプレイをXYプロッタで移動させることで，テーブル上の空中像が動き回れるようにした。このとき，再帰性透過材の視域が限られることを利用することで，対面する２人のユーザに対して，空中像の表面と裏面をそれぞれ別々に提示できるようにした。これを応用して，空中像のボールを打ち合うPONGゲームを実現したのが，HoVerTable PONG[9]である（図９）。テーブル面上をバウンドするボールの影も描き出

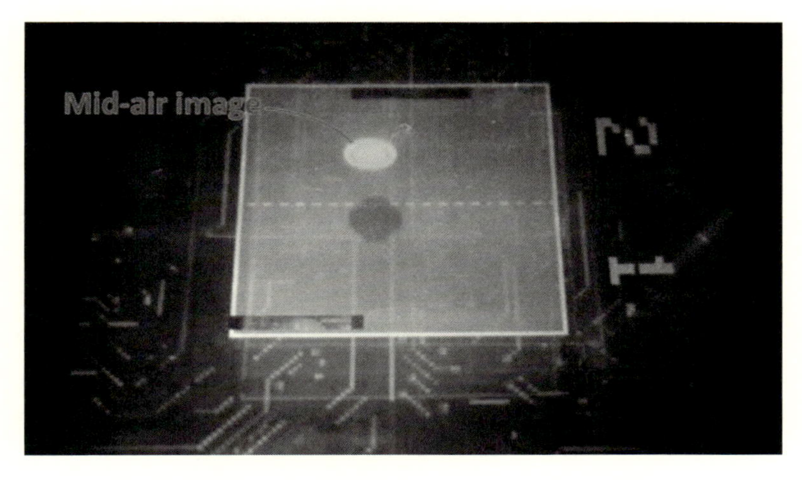

図９　HoVerTable PONG：テーブル面でバウンドするボールの空中像を打ち合うゲーム[9]

すことで，ボールの位置を正確に把握できるようにした。展示に際しては，ゲーム中にボールに手をかざす様子が観察された。

上記のシステムは，「Under」の位置に光学系を仕込むため，直立空中像専用のディスプレイテーブルになってしまう。専用テーブルを用意するということは，日常に溶け込んだ現実拡張の体験を探求する上では欠点となり得る。そこで，一般的なテーブルでこれを実現することを考えた。すなわち，さまざまなテーブルに対して，図 8 の「Behind」の位置に光学系を配置するだけで，「On」の位置に直立空中像を表示することを目標とした。この課題は，テーブル面上にアクリルなど反射率の高いシートを置くことで達成された。まず，「Behind」に設置する光学系から空中像を出射する方向を，図 8 において左下の方向に改め，テーブル下面に実像を結像するように変更した。そして，反射率を高くしたテーブル面で，下面に結像するはずだった空中像を反射し，テーブル面上の接地した位置に見えるようにした。実装した EnchanTable[10] におけるインタラクションの様子を図 10 に示す。テーブルの下に RFID リーダーを設置し，カードを置くとそれに反応して空中像が現れる。木目のテーブル上にアクリルシートが置いてあるだけに見える状況において，空中像がテーブルの中からせり出してくる。テーブルの下に XY プロッタを設置して，磁石でテーブル面上の実物体を動かすデモなども作成した。「Under」の位置の光学系がなくなったことで，さまざまな仕掛けを追加することが可能になった。展示の際には，テーブルの下を覗き込む来場者が多数観察された。

図 10　EnchanTable：一般的なテーブル上に空中像を接地表示させるシステム[10]

5　むすび

「誰もが」「多人数でも」「事前準備なく偶発的に」，視覚的に拡張された現実世界に接するための現実拡張技術として，空中結像光学系を実物体と混在させる取り組みを紹介した。ミュージアムにおける展示物への空中像の重畳，手を差し伸べた空間を飛び交う空中像とのインタラクション，テーブル面上に接地した空中像の提示という3つの目標に対して，それぞれ実物体と空中像の連携を考慮したシステムを提案・実装してきた。その過程において，4方向や対面2方向など複数方向への拡張や，空中像の影の投影や空中像間のオクルージョンなど表現的な拡張も試みてきた。

空中結像という物理現象に対して，デジタル技術によるコンテンツ制御を組み合わせることで，実物体と重畳映像のインタラクションが，さまざまな形で可能になってきた。どのように実現するかという「How」の部分には，一定の進展があったということである。今後は，いつ・どこで・誰が・何を・なぜ（When，Where，Who，What，Why）という体験のシナリオを重視した現実拡張技術の研究開発がますます必要になってくると考えられる。

文　献

1）T. Nakashima *et al.*, 16th Intern. Conf. Virtual Systems and Multimedia (VSMM2010), 95 (2010)
2）H. Kim *et al.*, *ITE Trans. Media Technol. Appl.*, **2**(3), 200 (2014)
3）S. Maekawa *et al.*, Proc. SPIE 6392, Three-Dimensional TV, Video, and Display V, 63920E (2006)
4）加藤紀雄，苗村健，VR論，**12**(3), 323 (2007)
5）日本科学未来館メディアラボ第12期展示「現実拡張工房」(2013.7.3-2014.1.13), http://www.miraikan.jst.go.jp/sp/medialab/12.html
6）H. Kim *et al.*, *Elsevier Entertainment Computing*, **5**(4), 233 (2014)
7）㈱アスカネット，“日本科学未来館での展覧会「現実拡張工房」にてAIプレートを組み込み展示〜最新技術と斬新なアイデアが融合し空中結像の新たなステージが始まる〜” (2013.7.3), https://aska3d.com/ja/news/130703.php
8）梶田創ほか，信学論，**J99-D**(11), 1102 (2016)
9）H. Katsumoto *et al.*, Intern. Conf. Advances in Computer Entertainment Technology (ACE2016), article no.50 (2016)
10）山本紘暉ほか，VR論，**21**(3), 401 (2016)

第2章　再帰反射による空中結像AIRR（aerial imaging by retro-reflection）

山本裕紹*

1　はじめに

再帰反射とは，光を入射方向に対して逆向きに返す反射のことである。通常の金属面では入射角と等しい角度で反射する鏡面反射が生じる。石膏のように散乱の多い物質では光が全方向に拡散するのみである。再帰反射を生じるための特殊な構造を持つ光学素子が再帰反射素子である。再帰反射素子は，自転車のリフレクターや道路標識，ライフジャケットなどにおいてライトで照らされた際にライト側に光を効率的に反射させる素子として用いられている。面積ベースで換算した場合，最も広く普及している光学素子の一つと言えよう。

本稿では，このような再帰反射素子を用いて，何もない空間に実像を形成する手法について解説する。再帰反射を用いた像形成は古くはディスプレイホログラムのレプリカ製作時に奥行きが反転する問題を解決する手法として報告されている[1]。しかしながら，再帰反射が厳密ではないこと，さらに，再帰反射素子の単位構造ごとに波面が反転された形での像形成となることから，波面のコヒーレントな振幅加算で像形成が行われるホログラムの場合には顕著に画質が低下することから，ディスプレイ分野で使われることはなかった。

一方で，筆者は，フルカラーLEDを用いた眼鏡なし3Dディスプレイ[2]や奥行きの異なる2面に表示された映像が融合する3D（depth-fused 3D：DFD）ディスプレイ[3]の研究を通じて，人の眼が細部まで厳密には見ていないことがわかり，人の視覚特性をうまく使ってハードウェア上の欠点を目立たなくする手法に興味を抱いてきた。たとえば，DFDによる奥行き知覚は，人の眼が網膜情報をぼかしてからエッジ検出を行うモデルで説明が可能である[4]。このように，特に3次元奥行きの知覚においては多少のぼけは観察の妨げにはならない。光線を厳密に1点に収束させるわけではない疑似的な結像であっても人間の観察には支障がないことは，テレビ画面がカラーフィルターで構成されていることからも明らかであろう。とくに画素ピッチの大きいLEDパネルを画像表示に利用する場合には，LEDランプの間の非発光部を補間したり，色の混色を行うために，ある程度ぼけた形で結像する手法が適している。このような発想の転換のもと，筆者は，再帰反射による空中結像（aerial imaging by retro-reflection：AIRR）[5]を提案して，各種の機能化を行っている。

本稿では，第2節において，AIRRの原理について，プロトタイプによる実験結果を示しなが

＊　Hirotsugu Yamamoto　宇都宮大学　大学院工学研究科　先端光工学専攻／オプティクス教育研究センター　准教授

ら詳細に解説する。第３節では，最近のトピックスとして，１つの LED 光源を用いて３次元的な奥行きを有する空中映像を表示する手法について紹介する。

2　再帰反射による空中結像（AIRR）

現在普及する再帰反射素子には，図１に示すように，プリズム型とマイクロビーズ型の２種類の構造がある。プリズム型は直交する３面からなるプリズム構造を持つ。これらの各面で反射することで３次元の各方向において光の進行方向が反転するため，入射した向きとは逆向きに光が射出される。このプリズムの形状は立方体の頂点付近と同じであるため，プリズム型はコーナーキューブ型とも呼ばれる。マイクロビーズ型の再帰反射素子は，屈折率２前後の微小ボールレンズで構成される。屈折率がちょうど２のとき，ボールレンズの焦点距離は直径に等しくなる。ボールレンズの片側半球に反射コーティングを行っておけば，反射光は入射光と平行で逆向きに射出される。一般的にはプリズム型の方が再帰反射光の指向性が高く，長距離に対して再帰反射性能が求められる高速道路の看板において使用されている。マイクロビーズ型の再帰反射素子には，広い視野角と形の自由度が高い特長がある。そのため，マイクロビーズ型はライフジャケットに用いられている。これらの用途において照明光源と観察者の眼の位置が異なるため，市販されている再帰反射素子は，入射方向に対して厳密に逆向きに反射させるのではなく，用途ごとの規格で定められた広がりをもって光を反射するように製作されている。これらの特性の違いを考慮して，AIRR に基づいて，LED パネルの空中像を形成する場合にはマイクロビーズ型の再帰反射素子を使用し[5]，液晶ディスプレイの空中像を形成する場合にはプリズム型の再帰反射素子を使用している[6]。

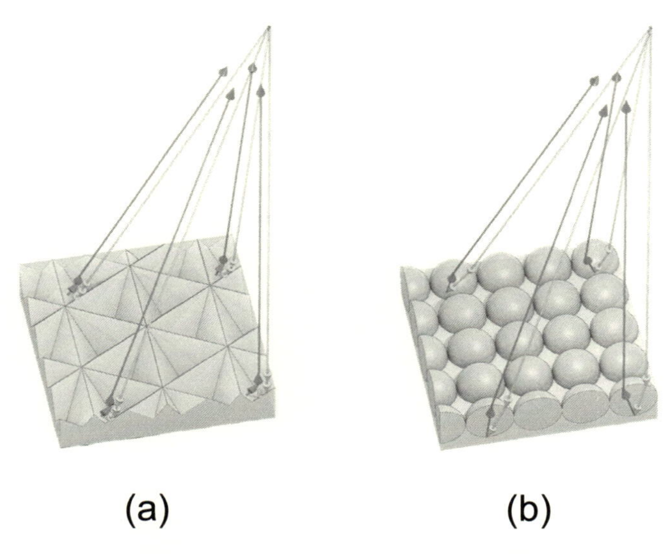

図１　(a) プリズム型，および (b) マイクロビーズ型の再帰反射素子の構造

2. 1　AIRRの原理

まず，光源と再帰反射素子だけがある場合を考える。図2（a）に示されるように，光源から出た複数の光が再帰反射により光源に戻る。これは夜間に車のヘッドライトで道路標識を照らしている状況と同じ状況である。再帰反射光に広がりがあれば，光源の近くに位置する視点位置からは再帰反射素子全体が明るく見えるが，光源と光の収束位置が同じため，像形成の観点では有効ではない。

次に，構成要素にハーフミラーなどのビームスプリッターを加える。図2（b）はAIRRの基本構成である。光源から出た光は，ビームスプリッターで反射された後，再帰反射素子に入射する。再帰反射された光は再びビームスプリッターに入射する。ビームスプリッターで反射された光は光路を逆にたどり，図2（a）と同じく，光源に戻る。一方，再帰反射光のうち，ビームスプリッターを透過した光は，自由空間において収束する。この収束位置は，ビームスプリッターに対して光源の面対称の位置である。つまり，再帰反射素子を用いることで，ビームスプリッターにおける鏡の像（虚像）を実像に変えることがAIRRの機能と考えれば，空中像の位置を理解しやすい。

さらに，光利用効率の向上のために偏光変調を導入する。AIRRの課題の一つは，ビームスプリッターにおける光のロスである。図2（b）において光源からの光がビームスプリッターに入射時に透過する成分，ならびに，再帰反射光がビームスプリッターに入射して反射する成分が無駄になる。そこで，ビームスプリッターとして反射型偏光板を利用することでビームスプリッター部分での光の損失を抑える[7]。偏光変調を用いたAIRRの構成を図3に示す。反射型偏光板に対してS偏光が入射するようにディスプレイと反射型偏光板の向きが調整され，再帰反射素子の表面には1/4波長フィルムが貼付される。ディスプレイからの光はS偏光であるため，反射型偏光板で反射される。再帰反射素子への入射時ならびに射出時の2回，1/4波長フィルムを透過するため，再帰反射光はP偏光となって反射型偏光板に入射するため，再帰反射光は反射

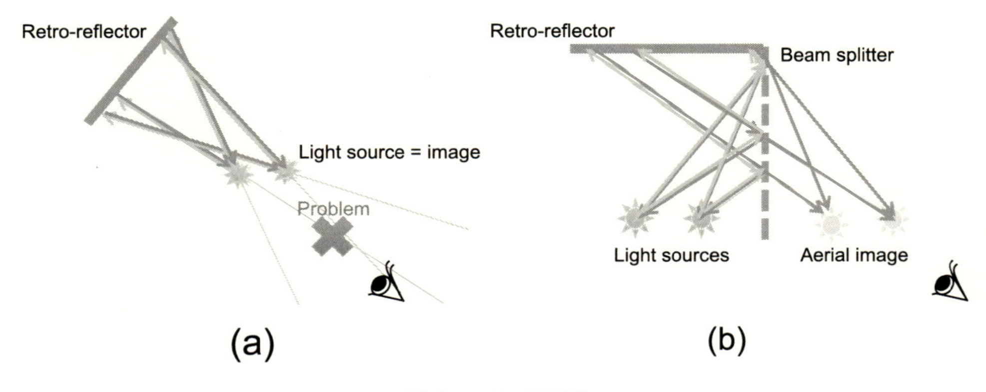

図2　AIRRの原理

（a）再帰反射のみでは光源に光を収束させるが，（b）ビームスプリッターを導入することで再帰反射により空中に実像が形成される。

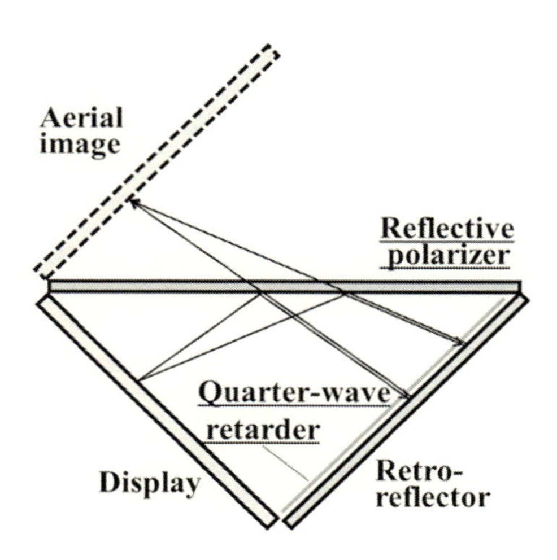

図３　偏光変調を用いた AIRR の構成

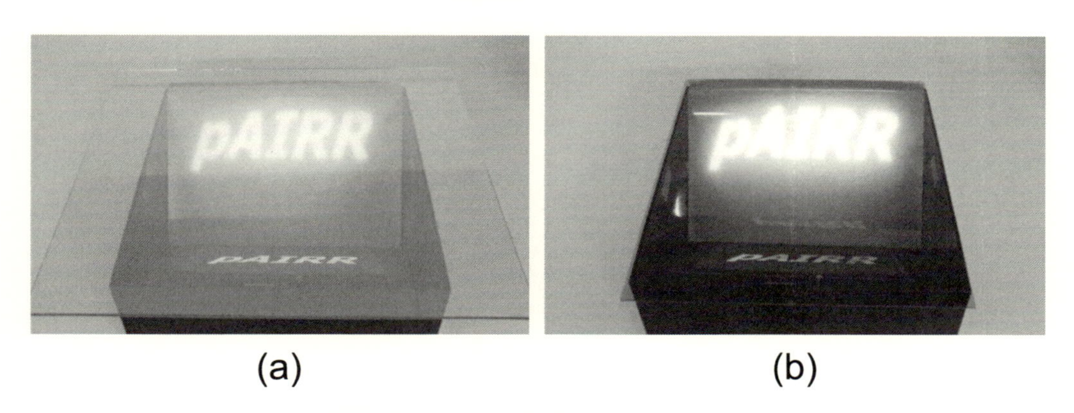

図４　(a) 従来型 AIRR と (b) 偏光変調型 AIRR による空中像の比較

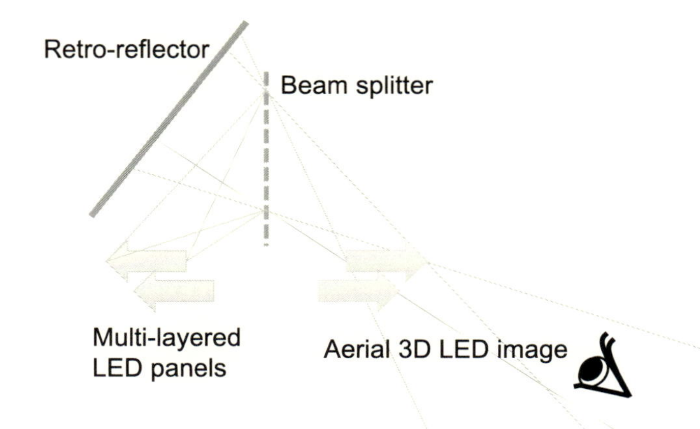

図５　AIRR によるマルチレイヤー空中表示の光学系

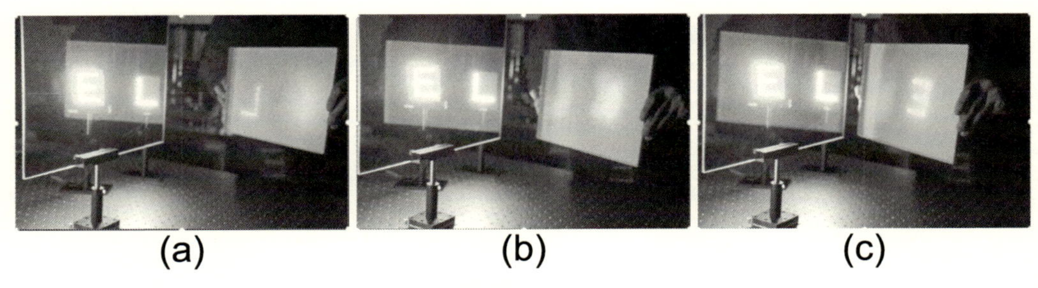

図6　2層の空中LEDサインの形成
(a) Lの空中像の位置，(b) 中間，(c) Eの空中像の位置にスクリーンを設置して観察した様子。

型偏光板を透過する。同じ条件で従来型AIRRと偏光変調型AIRRにより形成された空中像を撮影した結果を図4に示す。偏光変調により空中像の輝度が向上することがわかる。

AIRRにはレンズによる結像のような焦点距離の制約がなく，ビームスプリッターに対して光源の面対称の位置に空中像を形成できる。そのため，図5に示すように，異なる奥行きに設置した光源に用いれば，奥行きのある空中3D映像を形成できる。図6は実験結果であり，異なる距離に置かれた文字EおよびLのLEDサインに対して，対応する位置にスクリーンを置いた時にスクリーン上に明瞭に実像が形成されていることを確認できる。

2. 2　AIRRの特長

AIRRの特長の一つは，広い視野角にある。図7は，マイクロビーズ型の再帰反射シートを用いてフルカラーLEDパネルの映像を空中に結像した様子である。ビームスプリッターから50 cmの距離においても，通常の照明下で十分観察できる明るさで空中像が形成されている。側面にも再帰反射素子を置くことで横方向からも観察できる。この場合，左右方向の視野の制約要因はLEDパネルの指向性であり，拡散パッケージ入りのLEDパネルを用いた今回の場合，左右170度の範囲で空中像を肉眼で観察できている。

AIRRは，大画面化のスケーラビリティーが高い利点を有する。筆者らは95インチのLEDパネルを用いた空中ディスプレイの開発に取り組んでいる。図8 (a) は実験に用いたLEDパネルであり，その大きさは横192 cm，縦144 cm（対角240 cm）であり，画素ピッチは6 mmである。透明なビニルシートをビームスプリッターとして用いて空中像を形成した様子を図8 (b) に示す通り，垂直方向に浮かぶ空中映像が形成されることを確認した[8]。

また，AIRRは極めて高い開口数（NA）で実像を形成する技術としても有効である。たとえば，コンピュータービジョン向けの位置検出マーカーをAIRRにより形成することで，テーブルトップ上に障害物があってもマーカー光を対象に照射できる[9]。このように，AIRRを3次元的な配光技術として照明に応用できる可能性がある。我々はAIRRの空中ディスプレイ向け以外の応用として，植物工場における分光イメージングにおいて，葉が生い茂る中で注目領域に照明を行う実験を進めている[10]。

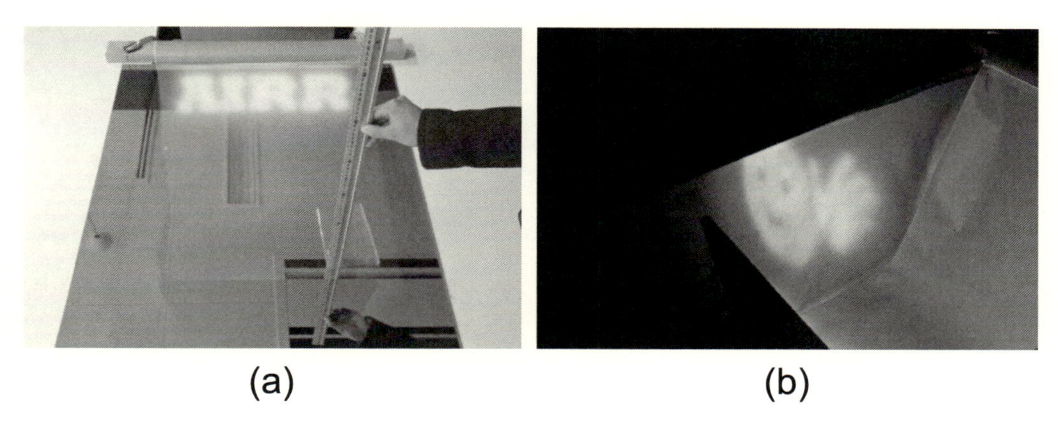

図 7　(a) 建材用のマジックミラーを用いてテーブルトップ上に 50 cm 浮き上がる空中 LED サインの形成，(b) 側面にも再帰反射素子を設置することで横方向からも映像を観察できる様子

図 8　(a) 対角 240 cm の大画面 LED パネル，(b) 大画面 LED パネルを用いた等身大スケールの空中映像の形成

3　Arc3D AIRR

空中映像に奥行きを生む新しい方法として，アーク 3D と呼ばれる特殊な散乱を用いた表示法の応用について述べる。アーク 3D とは，円弧（アーク）上の線刻において，光が円弧の接線に垂直な面内に散乱することにより，視点位置に応じた視差を生成する 3D 表示法であり，古くは金属の研磨傷の光沢が有する 3 次元奥行きとして報告されている[11]。異なる奥行きの同心円を生成するアーク 3D の例を図 9 に示す。照明のない場合，図 9（a）に示すように，透明な板に無数の傷が観察されるのみである。指向性の高い LED 光を照明すると，図 9（b)-(d）に示すように，観察位置に応じて，円（A）と円（B）の間に滑らかな運動視差が発生する。これは円弧からの散乱に指向性があるため，明るく見える位置が光源と観察位置に応じて変化するからである。

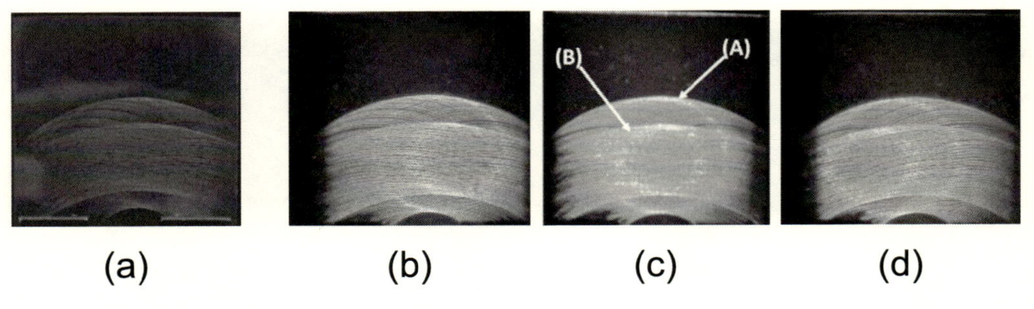

図9　アーク3Dの例

(a) 透明基板に円弧状の線刻がなされている。(b)-(d) LEDで照明して左右から観察すると，視点位置に応じて同心円（A）および（B）の間に視差が再現される。

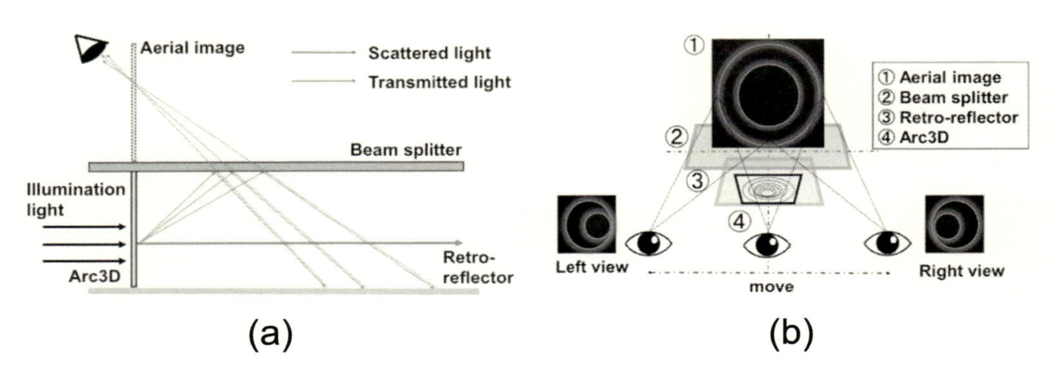

図10　アーク3Dを用いた空中表示の光学系の（a）側面図，（b）観察の様子

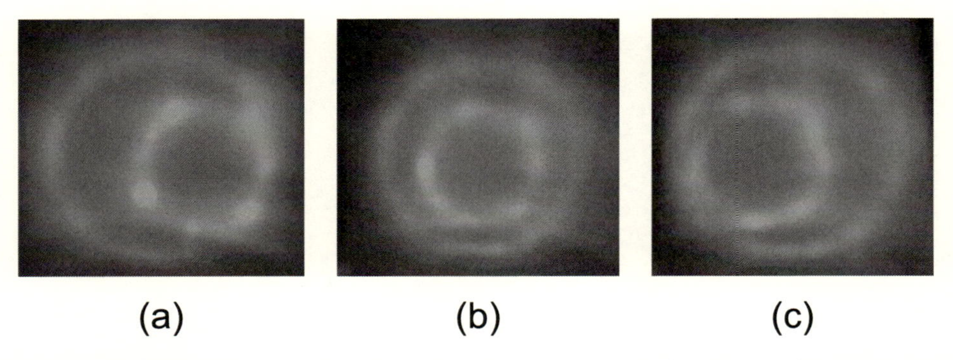

図11　空中に形成されたアーク3D像を（a）中央から左に5 cm，（b）中央，（c）右に5 cmの位置で観察した様子

このアーク3Dを光源に用いて，空中表示を行うための光学系の側面図を図10（a）に示す[12]。アーク3Dにおいて，直進成分は観察を阻害するだけであり，アークによる散乱成分のみを空中映像に用いられれば良い。そこで，再帰反射素子をビームスプリッターに平行に配置して，平行化された照明光をビームスプリッターおよび再帰反射素子に平行に入射させる。空中像が観察される様子を模式的に図 10（b）に示す。実際の観察結果を図 11 に示す通り，１つの LED を照明に用いるだけで奥行きのある空中像が形成されたことがわかる。AIRR を用いることで散乱成分だけが空中に収束するため，図９（b）-（d）に比較して，背景光に対するコントラストが向上していることがわかる。

4　おわりに

再帰反射による空中結像（AIRR）の原理と特長，ならびに光利用効率を向上させる偏光変調を用いた AIRR について解説した。次に，LED を用いた空中ディスプレイの開発について，テーブルトップ型空中ディスプレイとともに等身大の空中映像を形成する大画面空中ディスプレイの開発を報告した。さらに，LED を１つだけ用いて奥行きのある空中像を表示する手法について紹介した。何もない空間に情報スクリーンを形成する空中ディスプレイ技術は，ビルのガラス壁面を用いた看板のほか，トンネルの中で空気の妨げにならない交通標識の形成にも役立つと期待される。また，物理的なハードウェアがなくとも，手元で映像を直接に操作できることから，自動車でのユーザーインターフェースとしても活用が期待される。

謝辞

本研究の一部は，JST ACCEL Grant Number JPMJAC1601，JSPS 科研費 24300041, 24656052, 24246071, 15H02739 によるものである。

文　　献

1） C. B. Burckhardt *et al*., *Appl. Opt*., **7**, 627（1968）
2） H. Yamamoto *et al*., *Appl. Opt*., **41**, 6907（2002）
3） A. Tsunakawa *et al*., IEICE Transactions on Electronics, **E96-C**, 1378（2013）
4） H. Yamamoto and S. Suyama, Proc. SPIE, **9011**, 90111L（2014）
5） H. Yamamoto *et al*., *Opt. Express*, **22**, 26919（2014）
6） K. Uchida *et al*., *Opt. Rev*., **24**, 72（2017）
7） M. Nakajima *et al*., Proc. IDW '15, 429（2015）
8） S. Onose *et al*., IMID 2016 DIGEST, E45-3（2016）
9） M. Yasui *et al*., Proc. IEEE International Conference on Computational Photography, 170（2016）
10） K. Kawai *et al*., Proc. IDW '17, 928（2017）
11） W. T. Plummer and L. R. Gardner, *Appl. Opt*., **31**, 6585（1992）
12） H. Yamamoto *et al*., Proc. SPIE, **10666**, 106660I（2018）

第3章　体積走査型3次元ディスプレイ

宮崎大介*

1　はじめに

3次元空中像を形成する有望な手法の一つとして，体積表示方式（volumetric display）がある[1~3]。この手法では，通常の画像における2次元画素配列を3次元的なボクセル配列へ拡張し，空間中に光点を3次元配列して立体像を形成する。体積表示方式のディスプレイは，自然な立体感を有するなどの他の手法では得難い優れた特徴を持つため，50年以上前から様々な手法が提案され，最新の技術を採用しながら研究・開発が行われている。空中の各光点へアクセスするために体積中を光学的に走査して3次元像の形成を行う方式を体積走査法と呼ぶ。投影スクリーンを回転させて3次元的な走査を行うような体積走査型3次元ディスプレイはすでに市販に到った例も存在するが，3次元空中像を可能とするには結像光学素子を用いて3次元実像の形成を行う必要があり，実用的な表示システムを実現するにはさらなる研究の余地が残されている。本章では，空中に2次元実像を形成し，光学的に高速移動させることで走査を行う体積走査方式について基本原理を解説し，応用システムの研究例を紹介する。

2　体積走査表示方式の原理

体積走査表示方式では，実際に3次元的に配置された光点を観察するので，両眼視差や焦点調節，輻輳，運動視差等の生理的な立体知覚要因において互いに矛盾を起こさず自然な立体感が得られる[1~3]。ホログラフィ技術を用いても同様に自然な立体感を持つ3次元像を形成できるが，体積走査表示方式では表示デバイスに対してホログラフィで要求されるような高い解像度を必要としないために実現性が高い。

光点を3次元的に構成するためには，3次元空間中の特定の位置で光の発生や散乱を起こす必要がある。例えば，LEDなどの光源を3次元的に配置することが考えられるが，電気配線や光を通過させる隙間が必要であるため高精細な像形成は難しい。蛍光材料を利用して，光励起による体積表示を行う手法では，配線等が不要なために高精細な3次元像表示が可能である[4,5]。また，散乱媒体である投影スクリーンを高速に移動させて体積中を走査させながら，その位置に対応して3次元像の切断画像を投影し，残像により各断面画像を同時に観察できるようにすることで高精細な3次元像を形成させることができる[6,7]。しかし，これらの手法では3次元像表示

---

* Daisuke Miyazaki　大阪市立大学　大学院工学研究科　准教授

領域にデバイスや媒体が存在しており，このままでは空中像とはならない。像の表示領域付近を物理的に遮らず手で触れることが可能な散乱体として，霧や水滴を利用することもできる。霧の発生を局在化させて体積中を走査するのは容易ではないが，水滴は落とす位置とタイミングを制御して走査を行うことができる[8,9]。散乱や蛍光を起こす媒体を利用せず，時間的なパワー密度の高いパルスレーザーを空気中に集光することにより，空気のプラズマを発生させ，局所的に発光させて３次元像を形成することが可能である[10,11]。レーザービームの走査やホログラフィを利用して３次元的に励起位置を指定することができる。

表示体積中に散乱や発光を生じる媒体やデバイスを配置しない場合でも，レンズや凹面鏡といった結像光学素子によって特定の位置に集光することで，何もない空中に像を形成できる。その２次元画像の位置を光学的手法により高速に移動させて，表示体積中を走査しながら表示画像を高速に切り替えることで３次元像を形成することができる。空中像を高速に移動させる方法として，結像素子の焦点距離を変化させる技術が開発されている。例えば，図１に示すように鏡面反射する薄膜を円周で固定して中心部分をスピーカーと同様の機構により振動させると，焦点距離が高速に変化する凹面鏡として利用することができる[12]。また，印加電圧により屈折率が変化する液晶材料を用いた焦点可変レンズの利用が提案されている[13]。その他に，複屈折性材料を用いたレンズにより，２つの焦点距離を偏光状態によって高速に切り替えることができる結像光学系を構成することができ，これを利用した体積走査法の３次元ディスプレイが開発されている[14]。一方，焦点が可変であるような特殊な結像光学素子を用いずに体積走査により３次元像を形成する手法として，傾斜像面をミラースキャナで移動させる体積走査法が提案されている。この手法に関しては，後に詳しく述べる。

体積表示方式の欠点として，奥の光点を手前の表示で覆い隠せないために隠蔽を表現できない

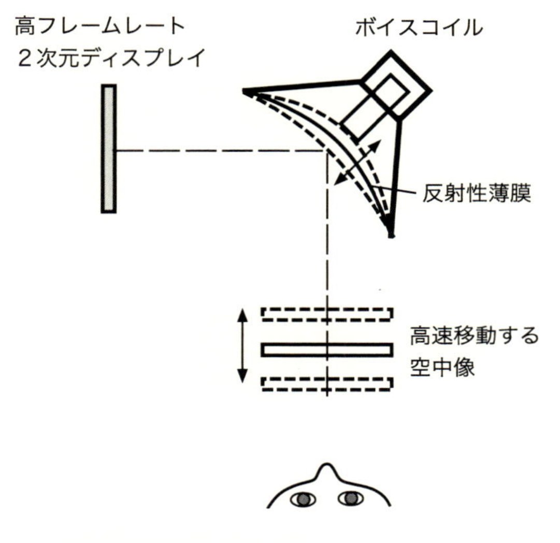

図１　焦点可変凹面鏡による堆積走査型３次元ディスプレイ

ことが挙げられる。また，システム構成上の欠点として，機械的な走査機構が必要なことや，表示デバイスに対して通常のビデオレートの数十～数百倍の高いフレームレートを必要とすることなどが挙げられる。高フレームレートの表示デバイスとして，ベクトル走査型のディスプレイやLEDアレイなどが従来利用されてきた。近年，毎秒数万ヘルツの高いフレームレートを持つデジタルマイクロミラーデバイス（digital micromirror device：DMD）が利用できるようになったことから，高精細な3次元画像形成が可能となった[15]。

3　傾斜像面による体積走査型3次元ディスプレイ

像の移動が可能な光学素子を用いて体積走査を行う3次元ディスプレイの研究例について述べる。図2に示すように，往復回転運動が可能なアクチュエータを備えた平面ミラー（ミラースキャナ）を結像光学系に挿入し，2次元ディスプレイを光軸に対して傾斜して配置すると，表示画像の実像を空中に形成することができる。ミラーの角度を変化させるとその空中像は光軸に対して垂直な方向に移動するので，その軌跡により3次元空間を走査することが可能となる。移動する空中像の位置に合わせて3次元物体の断面像を順次表示し，ミラースキャナの駆動速度を十分速くすると，各断面像を残像現象により同時に観測できるので，それらの重ね合わせにより3次元像が形成される。表示像の各点は3次元空間中に実際に配置されているので，焦点

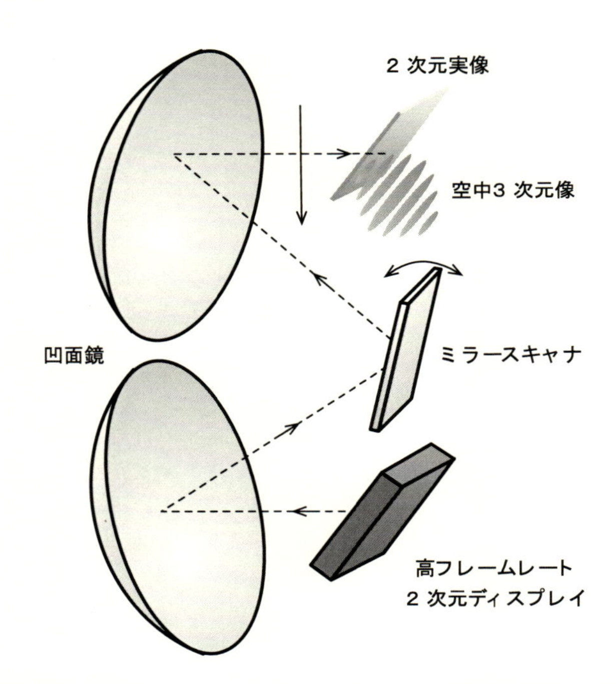

図2　凹面鏡による空中像形成とミラースキャナによる像の高速移動を利用した体積走査型3次元ディスプレイ

調節や輻輳といった立体視の知覚要因を全て満たす。また，各点は結像により形成されているので高精細な 3 次元像を得ることができる。

凹面鏡による空中結像と，振動ミラーによる像の移動に基づいた体積走査型 3 次元ディスプレイの構成例を示す[16,17]。表示素子として，画像の切り替え周波数 8,000 Hz で表示できるデジタルマイクロミラーデバイス（DMD）を利用した。図 3（a）に示すような凹面鏡とミラースキャナで構成される結像光学系において，背面投影スクリーンを光軸に対して 45 度傾けて配置して DMD プロジェクタの画像を投影し，空間中に実像を形成させた。凹面鏡の直径は 300 mm，焦点距離は 300 mm で，焦点面付近に空中像を形成できる。表示 3 次元物体の切断画像を 200 枚用意しておき，ミラースキャナを 20 Hz で振動させて像の表示位置を移動させながら，これらの断面像を DMD により順次表示させ，体積走査法による 3 次元像を形成させた。DMD の画素数は 1024 × 768 であるので，3 次元像のボクセル数は 102×768×200 となる。3 次元像の表示領域は 1 辺約 150 mm の立方体である。DMD の各画素の階調は二値であるため，ディザリング手法により多階調表現を実現した。視野角は光学系の開口数により制限され，水平方向に約 ± 30 度，垂直方向は約 15 度であった。表示した 3 次元画像の例を図 3（b）に示す。形成された 3 次元像は，自然な立体感を有する空中像として観察することができた。

空中に形成された像を高速に移動させて体積走査を行うために，ミラースキャナ以外にも図に示すようなプリズムシートや軸が傾いた回転ミラーなど結像位置をシフトさせる光学素子を利用することができる。例えば，図 4 に示すような微小プリズムを並べたプリズムシートを結像光学系の途中に挿入すると，プリズムシートを通過する光線の角度が変化して結像位置がシフトす

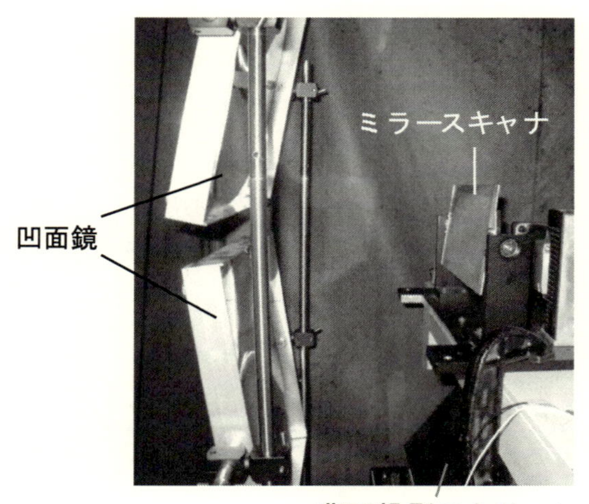

(a)

(b)

図 3　凹面鏡とミラースキャナによる体積走査型 3 次元ディスプレイ

（a）実験系，（b）空中 3 次元像の形成例。

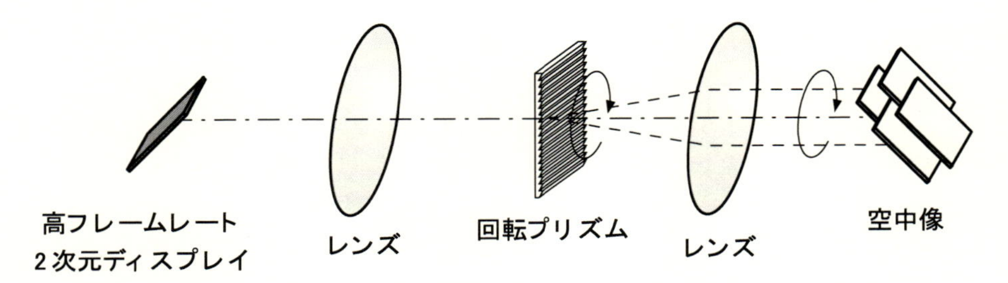

図4　回転プリズムによる空中像の高速移動に基づいた体積走査型3次元ディスプレイ

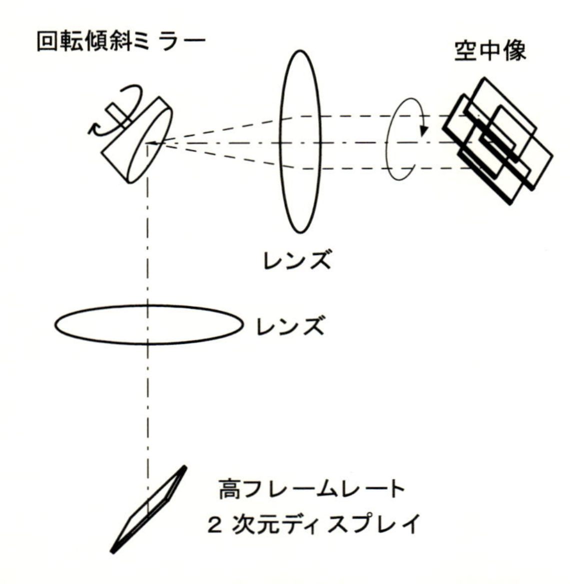

図5　回転傾斜ミラーによる空中像の高速移動に基づいた体積走査型3次元ディスプレイ

る[18]。プリズムシートを回転させると空中像の結像位置がプリズムシートの回転角度に応じて変化することを利用して体積走査を行うことができる。図5に示すような傾斜回転ミラーについても像の形成位置がミラーの回転角度に応じて変化するので，体積走査に利用することができる[19]。

4　2面コーナーリフレクタアレイを用いた体積走査型3次元ディスプレイ

結像光学系により空中に実像を形成する3次元ディスプレイにおいて，像の観察可能な角度は各点からの光の広がり角度で決まり，それは結像光学系の開口数により制限される。ところが，開口数の大きな光学系では収差も大きくなり，像に歪みが生じやすくなる。空中像の場合，観察角度によって収差は異なるので，両眼でそれぞれ観察できる画像における歪みも異なるので立体感にも悪い影響を与える。また，空中像を観察する場合は，光学素子の開口サイズは表示像よりも大きい必要があり，さらに光学素子から像までの焦点距離程度の距離が必要であるため，光学系の全体のサイズが大きくなりがちである。

これらの問題の解決策の一例として，再帰性反射に基づいた結像光学素子の利用が検討されている。再帰性反射とは，コーナーリフレクタのような光学素子により入射光と同じ光路を逆にたどるような反射光を生じる現象である。再帰性反射結像素子の一例として，2面コーナーリフレクタアレイ（dihedral corner reflector array：DCRA）と呼ばれる透過型の光学素子がある[19,20]。DCRAは，平板に多数の正方形開口の貫通穴を設け，内壁をミラーとして多数の微小な2面コーナーリフレクタが集積された構造で実現できる。あるいは，透明媒体の正方形の微小な柱状突起を多数配列させた構造を形成し，内部反射を利用することでも実現できる。2面コー

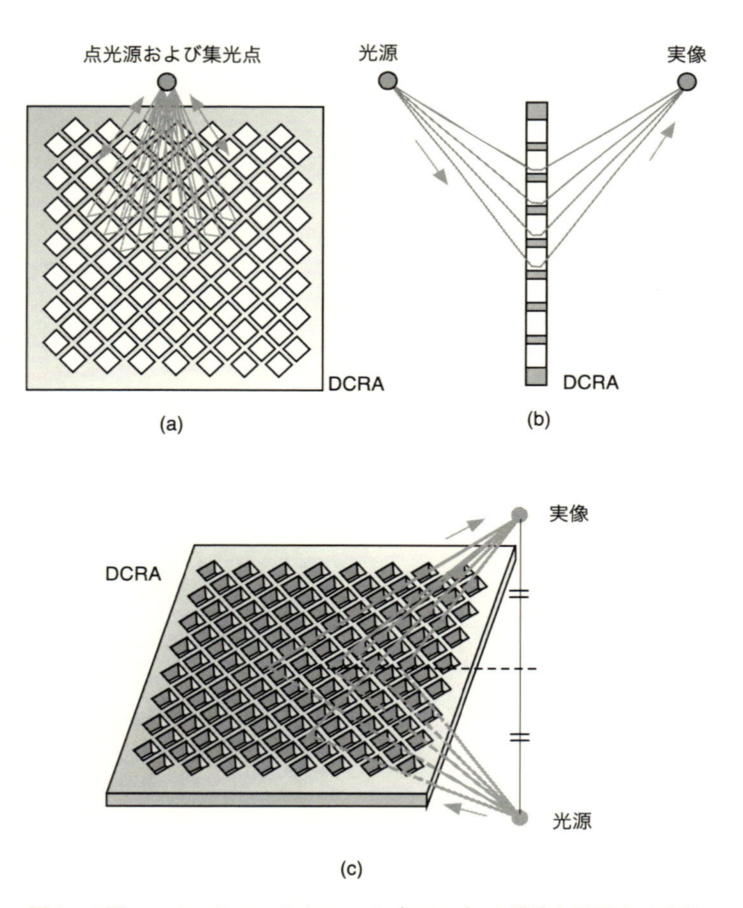

図6　2面コーナーリフレクタアレイ（DCRA）の構造と通過する光線

(a) 正面図。面内方向に関してはコーナーリフレクタの原理で再帰性反射する。(b) 断面図。光の通過方向に関しては進路を変えない。(c) 立体図。入射とは面対象な光路を進むので，光源から出た光は面対称な位置に収束する。

ナーリフレクタに入射し，2面で反射して通過した光は，DCRAの面に対して入射光と面対称な光路を進む。そのため，図6に示すように点光源から放射された光は，DCRAを透過すると光源と面対称な位置に収束して実像を形成する。この素子による実像形成は平面反射に基づくために，原理的には収差がなく，像に歪みが生じない。また，DCRAは焦点距離を持たないため，素子のすぐ近くにも像を形成できることから，結像系のサイズを抑えることができる。DCRAの集光点は各2面コーナーリフレクタから放射された光を重ね合わせて形成されているので，

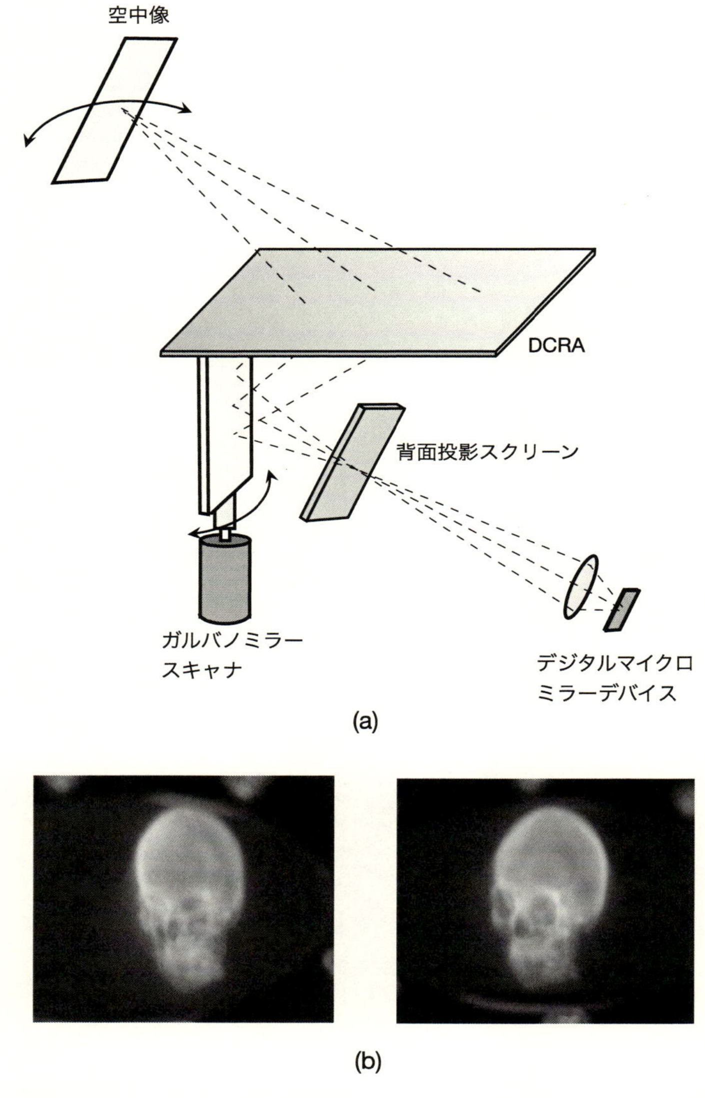

図7　2面コーナーリフレクタアレイ（DCRA）で空中像を形成し，ガルバノスキャナにより高速移動させた体積走査型3次元ディスプレイ

（a）システム構成。（b）実験結果。空中3次元像を異なる方向から観察した画像。

点光源の像のサイズは少なくても各2面コーナーリフレクタのサイズの2倍になる。また，回折による広がりや2面コーナーリフレクタの角度の誤差による広がりが生じるので，像の位置がDCRAより遠くなるほど像のボケがさらに大きくなる。そのためDCRAによる空中像の解像度は従来の結像素子に比べて低下する可能性がある。原理的に回折によるボケを避けることはできないが，表示画像にあらかじめボケを補正する処理を施しておくことで軽減する手法の研究がなされている[21)]。

DCRAを用いた体積表示システムの構成例を図7に示す[22)]。DCRAとして，厚さ150 μmのニッケル平板に，一辺150 μmの正方形開口の貫通穴を210 μm間隔で多数形成させたものを用いた。DCRAで形成した実像をガルバノスキャナで高速に移動させながら，DMDプロジェクタにより400枚の断面像を表示することで図7に示すような空中3次元像を形成した。表示像は，結像素子から約80 mm離れた位置に3次元実像として得られた。歪みの少ない空中3次元像形成が確認できた。像の観察可能角度は結像素子のサイズにより約10度に制限されていた。

5　ルーフミラーアレイを用いたヘテロジニアス結像光学系に基づく体積走査型3次元ディスプレイ

2面コーナーリフレクタアレイDCRAは，素子面に対して垂直な微小ミラーを多数作る必要があるために，製造工程の問題から大型化や低コスト化を行いにくい。一方，空中実像と虚像を同時に形成する光学系として，ある特定の光の広がり方向に関して再帰反射を行うヘテロジニアス結像光学系が提案されている[23)]。この光学系は，観察条件に制限はあるが，ルーフミラーアレイ（roof mirror array：RMA）を用いた簡便な光学系で空中像を表示することができるため，大型化と低コスト化に利点を持つ。RMAは，微小サイズの多くのV字溝が平面上に配列された構造を持ち，それぞれの溝は細長いコーナーリフレクタとして働く。図8に示すように，点光

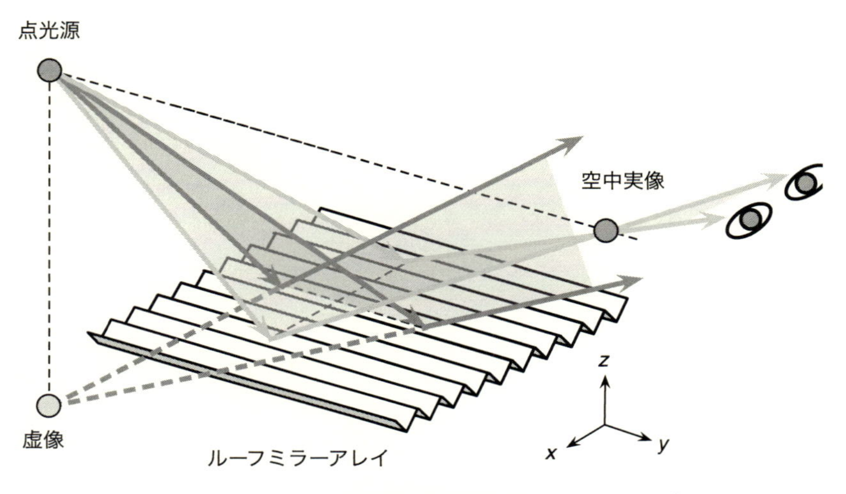

図8　ルーフミラーアレイによる再帰性反射に基づいたヘテロジニアス結像

源からRMAへ発せられた光は，V字溝の横断方向（x方向）に関してはコーナーリフレクタによる再帰性反射に基づき，RMAに対して光源と同じ距離の位置に集光する。一方，V字溝の長手方向（y方向）に関しては，単なる平面ミラーと同様の反射をする。これらより，横方向の光の広がりに関してはRMAの手前に実像を形成し，縦方向の広がりに関してはRMAの向こう側に虚像を形成する。このような結像方式をヘテロジニアス結像と呼ぶ。図8に示すように，RMAの横断方向を両目の配置方向と合わせることで，両眼視差により横方向の光の広がりに基づいた実像の形成を知覚することができる。視点をx軸方向へ移動しても像点は定位しているが，それ以外の方向へ移動すると像点の位置は変化する。

RMAを用いた結像光学系により，傾斜した2次元画像の空中像の形成を行う場合，光源からのRMAまでの距離と同じ距離に像が形成されることから，像の引き伸ばしが生じる。そこで，図9に示すように2つ目のRMAを配置すると，逆方向の変形が生じることで元の変形を補正することができる。

このようなRMAを用いたヘテロジニアス結像光学系に基づく体積走査型3次元ディスプレイの構成例を示す。RMAとして，頂角が90度のプリズムピッチ0.1 mmのアクリル製プリズムシートを用いた。高フレームレート表示には，前のシステムと同様に裏面投影スクリーンにDMDプロジェクタから映像を投影したものを用いた。ガルバノミラーのサイズは5 cm×5 cm，ミラー振れ角は12度とした。図10に示すように，スクリーンからの光はRMAで反射し，スキャナのミラーを介してもう一度RMAで反射して結像する。光をRMAで2回反射させることで像の歪みを補正している。スキャナを駆動して像の形成位置を移動させながら像の表示

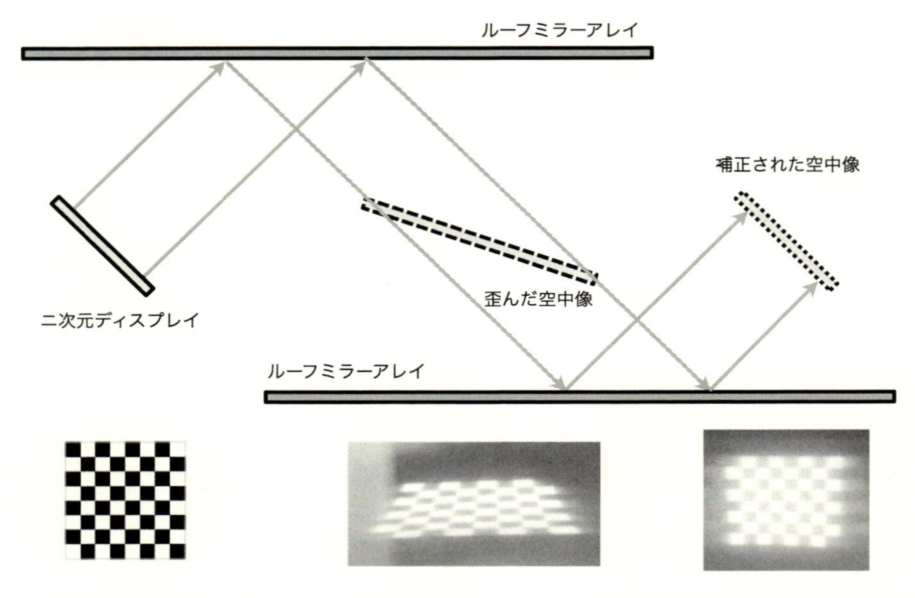

図9　2枚のルーフミラーアレイを用いたヘテロ結像光学系による空中像の歪み補正

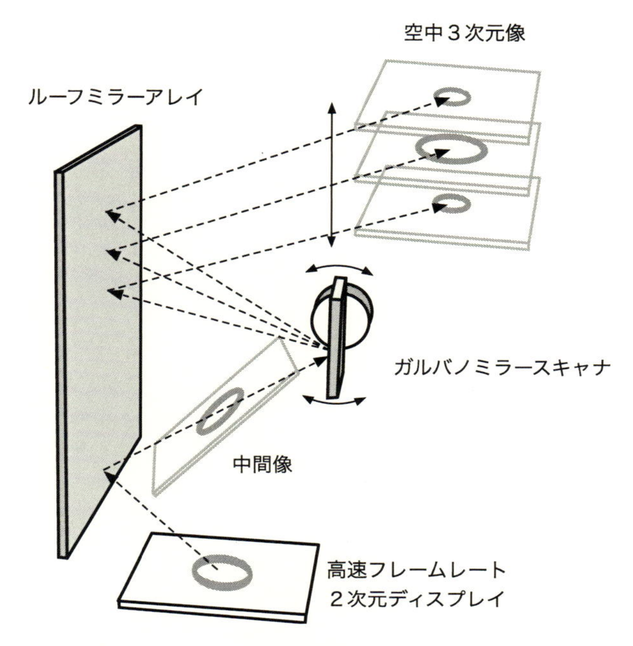

図 10　ルーフミラーアレイによる空中結像に基づいた体積走査型 3 次元ディスプレイ

を高速に切り替えることによって，体積走査法に基づいた 3 次元像形成が行えた。像の大きさは一辺が約 30 mm の立方体領域とした。これはミラーサイズにより制限されている。垂直方向に視点を移動させると，定位せずに像の位置もシフトすることもあり，視野角はスキャナミラーサイズで制限され約 5 度であった。水平方向の視野角は約 67 度であった。RMA による空中像形成を DCRA と比較すると，2 回反射する入射光角度の条件が緩和されるため，より大きな視野角をもたせることが可能である。また，DCRA よりも光の利用効率を大きくすることができる。

6　おわりに

結像光学系による空間中の実像形成と走査光学系による 3 次元的な走査に基づいて光点を実際に空間中に配置することで真の 3 次元像が形成できる体積走査型 3 次元ディスプレイについて，基礎となる技術の概要を解説し，主な研究例を紹介した。体積走査型 3 次元ディスプレイは，自然な空中 3 次元像形成が可能であり，近年の情報処理能力の向上や空間光変調デバイスの進歩などにより，画質も十分向上している。結像光学素子として，従来のレンズや凹面鏡だけではなく，再帰性反射を利用した結像により表示像の歪みの除去やシステムのコンパクト化を図る試みもなされている。しかし，空中像を形成させるための結像光学素子はサイズが大きくなりがちであり，走査のための機械的な機構が必要なこともあり広く使われるようになるにはまだ解決すべき課題が多い。さらなる研究により性能向上を図り，特徴を活かすことのできる分野にこれらの技術を適用して，将来の空中3次元ディスプレイ技術の一つとして発展することに期待したい。

文　献

1) B. G. Blundell and A. J. Schwarz, "Volumetric three-dimensional display systems", Wiley-IEEE Press (2000)
2) I. N. Kompanets and S. A. Gonchukov, *Proc. Soc. Photo-Opt. Instrum. Eng.*, **5821**, 25 (2005)
3) 宮崎大介，映像情報メディア学会誌，**68**(11), 844 (2014)
4) H. Refai, *J. Disp. Technol.*, **5**(10), 391 (2009)
5) D. Miyazaki *et al.*, *Appl. Opt.*, **44**(25), 5281 (2005)
6) G. E. Favalora *et al.*, *Proc. Soc. Photo-Opt. Instrum. Eng.*, **4712**, 300 (2002)
7) A. Sullivan, *Proc. Soc. Photo-Opt. Instrum. Eng.*, **5291**, 279 (2004)
8) 八木明日華ほか，日本バーチャルリアリティ学会論文誌，**17**(4), 409 (2012)
9) P. C. Barnum *et al.*, *ACM Trans. Graphic.*, **29**(4), 76 (2010)
10) H. Saito *et al.*, *Proc. Soc. Photo-Opt. Instrum. Eng.*, **6803**, 680309-1 (2008)
11) Y. Ochiai *et al.*, *ACM Trans. Graphic.*, **35**(2), Article No. 17 (2016)
12) A. C. Traub, *Appl. Opt.*, **6**, 1085 (1967)
13) S. Suyama *et al.*, *Jpn. J. Appl. Phys.*, **39**, 480 (2000)
14) T. Sonoda *et al.*, *Proc. Soc. Photo-Opt. Instrum. Eng.*, **7863**, 786322-1 (2011)
15) J. Geng, *Proc. Soc. Photo-Opt. Instrum. Eng.*, **8254**, 82540I-1 (2012)
16) D. Miyazaki *et al.*, *J. Display Technol.*, **6**(10), 548 (2010)
17) D. Miyazaki *et al.*, 2010 Sixth International Conference on Intelligent Information Hiding and Multimedia Signal Processing 2010, 684 (2010)
18) Y. Maeda *et al.*, *Appl. Opt.*, **52**(1), A182 (2013)
19) D. Miyazaki *et al.*, Three Dimensional Systems and Applications 2016, 3D6/3DSA7-1 (2016)
20) S. Maekawa *et al.*, *Proc. Soc. Photo-Opt. Instrum. Eng.*, **6392**, 63920E (2006)
21) D. Miyazaki *et al.*, Conference on Lasers and Electro-Optics Pacific Rim 2015, 25B1_3 (2015)
22) D. Miyazaki *et al.*, *Appl. Opt.*, **52**(1), A281 (2013)
23) Y. Maeda *et al.*, *Appl. Opt.*, **54**(13), 4109 (2015)

第4章　ライトフィールドディスプレイの基本原理

小池崇文*

1　ライトフィールドとは

ライトフィールドは，その名の通り，光を物理的な場と同様に考えたものであり，3次元空間上の任意の位置と方向における光の輝度を表す概念である（図1)。ライトフィールドは一般には4次元の情報で記述され，4D Light field とも呼ばれている。Light field の日本語訳もいくつか提案されているようであるが，必ずしも適切ではないように思える。よって，本章ではライトフィールドとカタカナ表記とし，必要に応じて英語表記も用いる。

Light field の“Field”は，日本語では“場”や“界”と訳される。一般には，電磁場，重力場のように，（時）空間中の任意の点に存在する，ある物理量であり，物理的に実在するものである。

一方で，ライトフィールドは，実際の物理的な場ではなく，物理量を表す仮想的な場である。ライトフィールドは，光の強度（明るさ）を物理場と同様に，空間中に存在するスカラー量として取り扱う考え方であり，ライトフィールドを実際に表す関数が Plenoptic function である。ライトフィールドは光が電磁波であることが判明する前に，Faraday が光の場として考えていた

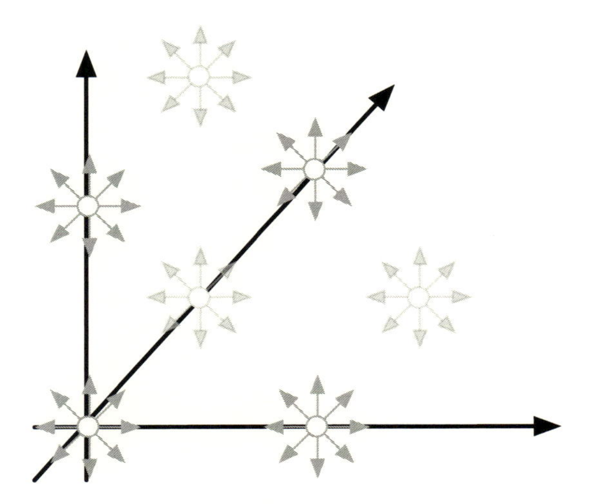

図1　ライトフィールドの概念図
空間中に存在する光線を位置と方向で表す。

* Takafumi Koike　法政大学　情報科学部　教授

ものである[1)]。現代の知識では物理的には正しい概念ではないが，工学的には有用性が高い概念であり，近年，再び使われるようになった。

光は古典物理においては，マクスウェル方程式で電磁場として記述される。マクスウェル方程式は，通常4つの式で表記される連立偏微分方程式であるため，解析的にも数値的にも解くのが難しい。一方で，我々が見ている可視光は直進性も高く，主要部分を幾何光学で記述できるため，ほとんどの場合で単純化して考えて良い。ライトフィールドの本質は，光を物理場と同様な場として捉えることで，エンジニアリング的に取り扱いを容易にする考え方である。これにより，標本化によるディジタル化を可能にし，その結果，コンピュータグラフィックスや信号処理といった技術で取り扱い可能になった効果が非常に大きい。

本章では，ライトフィールドの表現方法について述べた後に，2つの代表的なライトフィールドディスプレイの原理について説明する。

2　ライトフィールドの表現

2. 1　Plenoptic function

Plenoptic function は，1991年に Adelson と Bergen により提案された光を記述するための関数[2)]で，人やロボットが取得する実世界の光の情報を記述するために導入された。図2に示すように，光の出射位置を3次元(x, y, z)，方向を2次元(θ, ϕ)，波長(λ)と時間(t)をそれぞれ1次元とすると，任意の光の強度を記述することが可能となる。この光を完全に記述する7次元の関数,

$$L(x, y, z, \theta, \phi, \lambda, t)$$

を Plenoptic function と呼ぶ。一般に，波長は色に対応し，かつ，時間成分はライトフィールドディスプレイの議論に必要ないことが多いので，本稿では，Plenoptic function は，波長(λ)と時間(t)を除いた5次元の関数

$$L(x, y, z, \theta, \phi)$$

として扱う。なお，この次元は情報量の次元であり，実際の物理的な次元ではないことに注意されたい。余談ではあるが，Plenoptic はラテン語で完全，full を表す Plenus と Optic より作られた造語である。

今，光の直進性を仮定する。ある光線を考えたとして，光の減衰を無視すれば，遮蔽物にぶつからない限り，その光線上では L は同じ値を持つ。例えば，図2で z 軸方向の光線を考えると，z がどのような値でも L は同じ値を持つことから自明である。

よって，Plenoptic function から1次元削減しても記述できる情報に違いはなく，

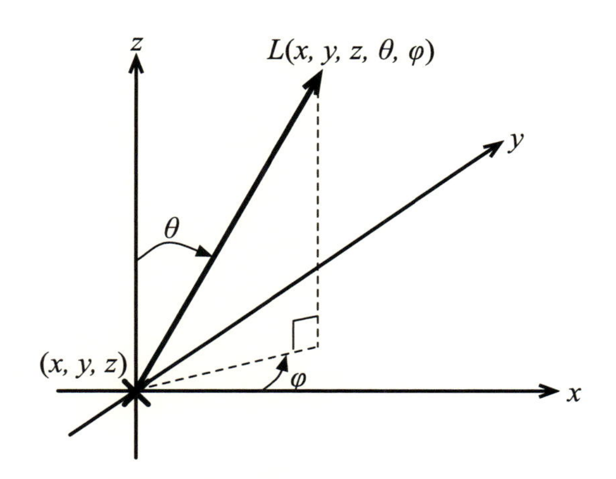

図2　Plenoptic function とその座標系
光(L)を5次元(x, y, z, θ, ϕ)で記述する。

$$L(x, y, z, \theta, \phi) \rightarrow L'(x, y, \theta, \phi)$$

のように次元を削減した関数 L' を考えることができて，これを 4D Light field と呼んでいる[3)]。

一般には，この Plenoptic function から1次元削減したものを 4D Light field と呼んでいるが，広義にはどちらも同じものであり，次元を削減しなければ，5D Light field となる。ただし，4次元であることの意味は大きく，カメラアレイやレンズアレイカメラとの対応関係が明確になるメリットがある。

従来は，立体映像は3次元の情報であると漠然と考えられてきたものが，4または5次元必要であることを示した功績は非常に大きい。

2. 2　ライトフィールドの座標系

ライトフィールドを表現する場合に，座標系の取り方には自由度があり，様々な座標系が提案されている。数学的には，座標系の取り方は大きな意味を持たないが，工学的にはライトフィールドにおける座標系の取り方は，実際の光線のサンプリングとその信号処理に密接に結びついており，適切な座標系を取ると様々な利点がある。

図3に一般的なライトフィールドの座標系を示す。座標系の取り方はいくつか提案されており，図3に示した他にも，平面と方向（例えば，3次元極座標の2つの角度成分で方向を表す）といった組み合わせもよく使われる。

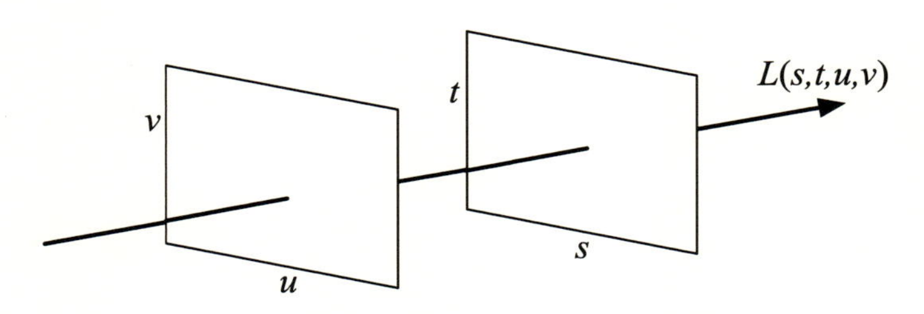

図3　ライトフィールドの座標系
光を(s, t), (u, v)の２枚の平面を通る直線で表すことが一般的である。

3　インテグラルフォトグラフィ

ライトフィールドディスプレイの説明の前に，その原点とも言えるGabriel Lippmannのインテグラルフォトグラフィについて説明する。インテグラルフォトグラフィはライトフィールドの原点であると共に，立体写真の元祖とも言える。Lippmann自身も，（当時の，そして現在の）写真は絵画のようにリアリティの１面を切り取った平面的なものでしかないため，その解決手段として提案した旨を論文の冒頭で述べている[4]。

図４に，Lippmannのインテグラルフォトグラフィの原理を示す。インテグラルフォトグラフィは，1908年に提案された写真技術で，フィルム（当時は写真乾板であった可能性が高い）の前面にレンズアレイを置くことで，光を記録し，再生する方式である。Aから発せられた（または通過した）光は一般には様々な方向成分を持つ，つまり，複数の光線を持つが，それぞれが複数のaに記録されている。これを現像してやれば，Aから発せられた様々な方向の光，つまり光線群が再現されることになる。より直感的な説明をすると，一つ一つのレンズ（と対応する乾板領域を合わせて）が微小なカメラであると考え，多視点画像を撮影する方式であり，多視点

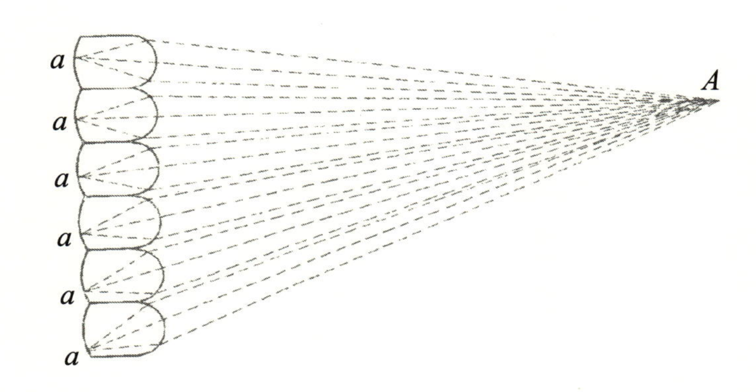

図４　インテグラルフォトグラフィの原理
（文献４より引用）

写真である。

原理的には，本方式では，被写体の視差が反転してしまう現象があり，後に，Ives によって，インテグラル写真を再度，Integral Photography で撮影することで，再度の反転がおこり，問題が解決することが分かっている。また，より現実的な解決方法として，GRIN レンズアレイを用いて光学的に反転する手法が提案されているが，現在は，途中で信号をディジタル化し，処理することが一般的であるので，この像の反転が課題になることはほとんどない。

余談であるが，Lippmann はカラー写真技術でノーベル物理学賞を受賞しており，また，Lippmann Hologram として名前が残っている。また，キュリー夫人の指導教員であったことも知られている。業績に比べて知名度は低いと思われるし，写真技術の基礎を築いたといっても過言ではないと思う。

4　ライトフィールドディスプレイ

ライトフィールドを再生するのがライトフィールドディスプレイである。広義には，ライトフィールドディスプレイとは，離散化された光線群を再生するディスプレイであるが，狭義には 4D Light field を再生するディスプレイである。

そのため，制御された光線群を再生していれば，ライトフィールドディスプレイと呼んで差し支えないが，あえて分類すると，大きく２つの方式があると言える。図５がその２方式であり，１つは，元々の Lippmann のインテグラルフォトグラフィと同等の光学系を用いた方式である。

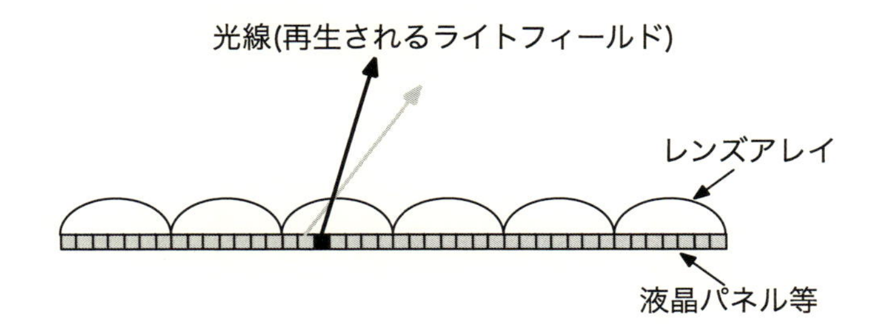

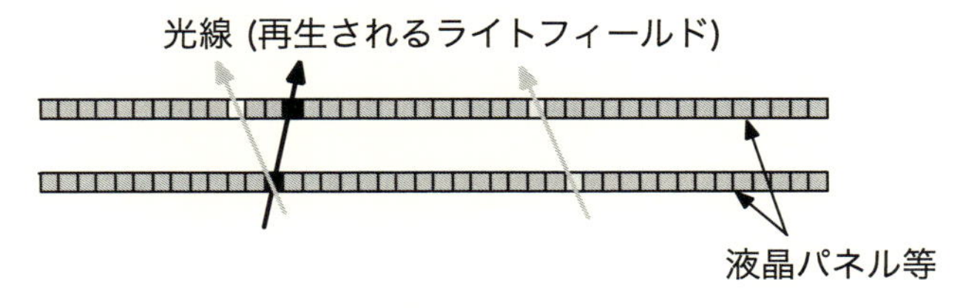

図５　ライトフィールドディスプレイの実装例
（上）レンズアレイを用いた実装，（下）複数枚の液晶を用いた実装。

もう1つが，複数のディスプレイパネルを用いた方式である。続く節で詳細を述べる。

4. 1 インテグラルイメージング方式

最初の方式は，液晶ディスプレイなどの2次元ディスプレイとレンズアレイやバリアなどの光学系を組み合わせて，光の指向性を実現しているものである。Lippmann が提案したオリジナルのインテグラルフォトグラフィ[4]と光学系は同等であり，一般的な裸眼立体ディスプレイの原理でもある。インテグラルフォトグラフィと同等の光学系を持つ結像技術という意味で，インテグラルイメージングと呼ばれることが多い。

例えば，レンズの位置を st 座標で，1レンズ下の画素群を uv 座標で表すと，ライトフィールドとディスプレイの対応関係が明瞭になる[5]。

ライトフィールドディスプレイの大きさはライトフィールドカメラのイメージセンサの大きさに比べて1～2桁大きい。そのため，レンズアレイのレンズの大きさも同様に大きく，数百 μm～数 mm の大きさをもつ。レンズで画素を拡大して見ているとも考えられるため，一般にライトフィールドディスプレイでは，映像の2次元解像度が，元のディスプレイデバイスに比べて1～2桁程度低下し，画素が大きくなる2つの課題がある。

4. 2 テンソルディスプレイ方式

2番目の方式は，複数枚の透過型液晶パネルなどを用いた積層型のもので，ここではテンソルディスプレイ方式と呼ぶことにする。積層型方式やスタック型方式と呼ぶこともある。積層型の立体ディスプレイは，積層数を2枚まで減らしても立体映像が知覚可能な，陶山らの DFD (Depth Fused 3D)[6]が良く知られている。DFD もテンソルディスプレイ方式もハードウェアに大きな違いはないが，DFD を含めた一般的な積層型立体ディスプレイは，パネル位置または両端パネル間の空間に像があると考えるのに対して，テンソルディスプレイ方式は，原理上は両端パネル間の空間を超えた範囲に映像を表示できる点に大きな違いがある。

原理は，ライトフィールドのある1本の光線を，複数のパネルの透過率の積で表していることが特徴である。視点追跡等を行わない場合には，閲覧者が破綻なく映像を見ることが可能な視点範囲がある程度限定されるが，その範囲内では，元のパネルの解像度を保ったまま，ライトフィールド表示が可能となっている。複数の光線を少ない画素の積で表すため，ハードウェアが必要とする情報量は少なくなる。しかしながら，表示したいライトフィールドを近似値に分解していることになるため，より良い近似解を高速に求める必要がある。

名前の由来であるが，表示ライトフィールドをテンソル積に分解し各パネルに表示することから，Tensor Display[7]と呼ばれている。藤井・高橋らの研究グループによって，Tensor Display 用の映像を生成するためのソフトウェアが公開されている[8]。

4. 3　2方式の本質的な違い

前記2方式の違いは，構成デバイスの違いもあるが，再現する光線をどのように構成しているのかの違いが本質である。前者は，元のディスプレイの画素（信号）を，レンズ等によってサンプリングし方向制御することによって，ライトフィールドを生成している。一方で，後者は，元の画素をサンプリングするのではなく，信号と別の信号（もう1枚のディスプレイ）の積をとることで，ライトフィールドを生成している。両者は生成されるライトフィールドの標本数に大きな違いが発生する点が大きく異なる。

例えばインテグラルイメージング方式では，ディスプレイの画素に対応する行列を D，その x 行 y 列成分を d_{xy} と表すと，ライトフィールドと画素の関係は，

$$L(x, y, \theta, \phi) = d_{x\cdot\theta,\, y\cdot\phi}$$

と記述できる。一方，テンソルディスプレイ方式では，2階のテンソル（＝行列）を D_{xy} と表現すると，

$$L(x, y, \theta, \phi) = D_{xy} D_{\theta\phi}$$

と記述できる。なお，ライトフィールドのパラメータと画素との実際の対応関係は，レンズの配置やパネル間の距離など様々な要因に依存するため，変換式等が必要になる。

インテグラルイメージング方式はディスプレイの画素を光線に1：1で対応させているのに対して，テンソル方式では，複数ディスプレイの画素をテンソル積に対応させていると解釈できる。前者は，元のディスプレイの画素（信号）を，レンズ等によってサンプリングし方向制御することによって，ライトフィールドを生成している方式である。一方で，後者は，元の画素をサンプリングするのではなく，信号と別の信号（もう1枚のディスプレイ）の積をとることで，ライトフィールドを生成している。両者は生成されるライトフィールドの標本数に大きな違いが発生する点が大きく異なる。

後者の方が利点は大きいように思えるが，実際には，後者は近似解を表現しており，実際に再現できないライトフィールドが存在するなどの課題がある。

5　まとめ

本章では，ライトフィールドの歴史的な経緯も含めて概説し，ライトフィールドディスプレイの基本原理について述べた。ライトフィールドは4または5次元の信号であるため情報量が多いことが様々な実装に関わる課題であるが，一方で，信号処理の様々な手法が適用でき，信号の特性を解析することも進んでいる。

よって，理論，ソフトウェア，デバイス面の全てにおいて発展の必要な技術である。しかしながら，一部では実用化もされ，また，興味深い応用可能性も研究されている。その将来性は非常

に高く，今後，大いに期待できる楽しみな技術である。

文　献

1) M. Faraday, *Philos. Mag.*, S.3, **28** (188) (1846)
2) E. H. Adelson and J. R. Bergen, Computational Models of Visual Processing, p.3, MIT Press (1991)
3) M. Levoy and P. Hanrahan, ACM SIGGRAPH 1996, p.31 (1996)
4) M. G. Lippmann, *J. Phys.*, **7** (4), 821 (1908)
5) A. Isaksen *et al.*, ACM SIGGRAPH 2000, p.297 (2000)
6) S. Suyama *et al.*, *IEICE Trans. Electron.*, **E85-C** (11), 1911 (2002)
7) G. Wetzstein *et al.*, *ACM Trans. Graph.* (*SIGGRAPH*), **31** (4), Article No.80 (2012)
8) http://www.fujii.nuee.nagoya-u.ac.jp/~takahasi/Research/LFDisplay/index.html

第5章　ライトフィールドの取得と再生技術

岩根　透*

ライトフィールドカメラは，2011年にLytro社から撮影後に焦点を変えられるカメラとして発売されたことで知っている人も多いかもしれない。しかし，実は，このカメラの仕組みは100年以上前にリップマンが既に提唱しているものである[1)]。ただ，カメラのデジタル化とコンピュータ技術の発展で，撮影された“画像”を計算機で処理できるようになって，この技術が100年の眠りから目覚めたのである[2)]。

それでは，“後から焦点を変えられる”とはどういうことだろうか。写真撮影とは3次元空間にある被写体の像を，ある開口を持ったレンズを使って，焦点平面で切り出すことに他ならない。このことは，ライトフィールドカメラで得られた“画像”の中には3次元空間の構造が畳み込まれていて，これから数値処理によって2次元像を切り出すということになる。つまりライトフィールドカメラにより，3次元の光の情報が2次元の撮像面上のデータに変換されているのである[3~5)]。

では，ここで3次元の像がどのように2次元上に展開されるか，考えてみることにする。2次元に符号化された情報つまりライトフィールドデータの構造の説明である。3次元の像は数多くの空間上の点光源の集合と考えていいから，点光源が2次元面上でどのように表現されるか考えればその仕組みは理解できる。レンズアレイが撮像素子前面に置かれた，単純な図1に示すモデルを考える。波状の縦線がレンズアレイ面で，その右側の縦線が受光面であるとする。この

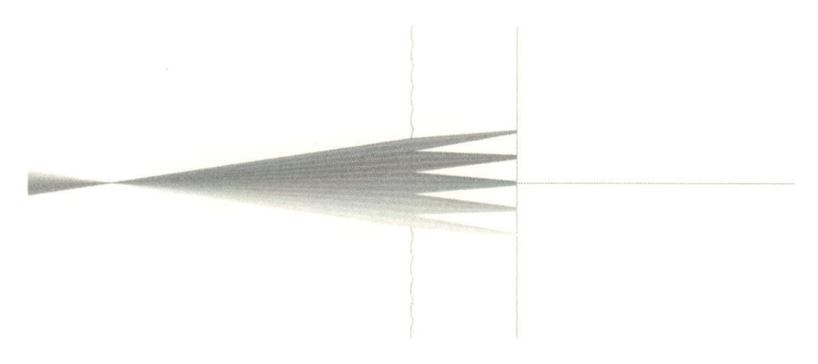

図1　ライトフィールド装置の構造

---

*　Toru Iwane　㈱ニコン　研究開発本部　MS研究室

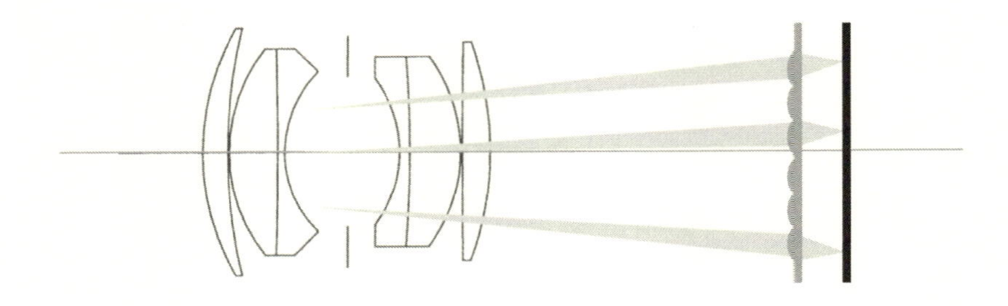

図2　ライトフィールドカメラの構造

モデルでは，レンズアレイの焦点距離はfで，その焦点は撮像素子面上にある。点光源からの光の輻射角はレンズアレイの小レンズのF数と同じである。この輻射角を確保するため，ライトフィールドカメラでは撮像レンズのF数とレンズアレイの小レンズのF数が同じになるように設計されている（図2参照）。こうすれば，撮像レンズの瞳像が小レンズによって撮像面に形成され，しかもこの像の径が小レンズ径に等しいから，小レンズによって形成された瞳像が撮像素子面に稠密に配列されることになる。

レンズアレイ入射した光は，図1に示すようにレンズアレイで分割され，断片化した光が撮像素子上に入射する。これを2次元面上で見ると空間上の点光源は図3で示すような光分布（これをパターンと呼ぶ）に2次元撮像面で変換されることになる。図4のパターンは左から6f, 3f, 2fだけレンズアレイから離れた位置の点光源が変換された2次元の光分布を示している。このパターンは点光源の位置つまり奥行と小レンズの配列形式によってその形状が定義される。そして一つのパターンの総面積は形状にかかわらず一定，つまり点光源の位置にかかわらず一定で，それは小レンズの総面積に等しい。すなわち，空間上にある無限小の点光源は，有限な面積

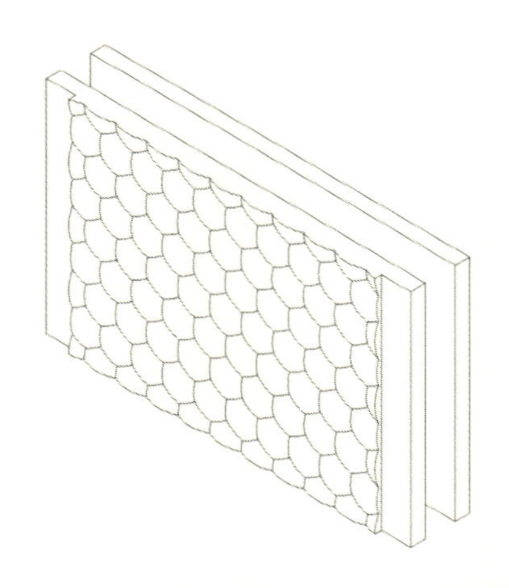

図3　ライトフィールドディスプレイの構造

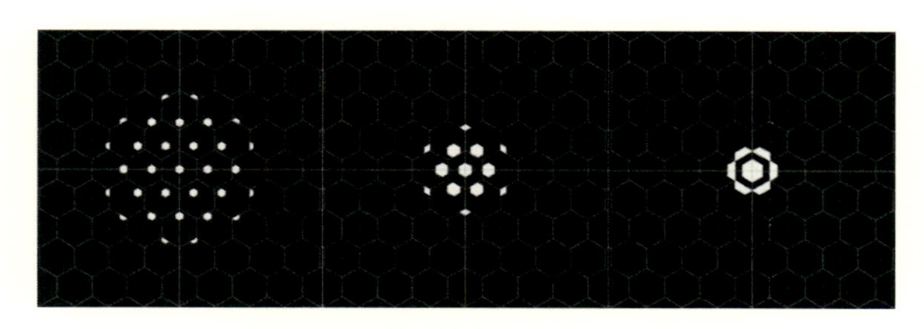

図４　パターン：それぞれが 6f，3f，2f の位置の点光源を表している

を持つ２次元パターンにレンズアレイによって変換されるのである。こうした無限小３次元の点光源から有限面積への変換モデルは，その機序は異なるが，ホログラムと同様で，表現される面積の大小が奥行の分解能を示すなど変換のパラダイムは同じと考えてよい。このパターンが無限個，２次元面に重畳されたものがライトフィールドカメラで得られる“画像”であり，我々がライトフィールドデータと呼ぶものである。図５にその実際例を示す。

ライトフィールドデータは一見（低い空間周波数では）通常の画像と異ならない。しかし拡大すると，稠密に配列された一定の小さな円形像で構成されていることがわかる。この円形像は，レンズアレイの小レンズによる撮影レンズの瞳像でパターンの面積と等しく，これが分割されることで位置を表すことから，この瞳像より高い空間周波数成分に奥行情報が記録されていると言えるのである。

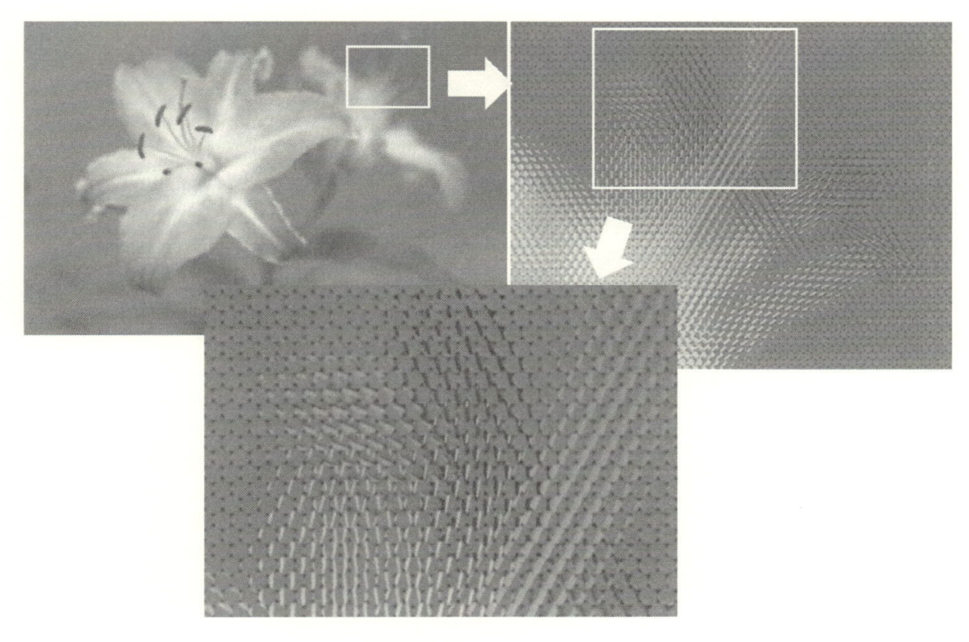

図５　実際のライトフィールドデータ

この３次元から２次元への変換はあとで述べるが，可逆的であり，パターンはレンズアレイによりそれが本来示す奥行の点光源に変換されるのである。紙数の制限から数値的な説明を略すが，ここで注意しておくべきことは，パターンをその小レンズ領域ごとに画像を反転すると，その反転パターンは，元の点光源のレンズアレイに対する鏡面対称の位置の点光源を表すことになることである。先に述べたように立体画像は無数の点光源で成立しているから，この操作で立体画像はレンズアレイの反対側へ鏡面反転される。これは，立体画像の位置が変わると同時に，遠近が反転されることにほかならないのである。

さて，パターンの形状が点光源の奥行を示していることが分かったなら，リフォーカシングつまり撮影後に２次元画像の焦点位置を演算で変えることは比較的簡単である。得られたライトフィールドデータからパターンに従って光出力を抜き出しこれらを積算すると，そのパターンに対応する奥行の一つの点光源の出力が得られることは，これまでの説明からわかる。この奥行きの平面を構成する点光源もそれぞれ対応する同じパターンを持っているため，各点についてパターンに従ってライトフィールドデータを切り出し同様に積算してやれば，この奥行き平面でのそれぞれの光点つまり２次元画像が生成されることになる。任意の奥行に対応してパターンを定めることができるから，対応するパターンを定めれば，同一のライトフィールドデータから任意の焦点位置の２次元画像が，通常の写真撮影同様に切り出すことができる。これがいわゆるリフォーカシングである[3~5]。この操作の例を図６に示す。パターンを変えることで切断面が変化することを表している。ライトフィールドデータの中には光の状態がそのまま記録されていて，これを切り出し，演算を行うことで，２次元画像が得られる。図７にリフォーカス画像の実例を示す。手前の蝶に焦点があった画像と，奥の葉に焦点があった画像であり，動作の激しい蝶の同じ体勢が描写されていることから，これが一度の撮影で得られたライトフィールドデータか

図６　パターンによる立体像の切断

図７　リフォーカス操作によって得られた，焦点の異なる２つの画像

ら演算し切り出されたものであることがわかる。

ライトフィールドディスプレイは，このライトフィールドデータを空間上の３次元像に戻すシステムである。したがって，ひとの眼の輻輳に頼ったステレオ立体装置や視差型の立体表示装置とは異なり，立体の像が実際に再現される表示装置である。ライトフィールドディスプレイの構造は簡単である。図３に示すように高解像の平面型表示装置の上にレンズアレイが装備されたもので，ほかの方式である多視点型の表示装置などとハード的には異なるところはない[6~8]。高解像表示装置上にパターンの集積であるライトフィールドデータが表示されるとレンズアレイによりスクリーン近傍に光点の集積である立体光像が復元されるのである。図８ではライトフィールドカメラで撮影された猫の像が，ライトフィールドディスプレイに表示されている。

図８　スマホを利用したライトフィールドディスプレイ

ここで注意しておく必要のあるのが，例えばカメラに相対する人を撮影し，これをライトフィールドディスプレイで復元するときの方向である。ライトフィールドカメラではこの猫の像は撮像素子のほうを向いているので，復元された像は観察者ではなく，表示器のほうを向いていることになる。もちろん猫の後ろが見えるわけはないから，端的に言うと，遠近の反転した猫の立体像が表示されることになる。正しい立体像を表示するためには画像の遠近を反転させる必要がある。これは先に述べたようにそれほど難しくはない。小レンズごとにライトフィールドデータを反転すれば構成する各点はレンズアレイの反対側に移され，鏡面対象画像すなわち遠近が反転した画像が表示されるのである。こうした表示の機序は既知であるから，もちろん人工的な合成ライトフィールドデータから立体画像を得ることも可能である[9]。

このようにして合成される3次元画像を空中に表示し，空中立体画像を表示する方法について述べることにする。空中表示装置としては，クロスドミラーの変形であるAIP（エアリアルイメージングプレート，現名称：ASKA3Dプレート）や再帰性反射材を使用したAIRRなどがあるが[10~13]，ここではAIRRを例にとって，空中立体像を合成することを考えてみることにする[14]。AIRRの原理は他の章で詳しく説明されているであろうから，ここではAIRRに使用した空中立体表示の概念を簡単に説明することにとどめる。図9にライトフィールド表示器を用いた空中立体表示の構造を示す。前述のライトフィールドディスプレイとハーフミラー，そして再帰性反射材から構成されている。ライトフィールドディスプレイで生成された立体像が，ハーフミラーで反射し再帰性反射材に入射する。再帰性反射材は入射した光を，入射してきた方向に正

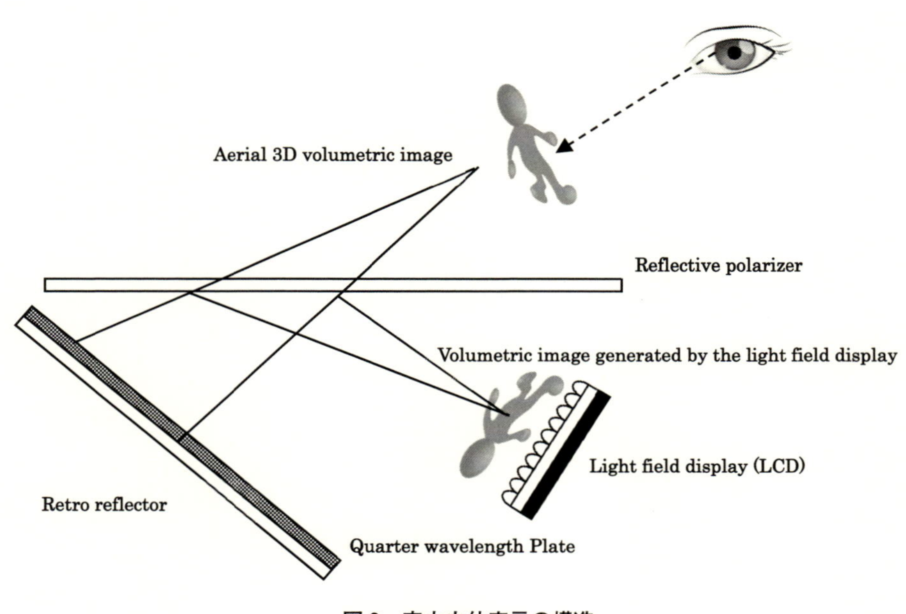

図9　空中立体表示の構造

確に反射させる部材である。したがって，入射した光は入射した方向に戻って行き，今度はハーフミラーを透過する。つまり，ハーフミラーの面対称の反対側すなわち上面にライトフィールドディスプレイの像が形成されることになる。注意しておかねばならないのは，空中像においては，光の進行方向が元のディスプレイから反転しており，ディスプレイを裏から見る形になることである。これは，立体像がライトフィールドディスプレイに表示されている場合，空中像では遠近が反転されてしまうことを意味している。この反転現象はAIPなどのクロスドミラータイプの空中表示装置でも同様に発生する。

先に示したように，この空中表示装置の遠近反転を解決するのは，この系ではそれほどむずかしくない。ライトフィールドディスプレイに遠近反転した立体像を表示すればよいのである。遠近を反転するためには小レンズの領域ごとにライトフィールドデータを裏返せばいいため，この操作を平面表示器に提示されるライトフィールドデータに加えれば十分である。さらに言えば，ライトフィールドカメラのデータを通常のライトフィールドディスプレイに使用する際にはこの反転操作をすでに加えているわけだから，空中表示装置では，一切の反転操作なしにライトフィールドカメラのデータをそのまま使えば，遠近の正しい立体像が空中に表示されることになる。

図10にライトフィールドディスプレイを用いた空中立体表示装置の実際の画像を示す。図の下部にあるライトフィールドディスプレイの像がハーフミラー（ここでは偏光反射板）の上に表示されていることがわかる。先に説明したようにライトフィールドディスプレイには遠近反転された立体画像が表示されていて，空中表示装置の光路中で遠近が戻され，空中に体積型の立体像が表示されるのである[14]。

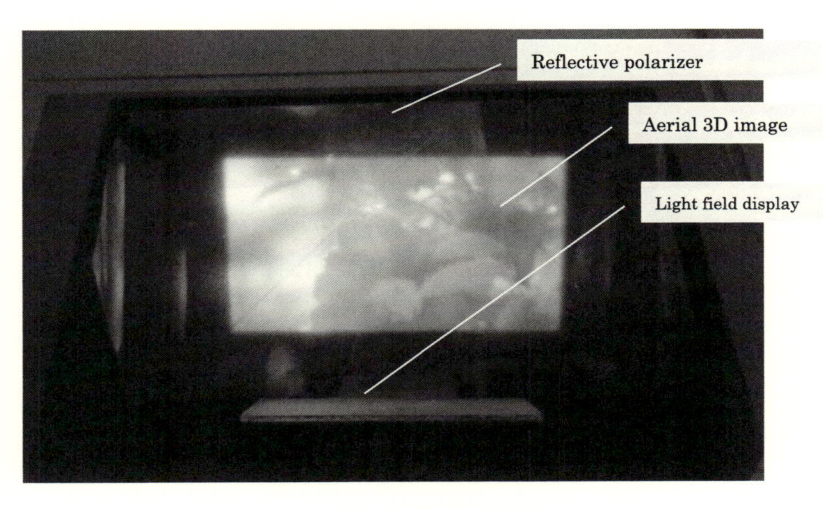

図10　実際の空中立体表示器

このようにライトフィールド表示器と空中表示装置（我々はAIRRタイプを用いたが，AIPなどほかの方式でも同様である。）で空中に立体像を生成することができる。空中立体像は映画などでお馴染みのものであり，一般の人たちが未来の表示器として想像するものにかなり近いものである。

まだまだ改善の余地はあるが，光線の状態を空中に再現するパラダイムは，これからの表示システムに大きな意味を持つと考える。

文　　献

1） G. Lippmann, *Acad. des Sci.*, **146**, 446（1908）
2） E. Adelson & J. Wang, *IEEE Trans. PAMI*, **14**, 99（1992）
3） R. Ng *et al.*, Stanford University Computer Science Tech Report CSTR 2005-02（2005）
4） K. Utagawa, USP7732744（2006）
5） R. Ng, *ACM Trans. Graph.*（*SIGGRAPH*）, **24**(3),735（2005）
6） J. Bahram & F. Okano, Three-dimensional TV, video, and display, Springer Science & Business Media（2002）
7） J. Arai *et al.*, *Appl. Opt.*, **37**(11), 2034（1998）
8） S.-W. Min *et al.*, *Opt. Exp.*, **13**, 4358（2005）
9） T. Iwane & M. Nakajima, *Proc. IDW*, **21**, 3Dp1-19L（2014）
10） M. Ohtsubo, Japanese patent P3342302（1997）
11） H. Yamamoto *et al.*, *Opt. Exp.*, **22**, 26919（2014）
12） D. Miyazaki *et al.*, *Proc. SPIE*, **9495**, 949508（2015）
13） M. Nakajima *et al.*, *Proc. IDW*, **22**, FMC5-3（2015）
14） T. Iwane *et al.*, Light-field display combined with aerial imaging by retro-reflection（AIRR）, OSA Imaging and Applied Optics（2016）

第6章　浮遊球体ドローンディスプレイ

山田　渉*

1　はじめに

本章ではドローンを用いて実空間上に映像を表示する手法について紹介をする。これは飛行して移動可能なドローンを用いて，3次元空間の中の任意の場所にディスプレイやスクリーンを配置することで空中に映像を表示する種類の技術のことである。またこのようなドローンを用いた映像表示技術についての事例や研究動向を紹介するとともに，著者らが開発をした世界初の飛行可能な球体ディスプレイである浮遊球体ドローンディスプレイ[1]についても解説を行う。

2　ドローンを用いた空中映像表示技術

ドローン（英：drone）とは遠隔操作や自動制御が可能な無人航空機のことを意味し，2010年ごろから安価で高性能なものが次々と市販されるようになった。また急速な低価格化に加え，物流や農業をはじめとした多様な産業での活用の期待からドローンは空の産業革命とも称され，急速に普及が進んでいる。

期待されるドローンの活用方法は物流や農業以外にも，空撮や測量，点検，さらには警備システムなどと非常に多岐に渡るが，複数の企業や大学からエンターティメントや広告などの分野向けのドローンを用いた空中映像表示システムが発表されている。このようなドローンを用いた空中映像表示技術は，大きく2種類に分けることができる。1つは図1（a）のように，LEDのような発光体を搭載した小型のドローンを大量に飛行させ，各ドローンをボクセルとして用いることで空中に映像を表示する手法である。例えば，Intel社ではShooting Star[2]という高輝度なLEDを搭載した小型のドローンを大量に飛行させ空中に映像を表示する技術を発表しており，平昌オリンピックの開会式で2018年4月現在の世界記録となる1,218台ものドローンを飛行させ，空中に五輪のマークをはじめとした様々な巨大な映像を映し出して世界中で大きな話題となった。このような高輝度LEDを搭載した小型のドローンを大量に飛ばす方法は，他にも中国のEHang社[3]や日本のSKY MAGIC社[4]などでも開発が進められており，競争が過熱している。

1台のドローンを1つのボクセルとして用い，大量のドローンを飛ばすことで映像を提示する方法に対して，図1（b）のように各ドローンにディスプレイやスクリーンを搭載し，より高い映像表現能力を備えさせて空中に映像を表示する方法もある。また，この場合も群飛行技術と組

＊　Wataru Yamada　㈱NTTドコモ　先進技術研究所

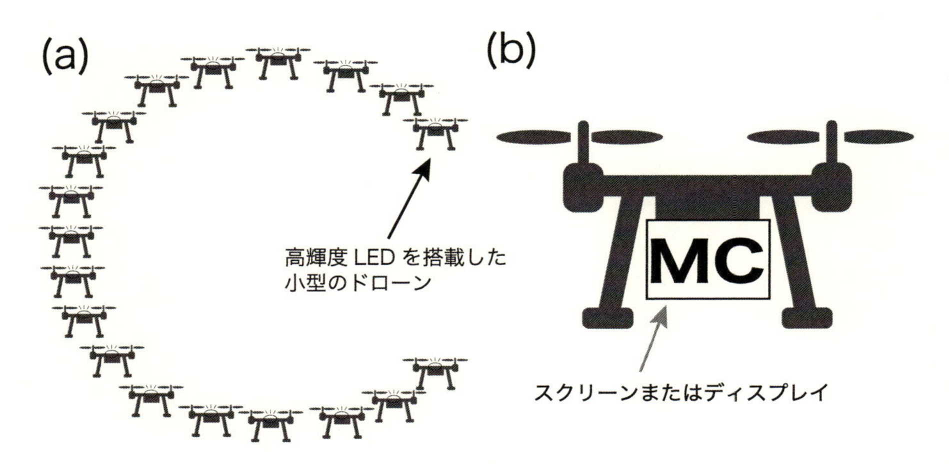

図１　ドローンを用いた空中映像表示技術のイメージ
(a) 大量のドローンをボクセルとして用いて表示する方式, (b) 各ドローンにディスプレイやスクリーンを搭載する方式。

み合わせて複数のドローンを協調させて映像を表示することが多い。例を挙げると，SKY MAGIC社では，複数のLEDテープを備え，単機でも幾何学模様を表現可能なドローンを用いた手法も提案している。またGomesらのBitDrones[5]では，ドローンに小型で軽量な有機ELパネルを搭載し，空中に高解像度映像を表示する方式を提案している。さらにはドローンにディスプレイを備えつけるのではなく，スクリーンを搭載したドローンを飛行させ，外部のプロジェクタで映像を投影する方式[6]も提案されている。前述のサービスや研究で用いられているドローンは，マルチ・ロータ機と呼ばれる複数の回転翼によって推進力を発生させ飛行する種類のドローンである。この種のドローンは機動性や安定性に優れているものの，機体の重量を全て回転翼で支えている構造のため，回転翼が停止した際に墜落してしまう問題がある。そのため，落下時の安全確保やより長い飛行時間を確保するためにバルーンを備え付けたものも提案されている。例えば，パナソニック社はBalloon Cam[7]というマルチ・ロータ機の周りをバルーンで覆った構造のドローンを発表している。Balloon Camでは映像を空撮する他に，外部の，または内蔵されたプロジェクタによってバルーンの側面に映像を提示することが可能である。

3　浮遊球体ドローンディスプレイ

3. 1　概要

これまで紹介したようにドローンを用いた映像表示技術は，空中に映像をダイナミックに表示できる新たな手段として期待され，様々な研究開発が進められている。しかし，ドローンを用いた空中映像表示技術には，飛行時間や騒音，安全性といった課題以外にも，映像表現能力の面でも課題がある。その１つにドローンの特徴である高い飛行能力を損なわずに，高解像度かつ広

図2　浮遊球体ドローンディスプレイの飛行の様子

い映像提示面を持たせることは困難なことが挙げられる。それは単純に高い表現能力を持たせるために，高密度に大量のLEDを配置したり大きなディスプレイを搭載したりすると，ドローンの気流が阻害してしまったり，重量が大きく増加してしまったりするため，飛行が困難になってしまうからである。さらにドローンは空間を飛び回るため，観客とドローンとの相対位置関係は逐次変化するが，観客から見て，ドローンがどの位置からでも映像を見えるようにディスプレイを備えつける場合は特にこの問題は深刻なものとなってしまう。

そこで，我々は飛行能力を損なわずに高い映像表示能力をドローンに持たせるために残像ディスプレイと呼ばれる技術を応用することを検討した。残像ディスプレイは，残像効果と呼ばれる人間の視覚で光を見たときに，それまで見ていた光や映像が残っているように見える現象を利用し，発光体を点滅させながら移動させ残像効果によってユーザに発光体の軌跡上に映像を見せる方式である。そして我々はこの残像ディスプレイの技術を応用した球状ディスプレイと，ドローンを融合させ，図2に示すように全方位に映像表示しながら飛行可能な浮遊球体ドローンディスプレイを実現した。

3. 2　提案方式

図3（a）に示す浮遊球体ドローンディスプレイの最大直径は88 cm，重量はバッテリーを除いておよそ4.5 kg，最大推力は9 kgに達する。図3（b）に浮遊球体ドローンの構造を示す。浮遊球体ドローンディスプレイは主に内側から順に3つのモジュールで構成されている。

①　飛行するための推力を生み出すためのドローン部

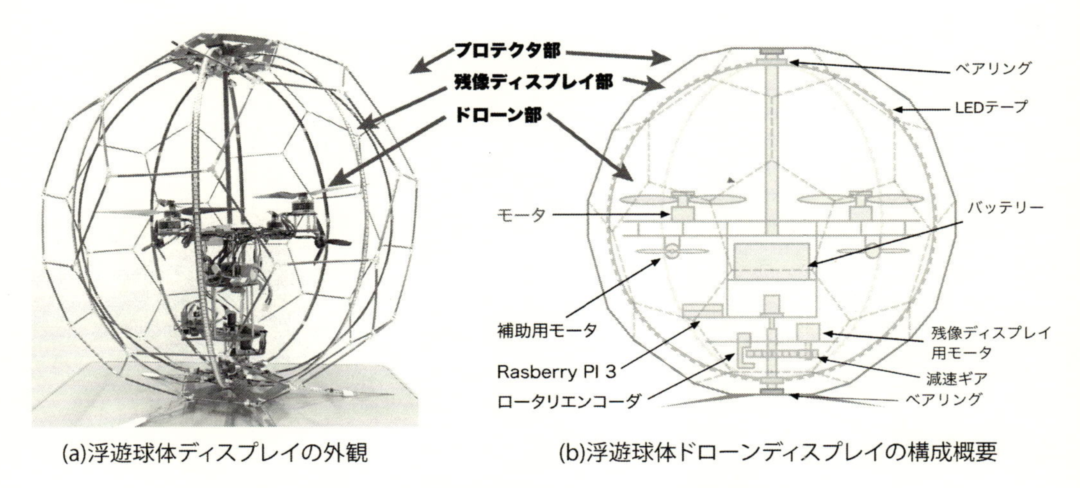

(a)浮遊球体ディスプレイの外観　　(b)浮遊球体ドローンディスプレイの構成概要

図 3　浮遊球体ドローンディスプレイの構造

② 球形の映像を表示するための残像ディスプレイ部

③ プロペラや LED を保護するためのプロテクタ部

ドローン部は浮遊球体ドローンディスプレイの中心に位置しており，飛行のために 4 組のモータと直径 13 インチのプロペラと，2 組の補助用のモータとプラペラで構成されている。4 組のモータとプロペラはドローンが飛行するための推力を発生するために使用される。2 組の補助モータとプロペラは後述する残像ディスプレイの反力を打ち消すために使用される。フライトコントローラには DJI 社の A2 を用いた。ドローン部を構成するモータや Electric Speed Controller（ESC）などの各電子部品は全て市販のものであるが，本ドローンは特殊な構造であるため，フレームは市販のものを使用せずに剛性と軽量性に優れたカーボンやアルミ合金などを切削加工して独自に製作した。

残像ディスプレイ部は，図 3，4 に示すようにドローンを囲むように配置された 8 本の弧状の LED テープと，LED テープを回転させるための回転機構で構成されている。各 LED テープには 144 個の SPI 通信で制御可能なフルカラーLED（Shenzhen Shiji Lighting 社の APA102）が搭載されている。これらの LED テープの電源はドローン部と共通であり，機体中心に置かれたバッテリーからスリップリングを通して共有される。また LED の動作電圧は 5 V であるが，スリップリングを通過する電流量を少なくするために，22.2 V でスリップリングを通過後に DC-DC コンバータで 5 V に変換している。これらの LED テープには電源だけでなく，LED の色を制御するための制御信号もスリップリングを通して Raspberry PI 3 より送られている。そして LED テープは機体下部に備えられたモータとロータリーエンコーダによって常に秒間 3 回転するようにフィードバック制御され，さらにその回転と同期して高速で点滅させることで，残光効果によって球形の映像が作り出している。LED は 1 周の間に 136 回点滅させるため，全体

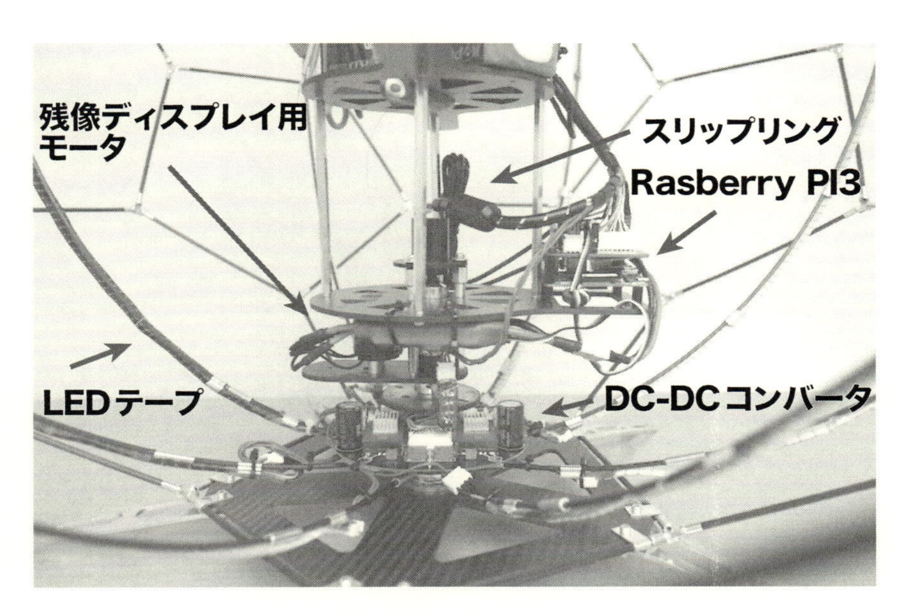

図4　残像ディスプレイ部の構成

の解像度は縦（半周）144×横（1周）136 pixelである。また8本のLEDを秒間3回転させているため，フレームレートは24 fps（frames per second）である。

また残像ディスプレイ部はLEDを回転させて映像を表示する際に，ヨー軸に対してLEDを回転させる力の反作用が発生し，ドローンを逆回転させようとしてしまう。本機体のように4つの回転翼を持つマルチ・ロータ機は，2つの回転翼の回転数を増加するとともに，それらと逆回転する回転翼の回転数を減少させることで，ヨー軸の力を生み出すことができる。しかし，この方法では，2つのモータの回転数を減少させる必要があることから，最大推力が低下してしまう上，高い回転数の2つのモータに負荷が集中してしまう問題があった。そこで図5のように我々はヨー軸方向を向いた補助用のモータとプロペラを2つ追加し，LEDの回転速度に応じてプロペラを回転させることで解決をした。この補助用のモータの回転速度は，フライトコントローラではなく中心部のRaspberry PI3によって制御されている。また2組のモータはそれぞれ対称に回転するようにし，お互いが回転の反作用を打ち消すように配置している。

残像ディスプレイのさらに外側にはプロテクタ部があり，ドローンのプロペラや回転するLEDが人や障害物に当たらないように保護している。このプロテクタ部は軽量かつ強度を確保するため，カーボンパイプとアルミ製のジョイントで組んだ切頂二十面体と呼ばれる多面体の構造を用いている。またプロテクタ部はドローン部に固定されているが，残像ディスプレイ部とはベアリングを通して接続されており独立して回転する構造になっているため，映像表示中もプロテクタ部は回転せず安全である。

以上のように浮遊球体ドローンディスプレイは球形の残像ディスプレイとドローンを組み合わ

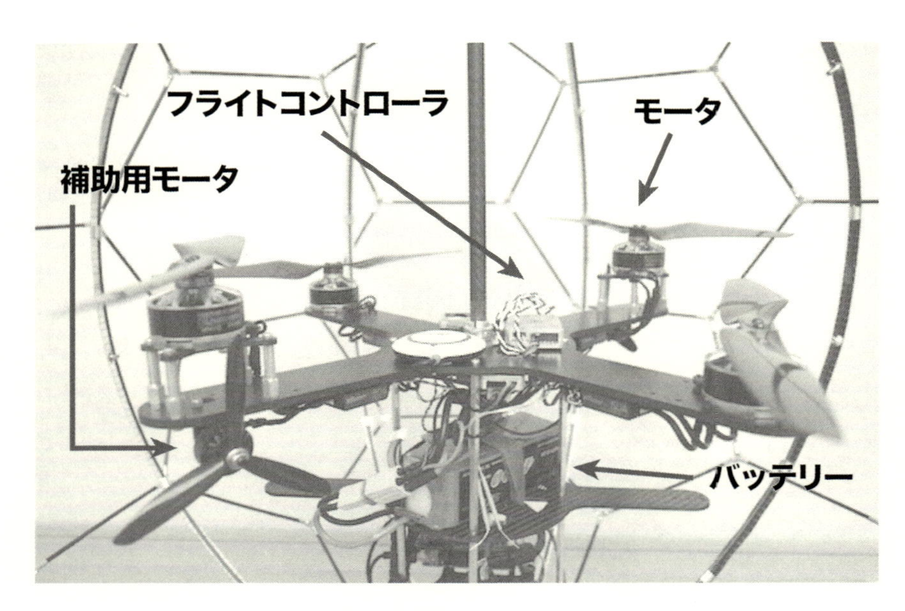

図5　ドローン部の構成

せたものであり，この組み合わせは様々な利点を有している。まず見かけ上は高い解像度やドローンを包み込む大きな表示面を持っているのにも関わらず，実際に搭載されているLEDは複数本の細い弧状のLEDにしか過ぎないため，重量やドローンの気流の問題への影響が最小で済むことが挙げられる。これによって従来では難しかった高解像度・大型のディスプレイをドローンに搭載することが可能になった。次に球形のディスプレイを作れるため，どの方向からも見える点が挙げられる。これは特に舞台演出や広告に使った際に，会場にいるすべての方向の観客に映像を届けることができるため，重要な優位性であると考えている。3つ目はドローンのモータやプロペラ，回転するLEDなどのドローンの稼動部を，全てプロテクタの内部に納められるため，安全な上，ドローンのモータやプロペラなどが映像を隠さず視認性が高いこと。4つ目は発光体として高輝度LEDを使っているため非常に明るい映像を表示可能なことである。ただし，LEDよりも太陽光の明るさの方が強いため，直射日光下の場合は映像を視認することは困難である。そのため屋外で利用する場合は，夕暮れ以降が望ましい。そして最後に，残像ディスプレイの特性を活かした演出が可能であることも挙げられる。残像ディスプレイは図1のように，暗所で全面に映像を表示することで内部のドローン部分を観客から隠すことができる。さらに映像を表示していない部分はほぼ見えず背景が透けて見えるため，図6のように部分的に映像を表示することで，何もない空中に映像が表現したかのような演出も可能である。

一方でドローンの仕組み上，飛行中は非常に大きな騒音が出てしまう問題がある。ただし，ドローンショーやライブやコンサートなどの音楽イベントの演出などに使う場合については，音楽が十分に大きい環境であれば目立ちにくい。

図 6　浮遊球体ドローンディスプレイの一部のみに映像を表示した様子

また現在の飛行時間はバッテリーの大きさ次第ではあるが，概ね 5 分程度である。現行の機体では取り回しがしやすいように小型に作るために，機体重量に対して通常使われるモータやプロペラよりも小さいものを使用している。そのため，飛行時間の短さや騒音の問題が顕著になっている。今後は軽量化に加えて，機体重量に合わせたモータやプロペラの最適化を行い，より小さな飛行音で長時間飛行可能にする。また現場の解像度は一般的なディスプレイと比較したときに非常に荒い。これは使用している LED テープの各 LED のサイズと点滅速度の上限が主な原因である。そのため，高密度に LED を搭載した専用基板を利用することや，各 LED テープに搭載されている LED を互い違いに配置するインターレース方式を利用することで改善できると考えている。ただし，同時にこれらの方式を実現するためには大量の LED を高速に制御する必要があるため，FPGA や大量の LED ドライバや大容量のメモリなどを搭載した十分に高速な制御基板が必要となる。

4　おわりに

本章では，ドローンを用いた空中映像表示技術について解説した。ドローンは近年，もっとも急速に発展している技術の 1 つではあるが，その一方でドローンに関連する様々な事故も多く起きているのが現状である。ドローンを用いた演出は多くの観客がいるイベント時に実施されることが多く，特に慎重な安全管理が求められる。またドローンの屋外飛行は航空法による規制も受けるため，同法の規制対象である場合には国土交通省の認可が必要となる。ただし，ドローンを用いた演出は実空間上にダイナミックな映像を映し出すことができる新たな魅力的な演出手段であることも事実であり，同技術の発展とともにルール作りや安全対策も整備され，より多くの場面で活用されることを期待している。

文　　献

1）W. Yamada *et al.*, iSphere: Self-Luminous Spherical Drone Display, In Proc. of UIST '17（2017）
2）Intel, Intel-based Drone Technology Pushes Boundaries（2016）, https://www.intel.co.jp/content/www/jp/ja/technology-innovation/aerial-technology-light-show.html（2018年4月24日アクセス）
3）Ehang, EHang 1000 Drone Light Show Refreshed World Record（2018）, http://www.ehang.com/news/249.html（2018年4月24日アクセス）
4）SKY MAGIC, SKY MAGIC（2016）, https://skymagic.show/（2018年4月24日アクセス）
5）A. Gomes *et al.*, BitDrones: Towards Using 3D Nanocopter Displays as Interactive Self-Levitating Programmable Matter, In Proc. of CHI'16（2016）
6）H. Tobita, Aero-screen: blimp-based ubiquitous screen for novel digital signage and information visualization, In Proc. of SAC'14（2014）
7）Panasonic, Ballooncam: Bringing the wonders of a flying device for a new age to the world（2016）, https://panasonic.net/design/works/ballooncam/（2018年4月24日アクセス）

第7章　ホログラフィ活用型立体ディスプレイ

山本健詞[*1]，Boaz Jessie Jackin[*2]，涌波光喜[*3]，
市橋保之[*4]，奥井誠人[*5]，大井隆太朗[*6]

1　はじめに

空中ディスプレイには様々な手法があるが，本章では，プロジェクタとスクリーンを用いた空中ディスプレイで，かつホログラフィを取り入れたものをホログラフィ活用型立体ディスプレイとして説明する。ここで主に紹介する取り入れ方は2通りである。1つ目はホログラフィをスクリーンで利用する方法である[1)]。立体表示の原理はライトフィールドディスプレイや多視点映像ディスプレイなどと類似する光線再生に基づく技術であるが，レンズアレイやフレネルレンズ，ディフューザなどの代わりにホログラフィック光学素子をスクリーンに用いることで，スクリーンの特性を比較的自由に設計できるのが特長である。2つ目はスクリーンだけでなくプロジェクタにもホログラフィを利用する方法[※1]である[2)]。立体映像をホログラフィに基づいて波面として再生するため，光線再生に基づく技術に比べて高品質な立体映像を提示できる可能性のある技術である。

本章の構成は以下の通りである。はじめにホログラフィの原理，および再生に電子デバイスを取り入れた電子ホログラフィについて説明する。次にホログラフィック光学素子によるスクリーンについて説明し，そのスクリーンを使った投影型のホログラフィ活用型立体ディスプレイを2つ紹介する。

2　ホログラフィ

ホログラフィは，1948年に電子顕微鏡の解像度を向上する一方式としてD. Gaborが発表した技術である[3)]。発明当時は，物体光と参照光が同軸であるインライン型のホログラフィであり，光源には水銀灯とフィルタが使われていた。その後にレーザーの発明やE. N. LeithとJ.

＊1　Kenji Yamamoto　(国研)情報通信研究機構　プラニングマネージャー
＊2　Boaz Jessie Jackin　(国研)情報通信研究機構　研究員
＊3　Koki Wakunami　(国研)情報通信研究機構　主任研究員
＊4　Yasuyuki Ichihashi　(国研)情報通信研究機構　主任研究員
＊5　Makoto Okui　(国研)情報通信研究機構　主任研究員
＊6　Ryutaro Oi　(国研)情報通信研究機構　主任研究員

Upatnieksによる二光束法の発明[4]などがあり，ホログラフィの研究は大きく前進して今日に至っている。日本においてもディスプレイや顕微鏡，光通信などの様々な分野で研究開発がされてきており，ディスプレイに関しては文献5）で歴史が紹介されている。

ホログラフィは図1に示す通り記録と再生の2つの工程で構成されている。記録では，1つのレーザー光源からのコヒーレント光を，そのまま参照光として感光材料に照射し，同時に，被写体に当てて作った光を物体光として照射することで，干渉縞を感光材料に記録する。つまり，コヒーレント光を用いるため空間的に安定して発現する干渉縞を，感光材料に記録する。露光後は，感光材料を安定化するために，現像や定着，ブリーチングなどと呼ばれている処理が一般的には必要となる。干渉縞を記録した感光材料をホログラムと呼ぶ。

再生は，ホログラムに対して参照光と同じ光を再生照明光として照射して，物体光を再生する技術である。再生照明光は干渉縞により回折を起こして物体光と同じ光を生成する。

ホログラフィは記録と再生の両工程により，被写体の立体情報を波面に基づいて記録・再生できる技術であるため，究極の立体映像技術とも言われている。感度や感光波長，感光後の収縮などの項目における改善を目指して，ホログラム用感光材料や記録方法が研究されている[6,7]。

記録と再生の両工程での物理現象を式で表すと，記録は式（1），再生は式（2）となる。ここで，Oは物体光，Rは参照光，R'は再生照明光である。再生において再生照明光として参照光と同じRを用いると，再生は式（3）となり，第3項に着目すると，Oに係数がかかっただけの

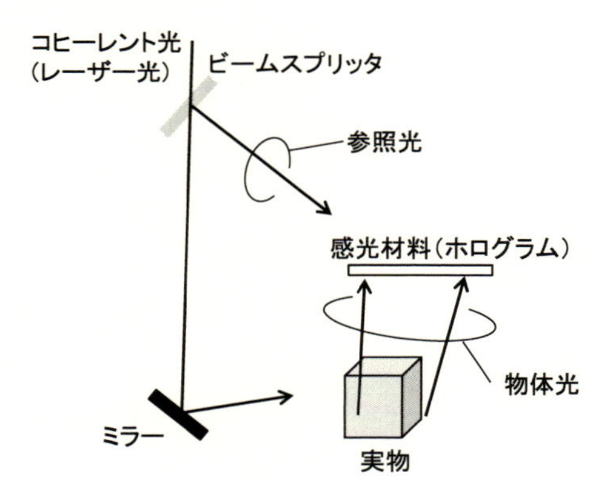

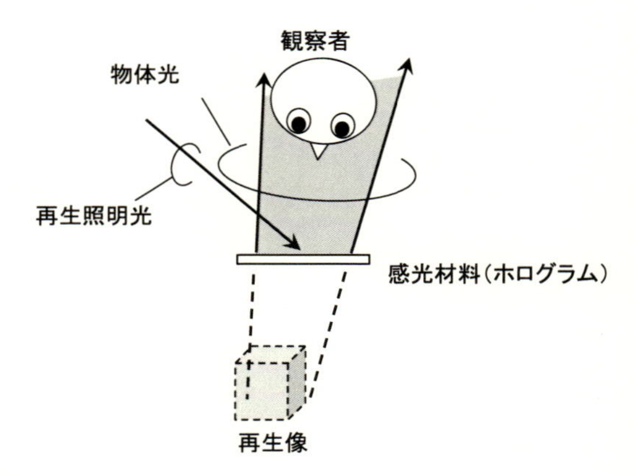

図1　立体映像でのホログラフィ

※1　これら2つとは別に，ホログラフィをプロジェクタにのみ使うという技術も複数の研究機関で研究開発されているが，その主目的はレンズなしで投影やズーム，フォーカス，複数平面への投影が可能なプロジェクタを実現することである。そのためここでは割愛する。

光が再生されることがわかる。

$$|O+R|^2=|O|^2+|R|^2+OR^*+O^*R \tag{1}$$

$$|O+R|^2R'=|O|^2R'+|R|^2R'+OR^*R'+O^*RR' \tag{2}$$

$$|O+R|^2R=|O|^2R+|R|^2R+O|R|^2+O^*R^2 \tag{3}$$

昨今は計算機や液晶ディスプレイなどの電子デバイスの発展が著しく，電子デバイスを記録に活用したデジタルホログラフィや，再生に活用した電子ホログラフィの研究が盛んに行われている。次節では，ディスプレイ分野に深く関係する電子ホログラフィについて述べる。

3　電子ホログラフィ

電子ホログラフィ（electronic holography）は，液晶ディスプレイなどの電子的な空間光変調素子に干渉縞を表示して，再生照明光を照射することで物体光を再生する技術である。干渉縞は計算機合成ホログラム（computer-generated hologram：CGH）として計算機で計算されることが多い。電子ホログラフィは，ホログラフィに基づき原理的に任意の波面を再生できることから，光線再生に基づくライトフィールドディスプレイや多視点映像ディスプレイなどと比べて忠実に光を再現できる。米国マサチューセッツ工科大学をはじめ，多くの研究機関で研究され続けている[8~14]。

情報通信研究機構（NICT）においても2006年から電子ホログラフィの研究を続けてきた。2008年には，インテグラルフォトグラフィ・カメラで被写体を撮影した後に，CGHを計算して1,408 × 1,058ピクセルの空間光変調素子で表示し，再生照明光を照射して立体像を再生する単色の電子ホログラフィ装置を開発した[15]。2011年には視域拡大技術を取り入れた7,680×4,320ピクセルの空間光変調素子を3枚利用したカラー電子ホログラフィ装置を開発した[16]。また，画面サイズ拡大のために空間光変調素子を複数利用した装置を開発した[17]。さらには，電子ホログラフィを用いて任意の波面を再生し，感光材料に記録する波面印刷技術についても研究を進めており[18]，次節で述べるスクリーンを作製している。

このような電子ホログラフィ技術は，ホログラフィに基づいて忠実に波面を再生できる一方，十分な回折角を得るには光の波長程度の画素サイズが要求されることから，現状の空間光変調素子を用いた研究開発では実用レベルの画面サイズや視域角の実現が難しく，ブレイクスルーとなる技術が待たれる。

4　ホログラフィック光学スクリーン

ホログラフィを用いて作製された光学素子であるホログラフィック光学素子（holographic optical element：HOE）を，映像用途で活用する研究開発は既に多く研究されている[19,20]。例えばコニカミノルタ㈱のメガネ型ウェアラブルディスプレイでは，導波路の最後にHOEを組み込み，レンズ機能と波長選択機能として活用している[19]。レンズ機能により像を拡大してかつ遠くに映像を表示し，波長選択機能により映像表示以外の波長の光を透過させることで，映像と外界の両方を観察者に提示している。ソウル大学の研究グループでは，レンズアレイを物体光の生成に用いて，レンズアレイと同等の光学的機能をもつホログラフィック光学素子を作製してスクリーンとしている。このスクリーンと光線情報を投影する通常のプロジェクタを組み合わせることでライトフィールドディスプレイを実現している[21]。また，2台のプロジェクタを使い，異なる方向からスクリーンに投影することで視域を拡大する方法も考案している[22]。

以上の技術では，HOE作製時の物体光は光学素子を用いて実現する必要があった。一方，所望の波面を電子ホログラフィで再生して物体光としてホログラムの記録に利用することで，ホログラフィック光学スクリーンを作製する技術が研究されている。ここでは，このようなホログラムの記録技術を波面印刷技術と呼ぶ。波面印刷技術はホログラムプリンタ技術の一種で，日本大学や韓国KETI，関西大学，NICTなどで研究開発されてきた[18, 23~25]。NICTで開発している波面プリンタの構成を図2に示す。

図2では，あらかじめHOEに物体光として記録したい波面を再生するCGHを計算しておき，空間光変調素子に表示しておく。電子ホログラフィ技術と同様に，コリメートしたレーザー光を空間光変調素子に到達させ，このCGHを再生する。所望の波面の光とともに0次光や共役光，高次光といった不要光も再生されるため，これらは後の空間フィルタで除去する。また3節で述べたように電子ホログラフィで再生する光は回折角が不十分であることが多いため，縮小光学系を経て回折角を拡大して最終的な物体光とする。以上とは別に，レーザー光源を発した光を分岐して参照光として直接に感光材料に到達させる。これらの物体光と参照光とで干渉縞を作り感光材料に記録する。波長に比べて十分に厚い感光材料を用いることで，いわゆる体積型ホロ

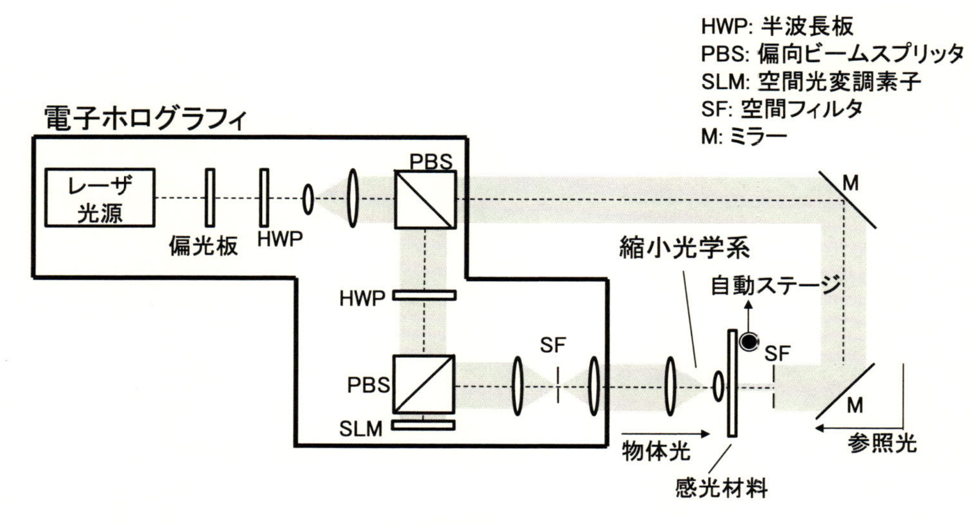

図2　波面プリンタの基本構成

グラムになるように記録する。一度に印刷できるサイズが例えば1×1 mm程度と，映像を投影・表示するスクリーンとして活用するには小さいため，自動ステージで感光材料を移動しながら，記録位置に応じたCGHを表示して上記工程を繰り返し行うことで1枚のスクリーンを作製する。

波面印刷技術は，従来のHOE作製技術と比べると，ホログラムデータを変えるだけで様々な光学的機能を持つスクリーンを作製できるという特長がある。また樹脂成型によるスクリーン生成と比べると，金型が不要といった特長がある。

以降では，波面印刷技術で作製したスクリーンを用いた光線再生型，および波面再生型の立体映像表示技術を紹介する。

5　スクリーンを使った光線再生型立体ディスプレイ

光線再生型立体ディスプレイには，ライトフィールドディスプレイや多視点映像ディスプレイなどがある。一般的にはレンズアレイやフレネルレンズを用いて光線の方向を制御するが，ここでは図3にあるように，凹面ミラー・アレイを波面印刷技術で記録したスクリーンとプロジェクタとを用いたディスプレイを紹介する。ここで凹面ミラー・アレイとは，凹面ミラーを複数並べたものである。プロジェクタから投影された光は，凹面ミラー・アレイの光学的機能により，スクリーン上の位置に応じて様々な方向に光線としてスクリーンから出射していく。光線の出射方向に応じた映像を投影することで，観察者に立体映像を提示することができる。

凹面ミラー・アレイは，同じ光学的機能の凹面ミラーを並べるのではなく，図4（a）に示したように，各凹面ミラーからの出射光の主光線が平行になるよう光学的機能を付加した。一般的な凹面ミラー・アレイにしてしまうと，各凹面ミラーからの出射光の主光線が図4（b）に示す通り広がってしまい，観察者がスクリーン全体を見ることができる位置が狭く（ひどい場合には無く）なってしまうからである。もちろん，ディスプレイの用途によっては，図4（c）のように主光線を観察者の位置に集めるという設計にしてもよい。このように，ディスプレイ設計に応

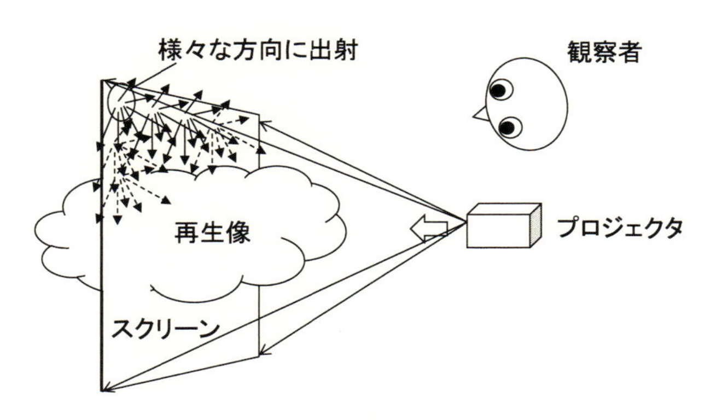

図3　スクリーンを使った光線再生型立体ディスプレイ

凹面ミラー・アレイ（スクリーン）
出射光
観察者
プロジェクタ
出射光の主光線の方向が平行

(a) 実現した出射光

凹面ミラー・アレイ（スクリーン）
出射光
観察者
プロジェクタ
出射光の主光線の方向が平行でない

(b) 同じ光学的機能の凹面ミラーを並べた場合

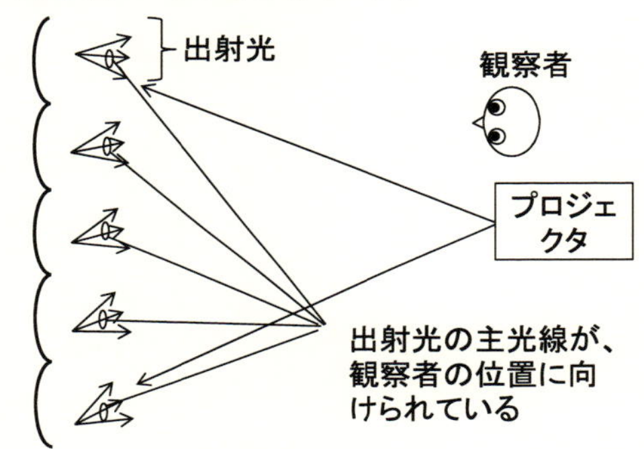

(c) 主光線を観察者の位置に集める場合

図4　凹面ミラーがそれぞれ異なる凹面ミラー・アレイ

表1　実験パラメータ

スクリーン	
出射光の角度	± 10 度
サイズ	10 × 10 cm
ミラー数	93（H）× 186（V）
立体像	
スクリーンからの距離	± 3 cm
総光線数	2046 × 2046

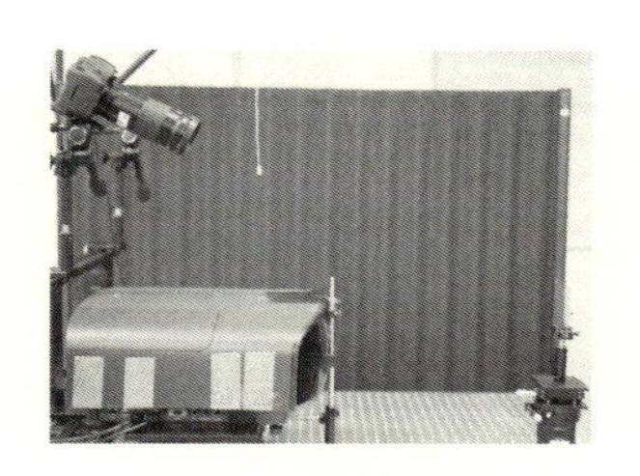

(a) 実験装置

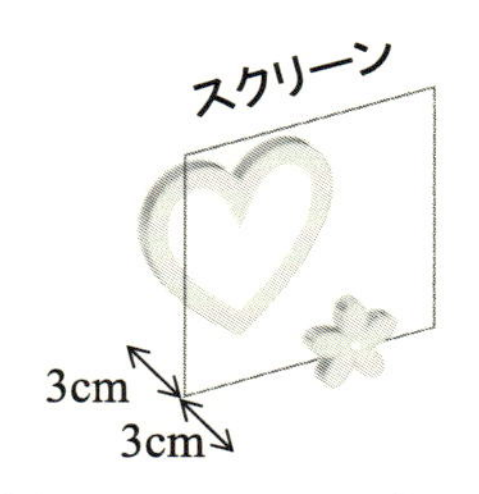

(b) 表示したい立体映像

(c) 視域左側からの観察した再生像

(d) 中央からの同像

(e) 右側からの同像

図５　光線再生型立体ディスプレイ

じた特殊な光学機能を持つスクリーンを自在かつ簡便に設計・作製できるのは，波面印刷技術の利点の一つである。

プロジェクタの画素数は立体映像の光線数と一致するため，画素数が多いほど高画質な立体映像を実現できる。ここでは，汎用的なものの中で画素数が多い 4K（3,840×2,160 画素）のプロジェクタを用いた。

実験条件を表１に，実験結果を図５に示す。再生する立体像は，２つの物体がスクリーンの前後３ cm にそれぞれ配置されているものとした。(a) は実験装置の概観で，(b) は表示したい立体映像，(c)-(e) は表示した映像を視域の左側，中央，右側から撮影したものである。運動視差を実現できていることがわかる[1)]。

プロジェクタとスクリーンの位置関係の誤差は画質に影響するため，外部パラメータやプロジェクタの内部パラメータをキャリブレーションして，投影する映像を補正する必要がある[1)]。この技術は，立体映像を精細に表示しようとすればするほど精度が求められる技術である。

6　スクリーンを使った波面再生型立体ディスプレイ

前節のディスプレイは光線再生に基づくため，光線のサンプリングや回折の影響で表示する物体が遠いほど解像度が低下するという原理的な課題があった[26)]。それに対して，先述の電子ホログラフィは波面再生に基づくため，上記のような課題は原理的には生じない。ここでは，電子ホログラフィと，投影レンズによる投影装置と，波面印刷技術で作製したスクリーンとを組み合わせた波面再生型立体ディスプレイを紹介する[2)]。

投影装置は，電子ホログラフィで再生する波面を投影レンズでスクリーン上に拡大投影する。スクリーンは，投影された光が観察位置に集光する光学的機能を記録してある。この観察位置で，観察者はスクリーンを介して拡大投影された立体映像を見ることができる。なお，電子ホログラフィで再生する CGH は，投影レンズによる拡大投影やスクリーンによる集光を考慮して計算したものである。

実験条件を表 2 に，実験結果を図 6 に示した。表示する立体映像は，2 つの球体がスクリーンの後ろ 1 cm と 5 cm に配置されたものとした。(a) は所定の観察位置で観察された再生像の概観で，(b) は 1 cm の位置にフォーカスして撮影，(c) は 5 cm の位置にフォーカスして撮影した写真である。異なる奥行きに物体を再生できていることがわかる。

表 2　実験パラメータ

スクリーン	
サイズ	73.6 × 41.4 mm
投影装置	
波長	532 nm
画素数	7680 × 4320
画素間隔	4.8 μm
投影での拡大率	2

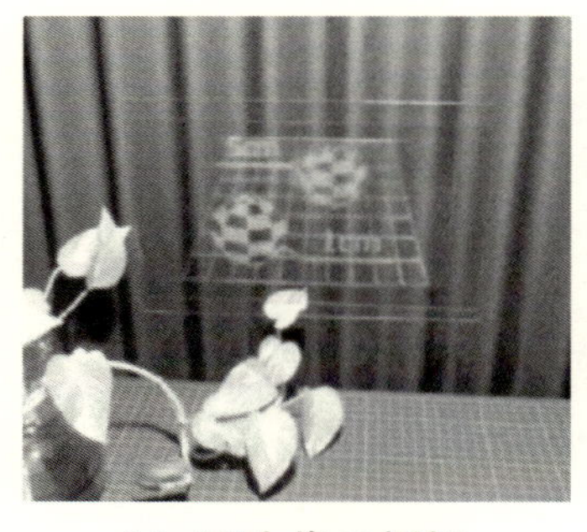

(a) 再生像の概観

(b) 1 cmの位置にフォーカスして再生像を撮影

(c) 5 cmの位置にフォーカスして再生像を撮影

図 6　波面再生型立体ディスプレイ

7　おわりに

本章では，プロジェクタとスクリーンを用いた空中立体ディスプレイで，かつホログラフィを取り入れたものを説明した。具体的には，波面印刷技術で作製したスクリーンと，それを利用した光線再生型と波面再生型の立体ディスプレイを紹介した。

波面印刷技術で作製したスクリーンには，記録再生される波面の精度や回折効率などの課題が現状はあるが，光学的機能に加えて大きさや波長選択性など今まで以上に自由度の高いスクリーンを作製できる可能性がある。空中ディスプレイはもとより，ヘッドアップディスプレイやヘッドマウントディスプレイなど，今後ますます多様化するディスプレイ産業においてホログラフィを活用したディスプレイ技術の活躍が期待される。

5節と6節で紹介した技術の一部は，JSPS科研費（16H01742，26790064）の助成と総務省SCOPE（162103005）の委託を受けたものです。

文　献

1) J. B. Jessie *et al.*, Frontiers in Optics 2017, JTu2A.105 (2017)
2) K. Wakunami *et al.*, Nat. Commun., **7**, 12954 (2016)
3) D. Gabor, *Nature*, **161**, 777 (1948)
4) E. N. Leith and J. Upatnieks, *J. Opt. Soc. Am.*, **52**(10), 1123 (1962)
5) 日本のホログラフィーの歴史編集委員会，日本のホログラフィーの発展—究極の立体像を目指して—，アドコム・メディア (2010)
6) H. Berneth *et al.*, Proc. SPIE 9006, 9006-02 (2014)
7) F.-K. Bruder *et al.*, Proc. SPIE 10558, 10558-11 (2018)
8) J. S. Kollin *et al.*, Holographic Optics II: Principles and Applications, Proc. SPIE 1136, p.178 (1989)
9) Y. Takaki *et al.*, *Opt. Express*, **23**(21), 26986 (2015)
10) P. L. Makowski *et al.*, *Appl. Opt.*, **54**(12), 3658 (2015)
11) H. Araki *et al.*, *Appl. Opt.*, **54**(34), 10029 (2015)
12) G. Xue *et al.*, *Opt. Express*, **22**(15), 18473 (2014)
13) Y. Qi *et al.*, *Opt. Express*, **24**(26), 30368 (2016)
14) F. Yaras *et al.*, *J. Disp. Technol.*, **6**(10), 443 (2010)
15) 山本健詞ほか，映像情報メディア学会技術報告，**32**(36), 25 (2008)
16) T. Senoh *et al.*, *J. Disp. Technol.*, **7**(7), 382 (2011)
17) H. Sasaki *et al.*, *Sci. Rep.*, **4**, 4000 (2014)
18) K. Wakunami *et al.*, 3D Systems and Applications, AP6-003 (2015)

19） https://www.konicaminolta.jp/about/research/future/wcc/index.html
20） S. Nakano *et al.*, International Display Workshops 2015, PRJ6-1 (2015)
21） K. Hong *et al.*, *Opt. Lett.*, **39**(1), 127 (2014)
22） S. Lee *et al.*, *Appl. Opt.*, **55**(3), A95 (2016)
23） T. Yamaguchi *et al.*, *Opt. Eng.*, **51**(7), 075802 (2012)
24） Y. Kim *et al.*, *Opt. Express*, **23**(1), 172 (2015)
25） W. Nishii *et al.*, Proc. SPIE 9006, 90061F (2014)
26） H. Hoshino *et al.*, *J. Opt. Soc. Am. A*, **15**(8), 2059 (1998)

第8章　多視点観察可能なインタラクティブフォグディスプレイの開発

井村誠孝*

1　はじめに

立体像の提示技術の探求は，写真術と同じ程の歴史を有している。世界初の写真は 1822 年にニエプスによって撮られたとされているが，その 16 年後の 1838 年には，ホイートストーンが左右両眼に異なる画像を提示する立体鏡を発表している[1)]。3 次元映像を人工的に提示したいという欲求は，世界を 3 次元空間として認識している我々にとって，自然なものであると言える。しかしながら，2 次元の映像を提示するディスプレイ技術が格段の進歩を遂げ，スマートウォッチからオリンピック競技場の大型映像表示装置まであらゆる大きさの平面に映像が提示されるようになった一方で，3 次元映像技術の究極の目標である「何もない空間に 3 次元映像が提示される」技術はまだ確立されていない。

本稿で紹介する多視点観察可能なインタラクティブフォグディスプレイは，視認性の低い散乱体を空中に配置しスクリーンとして利用する方式の空中ディスプレイである。本ディスプレイの目指すところは，裸眼でも立体感を感じられる映像提示と，実空間とバーチャル空間のシームレスな融合という，理想の 3 次元ディスプレイに要求される条件を満たすことである。本ディスプレイは，フォグ（霧）で形成された平面あるいは曲面のスクリーンに対して，多方向から異なる視点の映像を投影することで，バーチャル物体の多視点観察を実現する。提案方式の着眼点は，フォグを構成する水滴が可視光に対して強い前方散乱を示す特性を持つため，単一のフォグスクリーンに複数の方向から映像を背面投影した場合でも，映像が混合されることなく提示される点である。観察者は，フォグスクリーンの周囲を移動しながら，提示されたバーチャル物体を観測する。視点の移動によって物体の見え方が変化する運動視差により，提示された対象物の立体形状を容易に認識でき，複数の使用者で立体感を共有することや，3 次元構造を確認しながら作業をすることが可能となる。また，スクリーンが不定形なフォグであることには，投影されている像の中に手を差し込むことができるという利点があり，バーチャルな物体に対して，視覚および体性感覚から得られる距離感覚が一致したインタラクションが実現できる。

2　不定形なスクリーンを用いるディスプレイ

提案方式は，固体ではない不定形なスクリーンに映像を投影することによりあたかも空中に像

---

*　Masataka Imura　関西学院大学　理工学部　人間システム工学科　教授

が存在しているように知覚させる空間提示技術の一つであり，その中でも特にフォグをスクリーンとして利用するディスプレイの系列に属している。

不定形なスクリーンの形成には様々な素材が利用されているが，大別すると粉粒体，液体，気体に分類される。

粉粒体を用いる事例としては，砂[2]やポリスチレンビーズ[3]の利用が挙げられる。東京工業大学のVR作品Splash Fishing[4]では，ビーズスクリーンの不定形性と非透過性を利用することで，投影像からシームレスに実物が飛び出す機構を実現している。

液体を用いる事例としては，東京大学の杉原らによる水膜をスクリーンとして利用するかぶり型水ディスプレイ[5]などがある。OchiaiらのColloidal Display[6]では透過／不透過の制御を実現している。電気通信大学のAquaTop Display[7]では，不透明な液体を利用することにより多様なインタラクションを実現している。大阪大学のHaptic Canvas[8]は，機能性流体の一種であるダイラタント流体へのプロジェクションにより，力触覚提示機能を併せ持つ。また水滴の3次元的な配置により，ボリューメトリックなディスプレイを実現している事例もある[9,10]。

本研究で利用するフォグは，気体に属する。フォグをスクリーンとして使用する映像投影技術はRakkolainenらによる研究が先駆的であり，実用化につながっている[11]。国内では早稲田大学三輪研究室から活発な研究成果が報告されている[12]。またフォグスクリーンの安定した形状維持に関する研究[13]や，フォグの持つ光の半透過性を利用して，複数のフォグディスプレイの配置の工夫により立体感を提示する研究[14]，フォグの位置の制御により奥行方向の立体感を生成する研究[15]も行われている。フォグをシャボン玉に封入し破裂時に映像を提示する例[16]や，手持ち型フォグディスプレイ[17]の例では，新しいインタラクションの実現に寄与している。

3　多視点観察可能なフォグディスプレイ

本節では，フォグによる光の散乱が指向性を持つことを利用し，フォグスクリーンに対して複数の方向から映像を投影することによって，多視点観察可能なフォグディスプレイを実現する方法について述べる[18,19]。

3. 1　フォグによる光の散乱

一般的にプロジェクタ等によりスクリーンに投影された映像は，スクリーン面において等方的に散乱し，観察者の目に届く。多人数に同じ映像を提示するという目的においては，散乱が等方的であることが望ましく，視点が異なっても見られる映像は同じである。一方で，立体感の提示において両眼視差および運動視差のある映像提示を実現するためには，視点の位置に応じて提示される映像が異なることが必要である。

提案手法では，微細な液滴を発生させ，空気噴流によってフォグスクリーンを形成し，プロジェクタで映像を投影する。粒子による光散乱の性質は，光の波長と散乱体の粒子径との比率によって決定される。光の波長に対して，散乱体の粒子径が十分に小さい場合はRayleigh散乱に，同程度からやや大きい場合はMie散乱となる。粒子径の方が十分に大きい場合は，粒子表面における光線の反射や屈折が幾何光学で取り扱われる。それぞれの散乱は気象現象と関連が深く，Rayleigh散乱は波長依存性が高いため青空や夕焼けの原因となる一方，Mie散乱は波長依存性が低いため雲が白い原因となる。また虹は波長による屈折率の違いによって水滴で太陽光が分光される現象であり，幾何光学によって取り扱われる。

提案手法では，フォグを構成する水滴の直径は数μmから十数μmである。水滴の直径が可視光の波長（約0.4～0.7 μm）よりもやや大きいため，散乱はMie散乱となる。Mie散乱は，散乱の波長依存性はRayleigh散乱と比較すると弱い一方で，散乱特性は異方性を持ち，光の進行方向への強い散乱（前方散乱）を示す。Mie散乱の指向性は，Maxwell方程式に基づいて，球体を通過する平面波の回折を計算することで理論的に求められる。

3. 2　提案するフォグディスプレイの原理

フォグスクリーンの可視光に対する散乱特性に指向性があることにより，プロジェクタによって映像を投影した場合，プロジェクタに正対する視点位置で最も鮮明な映像が観察でき，正面から離れると急速に映像が視認できなくなる。

本研究では，フォグによりスクリーンを形成し，周囲に配置されたプロジェクタから角度に応じた映像を投影することにより，視点位置を反映した映像観察を実現する（図1）。観察者はディスプレイの周囲を移動しながらフォグに投影された映像を観察することで，運動視差から対象物の立体感を得ることができる。

観察者に単一のプロジェクタから投影される映像のみが提示され，かつ，視点を移動した際に連続的に映像が変化して見えるためには，隣り合うプロジェクタの光軸間の角度を適切に設定する必要がある。プロジェクタの配置はフォグスクリーンの光の散乱の角度依存性に基づいて決定する。

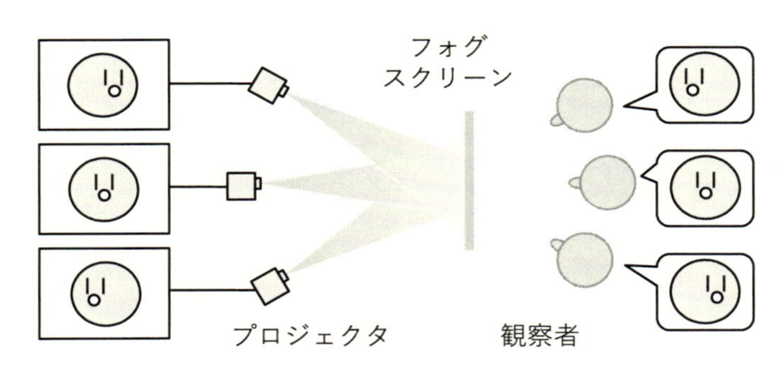

図1　多視点フォグディスプレイのコンセプト

3. 3　フォグスクリーンの生成

フォグはタンクに貯蔵した水を霧化することで発生させる。霧化には超音波振動を用いる。液滴のサイズは印加する超音波振動の周波数によって決まり，周波数が高くなるとともに粒径は小さくなる[20]。

ファンで発生させた空気流を整流し，フォグを混合した後にノズルによって面状に整形することでフォグスクリーンを生成する。空気流を3層に分割し，中央部分にフォグを混合させて両側の空気のみの層で挟むことで，フォグスクリーンの形状を安定させる（図2）。

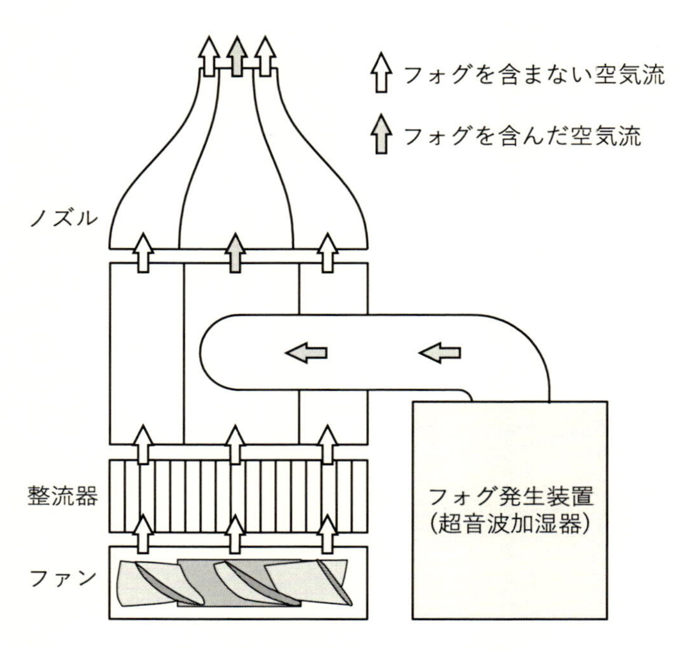

図2　フォグスクリーンの生成機構

3. 4　映像の投影

投影面であるフォグスクリーンは，実装に応じて平面や曲面などの様々な形状を取り得る。複数のプロジェクタから非平面のスクリーンに投影した映像について，異なる視点から観察した際の連続性を向上するためには，プロジェクタのスクリーンに対する位置姿勢や画角に基づいて映像を補正して投影する必要がある。

また，Mie散乱の角度依存性の測定に基づいてプロジェクタの最適な配置を決定することは可能であるが，実際は求められた最適位置姿勢になるように手作業で正確にプロジェクタを設置することは困難である。したがって実際に配置されたプロジェクタからは，理想的な位置にあるプロジェクタからあたかも投影されたかのように，補正した画像をフォグスクリーンに投影することが必要である。

事前にキャリブレーションによって求めたプロジェクタパラメータを利用して，実プロジェクタから投影する画像を生成する手順を以下に示す。

① バーチャル空間において，理想的な位置に置かれたバーチャルプロジェクタの位置に，バーチャルカメラを配置して，CG像をレンダリングする。
② ①で得られた画像を，バーチャルなフォグスクリーンの表面に，テクスチャとしてマッピングする。マッピングするテクスチャ座標は，バーチャルプロジェクタに正対する位置の視点から歪みなく画像が見えるように設定する。
③ 実プロジェクタのプロジェクタパラメータと同一のカメラパラメータを持つバーチャルカメラから，テクスチャがマッピングされたバーチャルなフォグスクリーンを見た画像をレンダリングする。
④ ③で得られた画像を，実プロジェクタから投影する。

3. 5 バーチャル物体とのインタラクション

固形の表面を持たないスクリーンの特長の一つは，投影像に手で触れることができることである。フォグスクリーン周辺の手形状および動作を計測することによって，スクリーンに投影されているバーチャルな物体をユーザが手で直接操作することが可能になる。目で見ることで得られる距離感覚と，手を伸ばすことで得られる距離感覚が一致するため，視覚と体性感覚の整合性が向上し，バーチャルな物体の存在感を強めることができる。センシングは可視の投影像の影響を受けない赤外光により行う。赤外LEDリングライトおよび赤外透過フィルタを装着したカメラの組や，Leap Motionなどの赤外光を用いた市販の手形状計測装置が利用可能である。

4 試作したディスプレイ装置と映像提示結果

本節では，提案手法に基づいて作製した試作システムの構成と，映像を提示した結果について述べる。

4. 1 試作システム構成

理想的な3次元ディスプレイは装置の存在を感じさせないことが重要である。本実装では，フォグスクリーンの生成および映像の投影に使用する装置をユーザに極力認知させないことを目標とし，機構をテーブル下にほぼ内蔵することによって，テーブル上に映像のみが浮遊するディスプレイを作製した（図3)。

テーブルには必要最小限の開口部として，フォグスクリーンの吹き出し口，プロジェクタの投影像の射出口，および手形状認識センサの埋め込み部を設け，テーブル下に①フォグスクリーン生成装置，②プロジェクタ群，③手形状認識センサを配置する設計とした。

フォグは超音波式加湿器（阪和 BBH-74）によって水を霧化して生成した。鉛直上方の空気

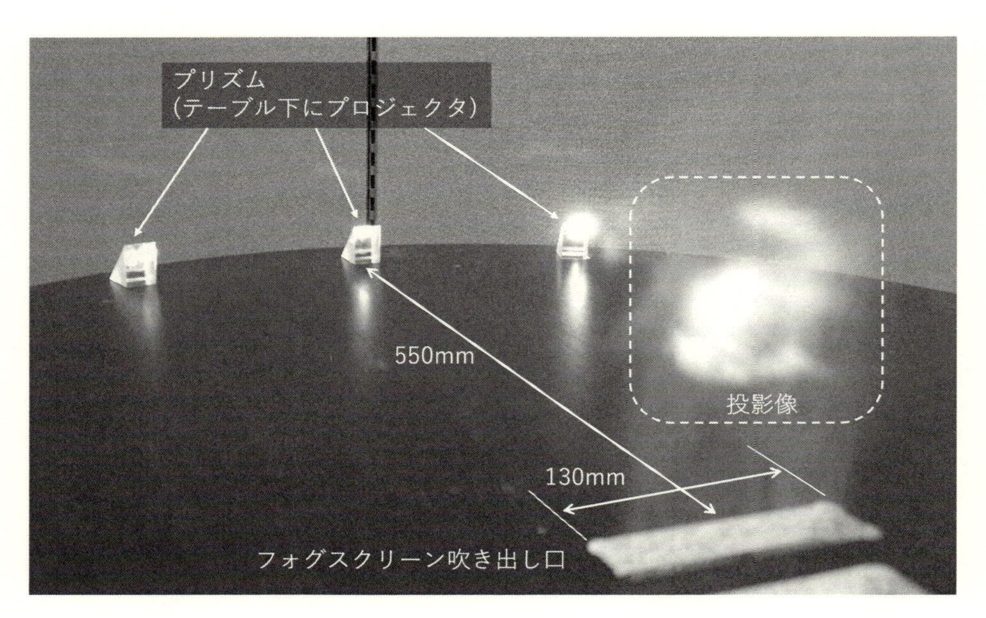

図3　テーブルトップフォグディスプレイ

流を 120 mm 角の防水ファン（山洋電気 9WG1212G101-E；最大風量 3.88 m^3/min）により生成し，セルサイズ 3 mm，高さ 40 mm のプラスチックハニカム（新日本フエザーコアハニコーム-V V-3-60）で整流した後，中央の 120 mm×60 mm 部分にフォグを混合し，先細形状のノズルで整形した。ノズルは 3D プリンタにより作製した。

映像の投影には，LED 光源プロジェクタ（サンワダイレクト 400-PRJ014BK；明るさ 100 ルーメン，解像度 854 × 480）を 3 台使用した。テーブルの下にプロジェクタの光軸が鉛直上向きになるように配置し，テーブルの開口部を通過する光路を直角プリズム（底辺 50 mm× 厚さ 25 mm）により 90 度曲げることにより水平方向に映像を投影した。本構成により，テーブル上に配置されるものはプロジェクタの個数分の直角プリズムのみとなる。投影像の光軸間の角度は，生成されるフォグの散乱特性に基づいて 10 度とした。複数視点映像は 1 台のノート PC により生成し，外部映像出力インタフェースを介してプロジェクタに接続した。映像の生成には統合ゲーム開発環境である Unity を用いた。手形状およびその動作は，小型赤外モーションコントローラ Leap Motion をテーブルに埋め込んでセンシングした。

4. 2　多視点画像の投影結果

3 台のプロジェクタから，図 4 に示す各々異なる視点からの映像を同時に投影した。

映像の投影結果を図 5 に示す。提案手法の意図通りに，隣接するプロジェクタから投影された映像が混合することなく，様々な角度からバーチャル物体を見ているかのような映像展示環境が実現できている。

図４　各プロジェクタからの投影像

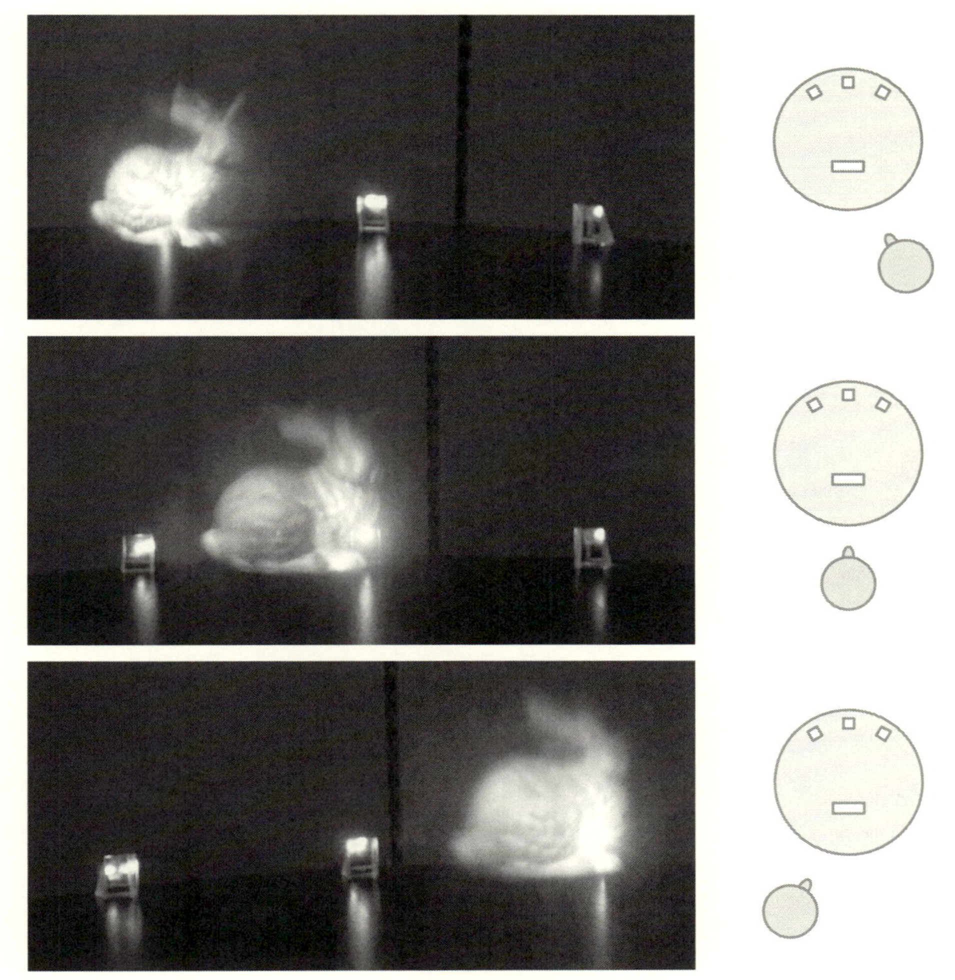

図５　投影結果

4. 3 点拡がり関数の推定と逆フィルタによる画質向上

フォグスクリーンへの投影は，スクリーンの散乱特性の性質上，ぼけを生じることが避けられない。本節では，プロジェクションによるぼけを逆フィルタにより事前補正する手法[21]を用いた，フォグディスプレイの散乱特性を考慮した投影画像の事前補正の試みについて述べる[22]。

プロジェクタへ入力される画像 $f_i(x, y)$ が，フォグスクリーンに投影された場合に，画素位置に依存しない点拡がり関数 $g(x, y)$ の影響を受けるものとすると，ユーザが観測する画像 $f_o(x, y)$ は，

$$f_o(x, y) = \iint g(x - x', y - y') f_i(x', y') dx'dy' \tag{1}$$

と表される。$f_i(x, y)$，$f_o(x, y)$，$g(x, y)$ のフーリエ変換をそれぞれ $F_i(u, v)$，$F_o(u, v)$，$G(u, v)$ とすると，

$$F_o(u, v) = G(u, v) F_i(u, v) \tag{2}$$

である。ユーザに画像 f_o を提示したい場合，点拡がり関数が既知であれば，

$$F_i(u, v) = \frac{F_o(u, v)}{G(u, v)} \tag{3}$$

を求め，逆フーリエ変換することにより，プロジェクタから出力すべき画像を生成することができる。

式（3）の $G(u, v)$ による除算は，$G(u, v)$ が小さな値の場合に，ノイズを増幅してしまうという欠点がある。このため，周波数が w_0 以下の低周波成分に対してのみ式（3）を適用し，w_0 を超える高周波成分に対しては $F_o(u, v)$ の値をそのまま使用する。低周波成分であっても $G(u, v)$ が 0 付近の値となる可能性があるため，十分に小さい定数 γ を $G(u, v)$ に加えて除算を行う。

点拡がり関数の測定を，プロジェクタから 1 ピクセル幅の垂直線を投影して行い，得られた点拡がり関数の逆フィルタを，（ i ）Stanford Bunny および（ ii ）カタカナ「イ」の 2 種類の画像（解像度はいずれも縦横 256 ピクセル）に対して，$w_0 = 32$，$\gamma = 0.01$ として適用し，元画像をそのまま投影した場合との比較を行った。図 6 に投影結果を示す。左から順に（a）元画像，（b）逆フィルタ適用画像，（c）（a）の投影結果，（d）（b）の投影結果である。

(i) のような曲線で構成され輝度の変化が比較的滑らかな対象の場合には，逆フィルタによりディテールが鮮明になる効果があることが示された。一方で（ ii ）のような元々エッジが明瞭な対象の場合は，アーチファクトが生じており，対象の性質によって適用量を動的に変化させることが必要である。

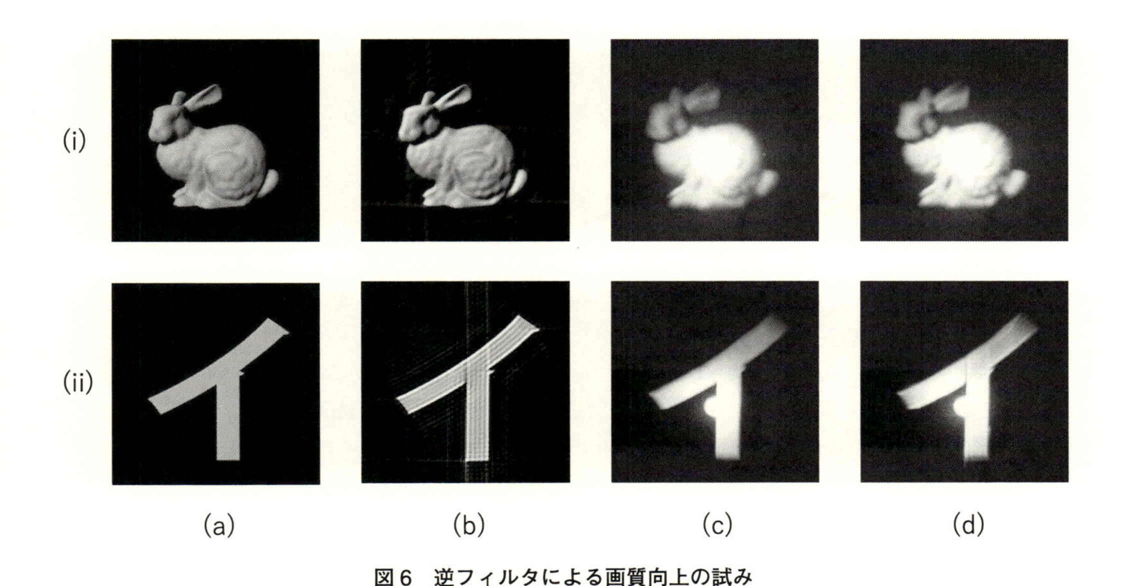

図６　逆フィルタによる画質向上の試み

5　おわりに

本稿では，フォグによる可視光の散乱が指向性を持つ Mie 散乱であることに着目し，複数のプロジェクタによって単一のフォグスクリーンに異なる映像を投影することにより，観察者の位置に応じた多視点映像を提示可能なフォグディスプレイについて紹介した。構築したフォグディスプレイは，空間中に提示されたバーチャルな物体を多視点から観察することを実現した。またフォグスクリーンのぼけ特性や形状に合わせた投影画像の最適化を試みた。

今後の課題として，水滴サイズの制御による指向性の制御，より多視点からの観察が可能なシステムの構築などが挙げられる。また，より大きなフォグスクリーンの構築により，テレイグジスタンスや可視化へと応用可能な範囲が拡がることが期待される。

文　　献

1）J. A. Norling, *J. SMPTE*, **60**(3), 268 (1953)
2）H. O, http://www.howeb.org/project/perfect-time/ (2004)
3）Millimètre, http://www.studiomillimetre.fr/works/lip/lip.html (2017)
4）J. Noguchi *et al.*, *ACM SIGGRAPH 2006 Emerging technologies*, 27 (2006)
5）杉原有紀ほか，日本バーチャルリアリティ学会論文誌，**6**(2), 145 (2001)

6) Y. Ochiai *et al.*, *ACM SIGGRAPH 2012 Emerging Technologies*, 2 (2012)
7) 小池英樹ほか，日本バーチャルリアリティ学会論文誌，**18**(4), 517 (2013)
8) 吉元俊輔ほか，芸術科学会論文誌，**10**(4), 204 (2011)
9) S. Eitoku *et al.*, *Proc. IEEE Virtual Reality*, 159 (2006)
10) P. C. Barnum *et al.*, *ACM T. Graphic.*, **29**(4), 76 (2010)
11) I. Rakkolainen *et al.*, *ACM SIGGRAPH 2005 Emerging Technologies*, 8 (2005)
12) 山口慶二郎ほか，ヒューマンインタフェースシンポジウム 2012 論文集，755 (2012)
13) 甲谷佑太ほか，電子情報通信学会東京支部学生会研究発表会，197 (2008)
14) C. Lee *et al.*, *IEEE T. Vis. Comput. Gr.*, **15**(1), 20 (2009)
15) M.-L. Lam *et al.*, *ACM SIGGRAPH Asia 2015 Emerging Technologies*, 13 (2015)
16) M. Nakamura *et al.*, *ACM SIGGRAPH 2006 Emerging Technologies*, 3 (2006)
17) 石川優ほか，日本バーチャルリアリティ学会論文誌，**19**(2), 227 (2014)
18) A. Yagi *et al.*, *ACM SIGGRAPH Asia 2011 Emerging Technologies*, 19 (2011)
19) 八木明日華ほか，日本バーチャルリアリティ学会論文誌，**17**(4), 409 (2012)
20) 関口和彦ほか，ソノケミストリー討論会講演論文集，67 (2016)
21) 小山田雄仁，斎藤英雄，第 10 回画像の認識・理解シンポジウム論文集，1295 (2007)
22) 井村誠孝ほか，日本バーチャルリアリティ学会大会論文集，509 (2013)

第9章　流れの表現に着目したインタラクティブフォグディスプレイ

古賀崇了[*1]，大峠和基[*2]

1　はじめに

近年，鑑賞者が作品に参加することのできるインタラクティブアートへの関心が高まっており，インタラクションに様々な媒体を用いた多くの作品が提案されている。特に，媒体として身近で安全な水や風などの流体を用いる方法は多くの研究者やアーティスト等の関心を集めている。空中映像技術の分野では，人工的に霧化した水をノズルから噴出させることで透明なスクリーンを形成し，そこにプロジェクタで映像を投影することで空中に映像を提示することができるフォグディスプレイが注目されている。フォグディスプレイは以下に挙げるような特長を有しており，それらの特長を利用したインタラクティブなシステムやコンテンツが多数提案されている[1~11)]。

①　フォグディスプレイは空中に浮遊する映像を容易に表現できる

フォグディスプレイはほぼ透明の霧で形成されるスクリーンを有するため，スクリーンの存在が希薄に感じられるとともに，投影される映像が浮遊しているように感じられる。

②　霧という安全な媒体に実際に触れ，その感触を得ることができる

フォグスクリーンを形成する霧は水を霧化させただけであるため安全であり，触れることが可能である。また，スクリーンを形成する際には，ノズルから高速で霧を噴出させるため，その噴流に触れた際の触感も提示することが可能である。

③　フォグディスプレイは原理が簡単であり，安価で容易に構成できる

フォグディスプレイでは主に，超音波による霧化装置と，所望のスクリーン形状に合わせたノズルのみでスクリーンを構成することができ，スクリーンに対して鑑賞者の位置と反対側からプロジェクタで映像を投影するだけで良い。プロジェクタは特殊なものである必要はなく，単純で安価に構成できることから実応用が容易である。

フォグディスプレイに関する従来研究における主要な文献としては，以下のものが挙げられる。八木らのフォグディスプレイ[4~6)]では，複数台のプロジェクタを用いて鑑賞者の視点位置に応じた映像を投影することで，多視点からの観察を可能としている。また，鑑賞者がフォグスクリーンに手を差し伸べることで，投影されている動物が飛び跳ねるなどの反応をするインタラク

＊1　Takanori Koga　国立高等専門学校機構　徳山工業高等専門学校　情報電子工学科　准教授

＊2　Kazuki Otao　筑波大学　情報学群　情報メディア創成学類

ションが実現されている。Lamらのフォグディスプレイ[7,8]では，格子状に並べたノズルの開閉を制御することでフォグスクリーンを3次元に拡張し，鑑賞者が霧に触れる動作によって空中に3次元的に線画を描くことを可能にしている。森らのフォグディスプレイ[9]では，鮮明な映像が2次元的に見える層状霧と，映像に立体感があり3次元的に見えるドーム状霧を組み合わせることで，鑑賞者の視点に応じて映像の見え方を多様に変化させている。さらに，山口らの手法[10]では，鑑賞者の動きや立ち位置の変化を基に，霧に加わる擬似的な外力を求め，それを映像に反映することを可能としている。Tokudaらの研究[11]では，変形するスクリーンに対して映像を鮮明に投影するための映像補正技術を提案しており，多人数での利用を考慮したフォグディスプレイ技術が実現されている。

このように，流体の特性を利用したインタラクティブアートや，フォグディスプレイの形態が多数提案されている一方で，鑑賞者が触れることによりフォグスクリーンの形状を変化させる（例えば，流れを変える，流れを乱す，などの）動作と投影されている映像の変化が自然に結びつくようなインタラクションに関してはこれまでに報告が少なく，いまだ研究の余地がある。これは，鑑賞者がフォグスクリーンに触れた際の形状変化を検出，もしくは推定する必要があるためであると考えられる。この問題に対処するためアプローチとしては以下の2つが考えられる。

① フィードフォワード型アプローチ

鑑賞者がスクリーンに触れる動作のみをセンシングによって観測し，事前に観測しておいた多数のデータから構築したモデルによってスクリーンの形状変化を推定し，検出した形状に合わせた投影映像の補正を適応的に行うアプローチ。

② フィードバック型アプローチ

鑑賞者がスクリーンに触れた際に生じるスクリーン自体の形状変化を画像処理等の手法を利用してリアルタイムで検出し，投影映像の補正を行うアプローチ。

通常，霧は透過性が非常に高いため，後者のアプローチによるリアルタイムの形状推定および検出は難しい。そこで著者らは，整流や噴出をする際に生じる風によって，フォグスクリーンを形成する霧が一定方向へ流れていることに着目し，前者のアプローチによって上述の問題を解決する手法について検討を行った。本稿では，鑑賞者が霧に触れた際に，鑑賞者の手の形状とそれに伴う霧の形状変化に応じて映像が自然に変化するようなインタラクションを実現するためのフォグディスプレイに関する研究成果について解説する。

2 フォグディスプレイシステムの全体構成

図1に構築したフォグディスプレイシステムの概要を，表1に使用した装置の仕様を示す。通常，フォグディスプレイは，霧が極めて指向性の高い前方散乱特性を示すことが原因で，プロジェクタ正面付近の限られた狭い範囲でしか映像を観測することができない。また，本研究では単一の静的観測対象ではなく，動的もしくは多数の観測対象が提示され，鑑賞者が装置の前方に

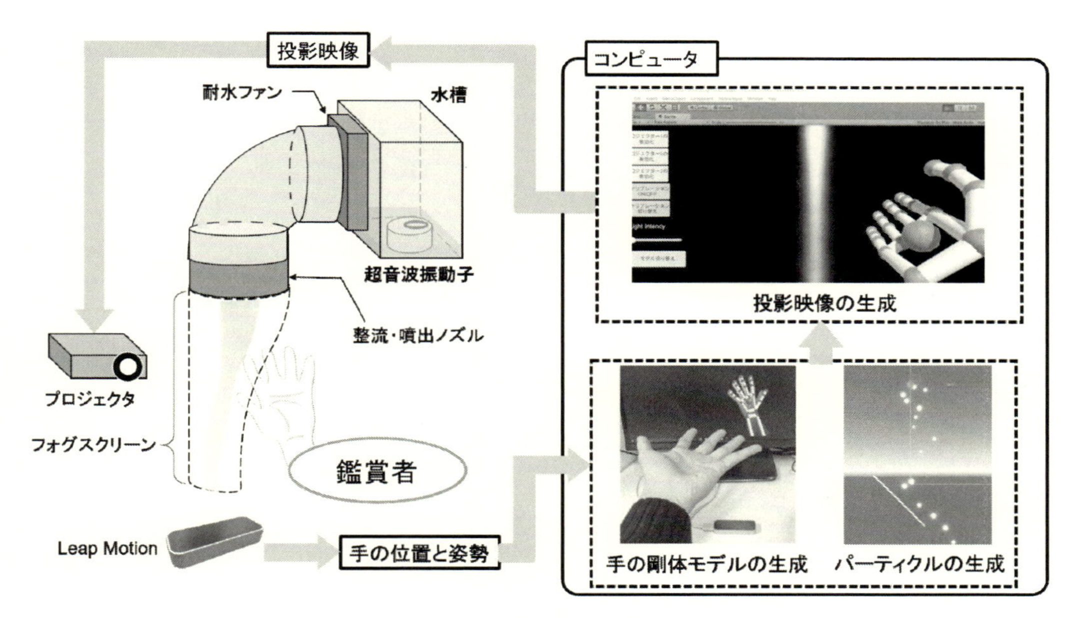

図１　システムの全体構成

表１　使用した装置の主な仕様

フォグ生成部	1-H 霧発生体モジュール DK24 気化能力：500 mL/h
気流生成部	San Ace 防水ファン 9WP0812H4011 山洋電気製 サイズ：80 mm 角，25 mm 厚 定格回転速度：2,900 rpm 最大風量：1.03 m^3/min
映像投影部	ASUS S1 ASUS 製 表示方式：DLP 画素数：854 × 480 画素 光源：LED 明るさ：200 lm
映像制御部	Windows PC（Windows 10） CPU：Intel Core i5-6400（2.70 GHz） Memory：8 GB GPU：NVIDIA GeForce GT 730 開発環境：Unity 5.4.0.3f
手の位置・姿勢検出部	Leap Motion

位置することを想定している。したがって，映像の投影に際しては，ある程度の立体感を保ちながら，違和感を鑑賞者に与えないような構成とする必要がある。そこで本研究では，八木らの多視点観察可能なフォグディスプレイ[4,5]を参考にしてスクリーンを構築した。具体的には，スクリーンの形状を半円筒状とし，配置角度を少しずつ変えて複数台のプロジェクタを配置することで，映像を観測できる範囲を広角化した。

本システムでは，スクリーンを形成するために，水槽内の水が超音波振動子によって霧化され，耐水型の直流ファンによって管路へと送出される。管路終端には，徐々に管路を狭くしながら整流を行う部分と，最終的に半円筒状にスクリーンを成型するためのノズル部が備え付けられている。水の霧化には500 mL/hの霧化能力を持つ超音波振動子を2個使用している。管路は硬質ポリ塩化ビニル管（VU75）で構成されており，整流部と噴出部は3Dプリンタを用いて成型した構造体を管内に接着することで実現されている。映像を鮮明に表現するためにはフォグスクリーンの厚さを薄くし，かつ層流を形成することが重要となるため，本システムでは，噴出ノズルの幅を3 mm程度としている。

噴出する霧によって形成される円筒型のフォグスクリーンに対して背面から映像を投影するためには，LED光源プロジェクタASUS S1を3台使用している。映像の生成にはOSにWindows 10を搭載した1台のPCを利用しており，4つの出力先を持つグラフィックボードを利用して複数のプロジェクタへ映像信号を送出している。

本システムでは，フォグスクリーンに触れる鑑賞者の手の位置および姿勢を検出する必要があるため，それらを検出するためのセンサとしてLeap Motion[12]をスクリーン後方下部に設置している。Leap Motionにより得られた情報は先述のPCにより処理され，後述する物理シミュレーションで利用される手の剛体モデルの生成等に利用される。

2. 1　半円筒状のフォグスクリーンに対する投影映像のキャリブレーション

先述の方法で形成したフォグスクリーンに対しては，図2中の左図で示すように，複数台のプロジェクタからの映像が半円筒形の同じ曲面上に投影されるようにキャリブレーションを行う必要がある。キャリブレーションを行う際には，図2中の右側の写真に示すように，格子パターンを貼付した半円筒型のアタッチメントに対して各プロジェクタから投影する輝点の格子パターンが合致するように調整を行う。キャリブレーション後は，霧の強い前方散乱特性により，鑑賞者とフォグスクリーンのなす角度によって観測されるプロジェクタの映像が変わるため，プロジェクタ同士の映像は干渉せず，単一の映像のみを観測することができる。また，同じ曲面上に映像をマッピングすることで，鑑賞者が視点を変えた際に，フォグスクリーン上の映像の表示位置が変化しないという利点もある。

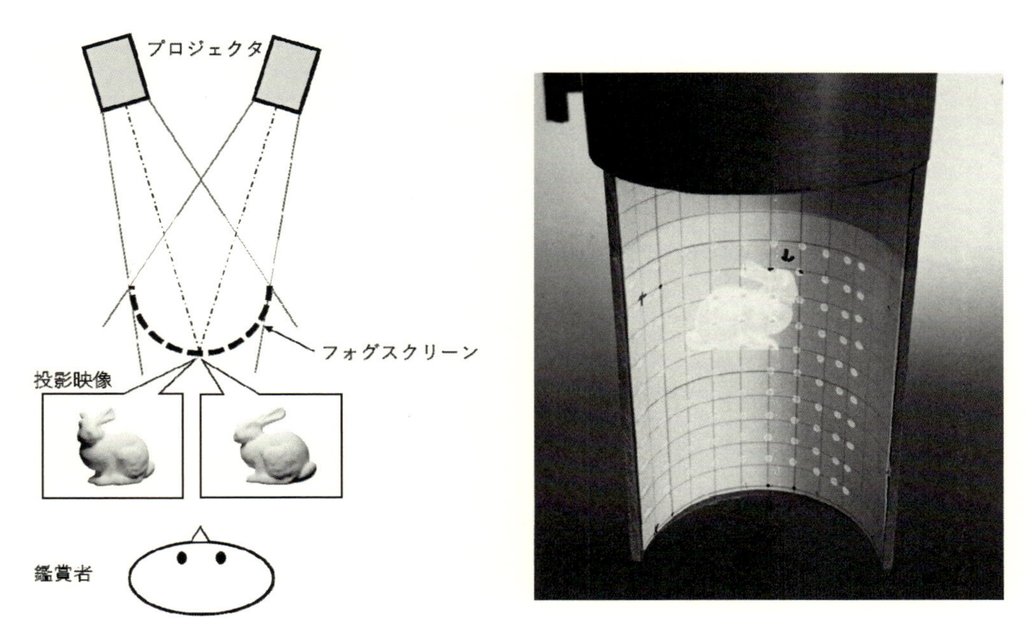

図２　フォグスクリーンとプロジェクタの位置関係およびキャリブレーション方法

2. 2　Leap Motion による手の位置および姿勢の検出と剛体モデルの生成

手の位置および姿勢の検出には，Leap Motion を用いている。Leap Motion とは，手と指の位置姿勢検出に特化したモーションキャプチャデバイスであり，両手および 10 本の指の状態を３次元的に計測することができる。具体的には，本体の位置から 30～600 mm までの距離と中心角 110 度の空間の範囲内を 0.01 mm の分解能で認識することができる。実際に Leap Motion で手を検出している様子を図１中の右下部に示す。このように，手の位置および姿勢を３次元で正確に捉えることができ，リアルタイムで計測が可能であるため，インタラクティブなコンテンツの作成に適したセンサである。本システムでは，Leap Motion から得られた情報を用いて鑑賞者の手の剛体モデルを生成・逐次更新し，後述する物理シミュレーションに利用している。

2. 3　パーティクルシステムによる流体・落下物体の動作表現と映像生成

本研究で構築するフォグディスプレイでは，霧が鉛直下向きに流出する。そこで，投影映像における流体が霧に沿って流れ落ちる映像を疑似的に表現するために，物理エンジンを利用したパーティクルシステムを採用している。パーティクルシステムは，Emitter と Particle から構成される。Emitter は，仮想 CG 空間の指定半径内のランダムな座標において，ランダムな間隔で Particle を生成する。Particle はプリミティブな球体であり，質量や摩擦係数，反発係数などの物理的なパラメータを持つ。生成された Particle は重力により落下し，センサ情報に基づいて形成される鑑賞者の手の剛体モデルとの衝突判定が行われ，物理シミュレーションに基づいて

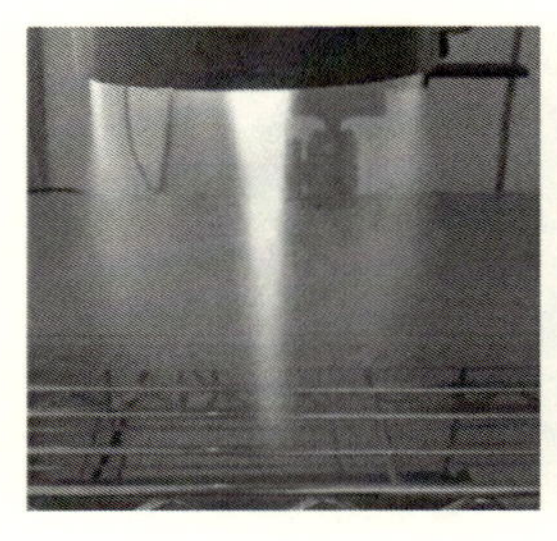
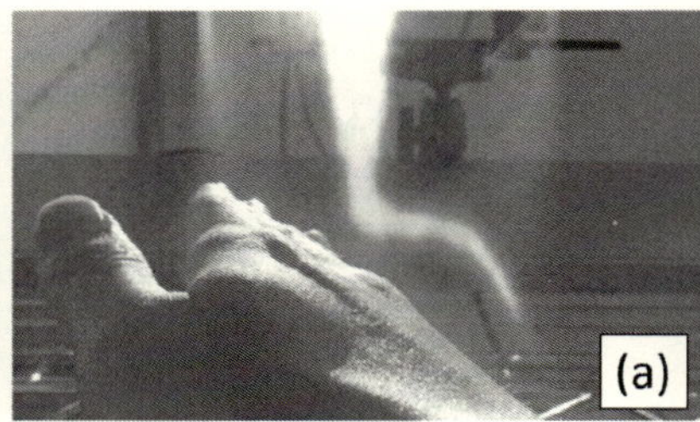

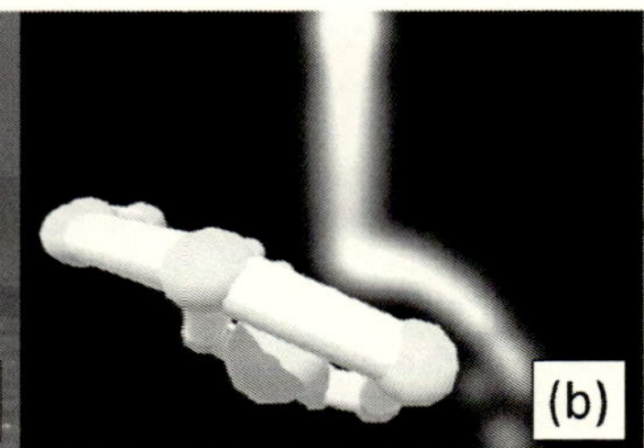

図3 「霧の流れを手で変える」動作に対する映像の変化の例

挙動が計算される。実際のシミュレーションと映像生成には物理エンジン NVIDIA PhysX を標準搭載した Unity 5.4.0.3f を使用している。

ただし，実際の霧の動きとパーティクルの動きを正確に一致させることは極めて困難である。そこで，鑑賞者の手によるフォグスクリーンの形状変化をあらかじめ子細に観察し，Particle の物理パラメータをその際の霧の動きが表現できるように調整することで，霧の形状変化と映像の変化が同期しているような疑似的感覚を鑑賞者に与えることを狙った。

図3は，実際の物理シミュレーションと映像生成の様子を示している。図中左の写真は流れ落ちる流体の映像を実際にスクリーンに投影した状況を示している。図中右側（a)，(b）はそれぞれ，手をフォグスクリーンに差し入れて流れを変化させた場合の投影映像の変化と，その状況に対応するシミュレーションの映像を示している。手を斜めに傾けることで，落下するパーティクルが手の角度に応じた方向に跳ね返り，この動きが最終的な流体の映像の動きにも適切に反映されていることが確認された。この他にも，鑑賞者が霧の流れを手で変化させることにより，落下するパーティクルが手の形状に合わせて跳ね返る・手の平に留まるといった動きを見せることが確認できた。

3 評価実験とエンターテインメント性を志向した応用コンテンツ

本研究で構築したシステムの評価を行うため，10代から20代までの10人の被験者にアンケート調査を行った。アンケートには5段階で採点する以下の質問群と自由記述欄を設けた。

・問1 霧に触ることで，映像に変化が起きていることを実感できたか

・問2 投影される映像の変化は自分の手の形状の変化とよく合致していたか

・問3 投影される映像の変化は霧の形状の変化とよく合致していたか

・問4 本システムを，エンターテインメントとして楽しめたか

回答の際には，ポジティブな評価ほど5に近く，ネガティブな評価ほど1に近いスコアをつけてもらうように，質問項目に対して適切な評価ができない場合は3とするように被験者に依頼した。被験者には，事前にフォグディスプレイの簡単な説明を行い，装置の正面から数分間の

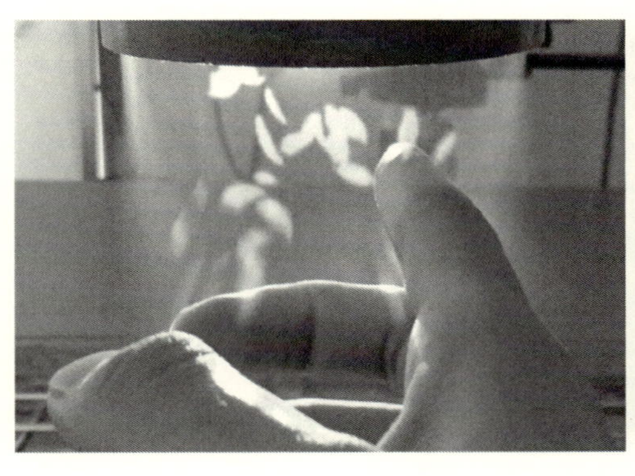
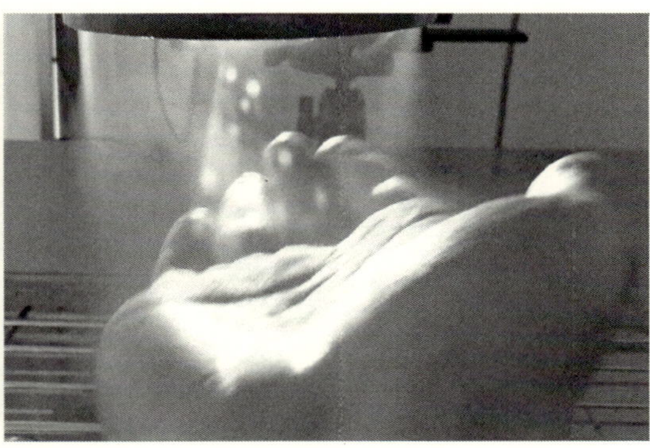

図４　本システムの応用事例：「花吹雪」（左）と「Snow fall」（右）

間，自由に手を差し入れてもらった後にアンケートへの回答を依頼した。

詳細な結果については文献13）に示しているため，ここでは結果の概要について述べる。問１と問２に対しては，すべての被験者が「映像の変化を実感した」「映像の変化と手の形状の変化が合致している」と回答した。問３では，90％の被験者が「映像の変化と霧の形状の変化が合致している」と回答した。このことから，鑑賞者が霧に触れたときの流れの変化が映像に反映されるインタラクションが実現できていると言える。自由記述において，質問項目と関連するものとして，「実際に触れて遊べるため，楽しかった」「手の動きや傾きに応じて映像も変化する様子が良く分かった」「直感的で分かりやすかった」などのコメントが複数人から寄せられた。一方で，「手の認識がうまくいかないことがあった」「本来の霧の動きを正確に再現しきれていないのではないか」という問題点の指摘もあった。他には「霧に手を入れた際，プロジェクタの光を遮ってしまい，映像が見えなくなった」という，フォグディスプレイ特有の問題が被験者から指摘された。問４では，90％の被験者が「本システムを楽しめた」と回答した。霧に実際に触れられることや直感的に映像が変化することがユーザ体験の向上に繋がっていると考えられる。

図４は，投影するコンテンツを変えることによる本システムの応用例を示している。左側は桜の花びらを，右側は雪を模した物体がゆっくりと落ちてくる映像を投影している様子である。例えば，鑑賞者がスクリーンに指を差し入れて動かすことで霧の流れを乱すと，乱された流れに同調するように花びらが空中を舞う様子が表現できたり，手のひらにCGの雪を自然な動きで積もらせたりする表現が可能である。このように，鑑賞者が積極的に霧の流れに干渉することで楽しむことができるフォグディスプレイの応用を示すことができた。

4　おわりに

本研究では，フォグディスプレイの霧の形状変化，流れの変化に応じて映像が自然に変化するインタラクションを実現するための手法について実装と検討を行った。具体的には，霧の形状・

流れの変化を直接検出・推定するのではなく，鑑賞者の手の形状を検出し，落下するパーティクルとの衝突判定を行うことで，擬似的に霧の変化に適応した映像投影をするフィードフォワード型のアプローチにより所望の目的を達成した。しかしながら，以下の点についてはいまだ問題が残っている。

① 手の認識精度が低下する場合がある
② 霧の形状変化を正確に再現しきれていない
③ 鑑賞者の手以外による霧の形状変化を認識できない

一つ目の項目に関しては，手の検出に使用したLeap Motionが苦手とする手の形状があるという点である。Leap Motionに対して手の平や手の甲が見えないように手を差し入れたとき，認識の精度が著しく落ちる。これは，Leap Motionの位置を変えたり，Leap Motionとコンピュータを複数台使用したりして死角をなくすといった方法が考えられる。

二つ目の項目に関しては，物理エンジンによって擬似的に霧の形状変化を再現しているため，実際の霧とパーティクルの動きが正確に一致しない点である。解決法としては，緻密な流体シミュレーションを導入してより正確に霧の形状変化を再現する方法が考えられる。

三つ目の項目に関しては，鑑賞者の手以外の要因で霧の状態が変わった際に，その変化を映像に反映できない点である。例えば，身近な道具を霧に差し入れる，うちわで扇ぐなどして霧の状態を変化させることによるインタラクションは実現できていない。これを実現するためには，画像処理などを用いて霧の形状変化を直接検出・推定するフィードバック型のアプローチをとる必要があると考える。

今後の課題としては，本研究と様々なセンシング手法や画像処理技術を組み合わせることでフィードバック型の手法に関する研究を進め，より多様なインタラクションを実現するシステムやコンテンツを開発することが挙げられる。

謝辞

本稿で述べた研究はJSPS科研費16K21580の助成を受けて行われました。ここに感謝の意を表します。

文　献

1) 文奈美ほか，芸術科学会論文誌，**3**(4), 244 (2004)
2) I. Rakkolainen *et al.*, SIGGRAPH '05 Emerging Technologies, **8**(2005)
3) C. Lee *et al.*, Proc. VRST '07, 191 (2007)
4) A. Yagi *et al.*, SIGGRAPH Asia '11 Emerging Technologies, **19**(2011)
5) 八木明日華ほか，日本バーチャルリアリティ学会論文誌，**17**(4), 409 (2012)

6)　井村誠孝，光学，**43**(10), 469 (2014)
7)　M. L. Lam *et al.*, SIGGRAPH Asia '15 Emerging Technologies, **13**(2015)
8)　M. L. Lam *et al.*, Proc. IEEE Int. Conf Robot. Autom., 4452 (2015)
9)　森裕司ほか，日本機械学2015年度年次大会設計工学・システム部門　ヒューマンインタフェースセッション予稿集 (2015)
10)　山口恭平ほか，第16回計測自動制御学会システムインテグレーション部門講演会予稿集，1878 (2015)
11)　Y. Tokuda *et al.*, Proc. ACM CHI '17, 4383 (2017)
12)　Leap Motion, https://www.leapmotion.com/ (2018年5月21日参照)
13)　K. Otao *et al.*, SIGGRAPH Asia '17 Posters, **17**(2017)

第10章　空中超音波触覚ディスプレイ

篠田裕之*

1　はじめに

空中ディスプレイの映像を見て楽しんだり，情報を取得したりするだけでなく，空中映像を指で触れて操作することができれば，その可能性は大きく広がる。空中映像に触れることによるインタラクションには，空中ボタンを押すような単純なものから，3次元的な物体をより複雑に操作するものまで，いくつかの段階が考えられる。このうちプリミティブな段階，例えば空中ボタンを一方向に押すような操作であれば，触覚へのフィードバックがなくても空中操作は可能である。指の位置をセンシングし，空中映像のボタンにタッチした瞬間に，そのボタン映像の位置を変化させれば，自分が指を押し込んだことを知ることができる。空中映像の物体を指で移動させたりはじいたりすることもできるし，音声を伴わせることによってさらに接触感を補うこともできる。

ただしこれらの操作は，通常のタッチパネルなどの操作と比べて一段階使い勝手の悪いものとなっている。タッチパネルにおいては，デバイスの表面が物理的に存在していることが，操作の大きな助けになっている。指が面に触れた際の触覚を確認することで，ボタンを押した瞬間を素早く確実に知ることができ，ドラッグ操作においては，アイコンの移動の開始と終了を，指の僅かな上下動で切り替えることができる。これらの触覚フィードバックがないと，普段は何気なく行っているクリックやドラッグの操作にもどかしい思いをすることになる。逆にもし適切な触覚フィードバックによってタッチパネルと同等な使用感が空中で得られれば，汚れや接触感染の危険がなく，しかも不要な時にはその存在を消すこともできるタッチパネルとして多くの応用がひらけることになる。さらに，もし空中で必要な時に必要な触覚を提示できる方法が存在すれば，空中タッチパネルだけでなく，3次元の物体を把持する感覚を再現したり，空中物体の触感を楽しんだりなど，空中映像とのより高度なインタラクションに発展していくことができる。また，空中物体に実物体のような触感を付与するだけでなく，触覚の刺激によって手を望ましい位置まで誘導したり，動作のタイミングを教えたりなど，触覚の新しい使い方も可能になると思われる。

このような理由により，10年ほど前から超音波の放射圧によって非接触で触覚を生成する方法が研究されている。現時点で再現できる力は1平方センチメートルあたり数グラム重までの比較的弱い力に限定されており，空間分解能も，1 cm程度までである。今後技術開発が進んだ

* Hiroyuki Shinoda　東京大学　大学院新領域創成科学研究科　複雑理工学専攻　教授

としても，人体への安全性を考えると，提示力の上限を大幅に引き上げることは難しいと考えられる。しかしそのような制約があったとしても，空中映像と同時にそのような触覚が提示されれば物体と接触したり物体を把持したりしている感覚が相当程度再現できると期待できる。また柔らかい物体を小さい力で触れた時の触感をリアルに再現することも可能であると思われる。そこで本章では，現在の空中超音波触覚提示の限界と可能性を正確に理解し，目的に合わせて有効活用するために必要となる知見をまとめる。

2　超音波による力の発生

物理現象としての放射圧はすでに古くから知られているが，それによって触覚を刺激する手法は 2008 年に日本で提案され[1,2]，現在は国内外の大学や企業で実用化開発を含む研究が行われている[3]。これらの研究では，フェーズドアレイによって音響エネルギを空間的に集中させ，非線形効果としての放射圧によって皮膚表面に力を与えている。超音波による触覚刺激の特長は，

① 皮膚上に何も装着していなくても，触覚を感じさせることができること
② 光学的な映像と干渉せずに重畳できること
③ フェーズドアレイの開口径と同程度の距離までであれば，自由な位置に，超音波の波長程度の細かさで，力の空間分布を作り出せること
④ 力の分布を 1 ms 以下の時定数で変化させることができること
⑤ 再現性よく力の分布を提示できること

である。

2. 1　音響放射圧

音響波動も電磁波も，それらがある境界面で反射・吸収される際に音響放射圧が伴うことが知られている。1 次元問題の場合，空中超音波が物体表面に及ぼす圧力 P は，物体表面を押し込む方向を正にとって

$$P = \alpha \frac{p^2}{\rho c^2} = \alpha E \tag{1}$$

で与えられる[4]。ここで p は入射波の音圧実効値，ρ は空気の密度，c は空気中の音速である。$E = p^2/\rho c^2$ は，入射波の波動の音響エネルギ密度［J/m^3］であり，α は 1 程度の無次元定数である。開放空間中で 1 方向のビームが平面に垂直入射し，反射率が 1 とみなせる場合，$\alpha = 2$ となる。3 次元分布をもつ一般のビームの場合には，音響流とよばれる空気の流れが伴うため，式（1）のように簡潔な記述ができなくなる。式（1）は概数としては正しいが，面が受ける正確な圧力は，過去の超音波音場によって形成された 3 次元的な空気の流れ分布にも依存し，表面近傍における音圧 p の瞬時値だけでは決定できなくなる。

図 1 は，18 cm × 18 cm のフェーズドアレイを用い，その正面 20 cm の点に焦点を形成したときの放射圧を計測した結果である[2)]。焦点を通りフェーズドアレイと平行な平板を配置し，焦点付近での圧力分布をその平板上で計測した。波長 8.6 mm と同程度の直径の円内に圧力が集中していることがわかる。図 2 は，焦点における圧力の時間変化を表示したものである。CH1 は圧力をそのまま表示したものであり，おもに超音波振動子の振動周波数 40 kHz の成分が見えている。CH2 は超音波振動の周波数はカットし，それより低い周波数成分を観測したものである。振動子には時刻 0 から 40 kHz の一定振幅交流電圧が入力され，その 5 ms 後に入力電圧を 0 に戻すようなバースト波状電圧波形が印加されている。図 2（b）には，図 2（a）の横軸の時間スケールを拡大したものである。音圧と放射圧が立ち上がっていく様子が示されている。なお図 1，2 では，正規化された圧力のグラフが示されているが，このときの放射力，すなわち放射圧の総和（面積分）は 16 mN（1.6 gf）である。

図 2 の CH1 の音圧の変化をみると，電圧印加後ただちに超音波出力が最大になるわけではなく，図 2（b）のように 0.3 ms 程度遅れて最大値に到達する。これはこの実験で使用している超音波振動子が共振を利用したものであり，その共振器にエネルギが蓄積されるまでにこの程度の時間を要するためである。放射圧，すなわち CH2 に示す圧力の低周波成分は，超音波振幅の 2 乗に比例して増大していく。ここで図 2（a）をみると，1 ms 程度でほぼ一定値に到達したの

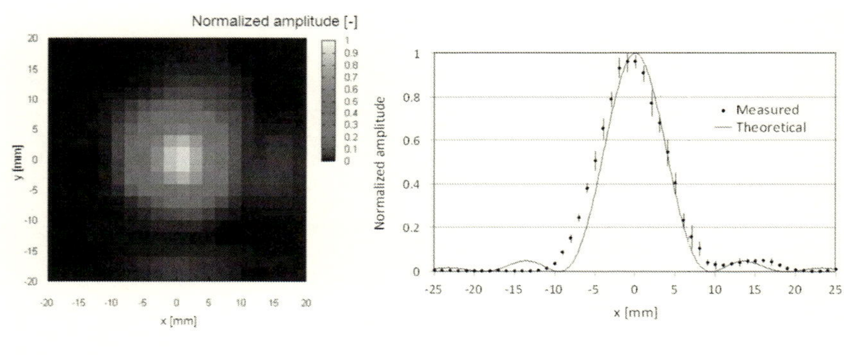

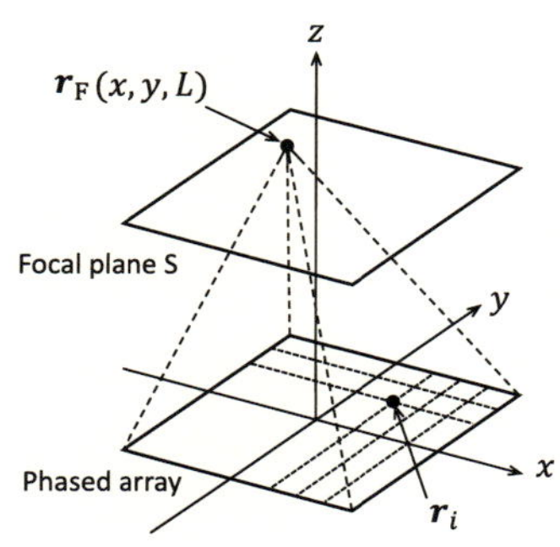

図 1　超音波の集束

［文献 2）より転載］

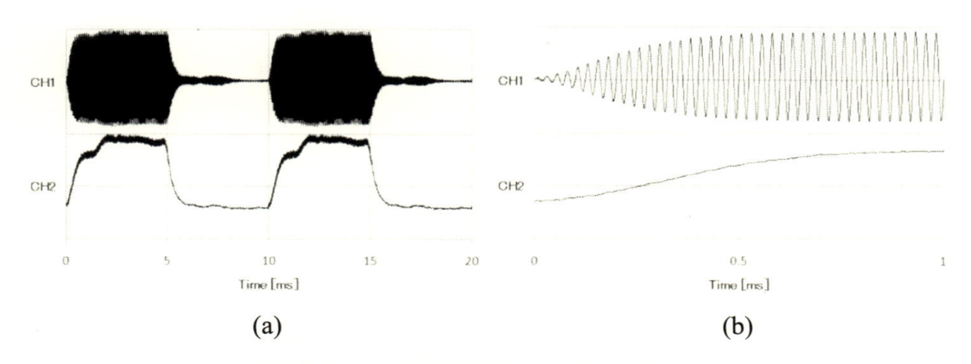

図 2　超音波バーストを平面に照射した際に観測される圧力波形
［文献 2）より転載］

ち，2 ms 後に再び圧力が上昇し，ピークに達した後ゆるやかに変動している様子が見て取れる。このような複雑な挙動は，音響流による圧力変動であると考えられる。すなわち瞬時に立ち上がる超音波ビームを照射すると，直ちに音響放射圧も立ち上がる。その後音響ビーム内の各点が気流源となって音響流が発生し，それがやや遅れて観測点に到達する。その結果，図のような圧力波形が観測されたものと考えられる。

このように，超音波が音響流を伴うことは，それを気流源として活用できる可能性もある一方[5]，触覚提示においては不必要な刺激を生み出すことにもつながる。皮膚表面は放射圧と同時に空気の流れも知覚してしまい，場合によっては触感を損なう要因となる。また音響流以外の副産物として，超音波を可聴域の周波数で変調した場合，耳に聞こえる可聴域音が発生してしまう点も，事前に考慮しておく必要がある。

進行波による触覚提示と並ぶもう一つの考え方は，定常的な音響エネルギの空間分布によって触覚像を生成する方式である[6]。例えば周囲を取り囲む超音波源（反射板を含む）によって図 3

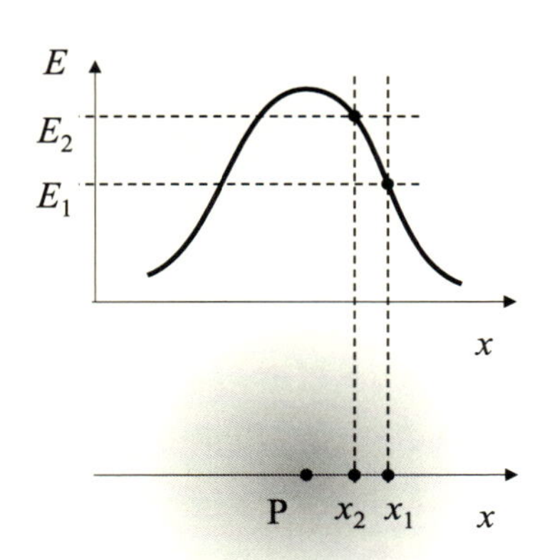

図 3　音場による 3 次元触覚像の説明図

のように音響エネルギが空間中の点Pの周辺に集中している状況を考える。超音波は全方位から到来しており，指の存在によって音響エネルギ密度Eの分布は影響を受けないとすると，指の表面が面$x = x_1$であり，指の存在する側が$x > x_1$の場合に，x軸付近で指表面が受ける圧力は$E = E_1$に比例する。ここで指をPに近づける，すなわち$x = x_1$からx_2に移動させると，指が受ける圧力はE_2へと増大するため，指の位置に応じた意図的なフィードバック制御を行わなくても柔らかいバネに触れているかのような感覚が生じる。さらに音響エネルギを時間的に変化させてやれば，より多彩な触感が再現される。また，複数の点に音響エネルギが集中するよう，超音波アレイの各素子の位相を計算して駆動すれば，波長による分解能の制約のもとで任意形状の3次元触覚像を再現することができる。このような方法による触覚提示は，手や指の表面を正確に計測しながらその変位に応じて音場を変化させなくても対象像を提示できる点が特長である。さらに時間的に変化しない定常的な音響場を生じている場合には，可聴音が発生することもない。また，各方向から均等に波動が到来する状況は，空間分解能を高めるとともに，音響流の発生を抑制するためにも有効である。

2. 2　音響放射圧の空間的制御

超音波振動子の入手の容易さから，現在研究されている触覚提示用の空中超音波デバイスは，40 kHzの振動子を配列させたものが中心である。40 kHz空中超音波の波長は20℃で8.6 mmであるが，そのほぼ1波長分にあたる1 cm間隔で振動子を配列させたものが多く使用されている。一般の計測用途において40 kHzの超音波が多用される理由は，現時点で比較的電気音響変換効率の高い素子が製造できる点と，その周波数での空気中減衰が－1 dB/mと比較的小さいためである。

多数の波動源を配列し，各波動源の駆動のタイミングや強度を電子的に制御できるようにした装置をフェーズドアレイとよぶ。超音波フェーズドアレイの各素子の駆動位相を調整することで，その前面に様々な音場のパターンを作り出すことができる。

典型的な音場のパターンは，3次元空間中の特定の点に形成される単一焦点パターンである。最も簡単な焦点の生成法は，フェーズドアレイの第i番目の素子を以下の位相

$$\theta_i = k\,|\boldsymbol{r}_{\mathrm{F}} - \boldsymbol{r}_i| \tag{2}$$

だけ早めて駆動する方法である。上式のkは波数であり，波長をλとして$k = 2\pi/\lambda$である。図1に示すように，$\boldsymbol{r}_{\mathrm{F}}$は焦点の3次元座標，$\boldsymbol{r}_i$は第$i$番目の素子の3次元座標である。これによって，各素子から放射された音波は焦点で全て同じ位相になり，焦点で強め合う。

焦点スポットの小ささの限界値は，使用している波動の波長によって決まる。40 kHz超音波の場合，その波長は8.6 mm程度であるから，フェーズドアレイの配置や駆動方法を工夫した場合のスポット径の小ささの限界もその程度である。また，波長程度までの集束が可能なのは，フェーズドアレイの開口，すなわちフェーズドアレイの寸法と同程度の距離までの範囲に限られ

る。

簡単のためフェーズドアレイを半径Rの円形とし，フェーズドアレイの真正面，距離Lの地点での焦点の大きさを考えよう。フェーズドアレイの面に平行にxy軸をとって原点をフェーズドアレイの中心に一致させ，平面S: $z = L$上での音圧分布を考えてみる。フェーズドアレイのi番目の素子から到達した球面波の，平面S上での音圧空間分布を$p_i(x, y)\exp(\mathrm{j}\omega t)$とすると，その等位相線は縞状の円弧を描く。この$p_i$を適切に重ねた結果得られる焦点の細かさは，焦点付近におけるp_iの空間的帯域幅で決定される。例えば全てのp_iの中で，焦点付近でのx方向空間周波数が最も高いパターンは，フェーズドアレイの辺縁部(R, 0, 0)および($-R$, 0, 0)に位置する素子から放射されたものである。その焦点付近での空間周期は，

$$\sin\theta = \frac{R}{\sqrt{L^2 + R^2}} \tag{3}$$

として$\lambda' = \dfrac{\lambda}{\sin\theta}$であり，$x$軸方向の最大波数は

$$k_{x\_\max} = \frac{2\pi}{\lambda'} = \frac{2\pi}{\lambda}\sin\theta \tag{4}$$

である。ただしλは超音波の波長である。焦点面S内においては，空間的な直流成分から$k_{x_\max}$までの周波数成分を使ってx方向のパターンが形成され，他の方向についても同様である。以上から，形成される面S内での焦点径はλ'の程度となり，その最小値は$1/\sin\theta = \dfrac{\sqrt{L^2 + R^2}}{R}$に比例して大きくなる。

一方，焦点スポットのz方向の広がりは，各超音波素子から送出される音波の空間分布のうち，最大波数$k_{z_\max}$（原点にある素子から放射された成分）と最小波数$k_{z_\min}$（辺縁部の素子から放射された成分）の差として与えられる帯域幅

$$k_{z\_\mathrm{width}} = k_{z\_\max} - k_{z\_\min} = \frac{2\pi}{\lambda}(1 - \cos\theta) = \frac{2\pi}{\lambda}\cdot 2\sin^2\frac{\theta}{2} \tag{5}$$

を使って形成可能な分布の最小幅となる。そのため，その広がりは$2\sin^2\dfrac{\theta}{2}$に反比例することになり，一般にSに沿った広がりよりは大きなものとなる。

フェーズドアレイの正面から外れた位置に焦点を形成する場合はいくつか注意が必要である。まずそれぞれの素子には指向性があり，正面が最も強く放射され，斜め方向には放射が弱くなる傾向がある。そのため，同じ距離でも真正面ほどの強度が得られないのが普通である。また，斜め方向に放射する場合，その傾きの分，実質的な開口が狭くなる効果があり，集束が悪化する。

もう一つ注意しなければいけないのがサイドローブの形成である。すなわち素子の間隔が1波長程度以上離れている場合，目標としている焦点以外にも干渉して強めあう点が生じてしまうことに注意が必要である。

2. 3 音響放射圧の時間的制御

各素子から放射される超音波の強度の制御はPWM（Pulse Width Modulation）で行うのが容易であると考えられる。超音波振動子の共振周波数$f_0 = \frac{1}{T}$に等しい矩形波で振動子を駆動し，そのデューティー比で出力振幅を制御する。すなわち1周期Tの中で素子の印加電圧がV_0である時間をτ，0である時間を$T - \tau$とし，デューティー比を$r = \tau/T$としたときに，周波数f_0成分の駆動電圧振幅は

$$V = V_0 \frac{2}{\pi} \sin(\pi r) \tag{6}$$

で与えられるから，デューティー比によって，信号振幅を制御することができる。スイッチングの時間が十分短い素子を選択することで，回路内での電力ロスが小さい駆動が実現できる。

また近年は，シリアル接続された装置に対して1 μsの同期をとることが可能な通信規格（EtherCAT）も普及しており，これを用いれば複数台のフェーズドアレイを接続させて同期動作をとることも可能である。図4は，14 × 18素子が配列されたフェーズドアレイユニットを連携動作させた例である。249素子が実装されたユニットを9台接続し，57×45 cm^{2}のフェーズドアレイが形成されている。

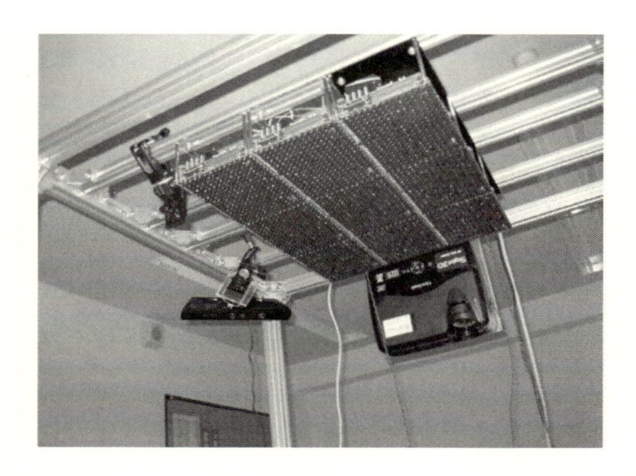

図4 複数のフェーズドアレイユニットをシリアル接続した例 [8)]

3　映像との同期

空中超音波触覚提示の潜在的な活用範囲は幅広いが，特に本書のテーマである空中映像と組み合わせた利用の可能性が大きい。インタラクティブなVR映像に触覚を付与することで，実物のボタンを操作しているように効率的な情報入力が空中で行えるようになる。また3次元CADにおいて，手でつかんで移動，変形が可能な3次元物体を実現したり，視聴覚に加えて触覚も伝えられる遠隔コミュニケーションを実現したりなど，空中超音波触覚提示が空中映像と同期することで，様々な空中インタフェースが実現されると期待される。以下ではこれまでに試作されているシステムの例を紹介する。

3. 1　空中触覚タッチパネル

本章の冒頭で述べたように，タッチパネルで行っているような操作を，空中映像に対して触覚の全くないまま行おうとすると思いのほか難しいことがわかる。空中にタッチパネル映像を浮遊させ，指の位置を計測して反応するシステムはすでに実現可能であるが，指がアイコンに触れた瞬間を触覚で特定することができない。そのため，タッチ操作の完了を確認するためには映像の変化を目で見続けるか，音に変換して確認するしかなく，普通のタッチパネルよりいくらか使い勝手の悪いものになってしまう。

もし空中で触覚フィードバックを与えることができれば，空中タッチパネルに普通のタッチパネルと同等のユーザビリティを付与できる。そうなれば，汚れた手で触っても装置を汚すことはないし，汚れを残すことによる病気の感染も防ぐことができる。手術室で手が汚れている医師が，自分の手で情報を入出力しながら手術を進めることができるようになる。

Haptomimeと呼ばれる空中触覚タッチパネル（図5）[7]では，赤外線センサによって指先の位置をセンシングし，指が空中に浮遊するボタンに触れた瞬間に指先に集束する進行超音波を照射することで触感を再現している。超音波の振動周波数は40 kHzに固定されているが，その振幅を様々な波形で変化させることによって触感を変化させることができる。またアイコンをドラッグする場合には，ドラッグ中に継続的な振動刺激を与える。それによってドラッグ中であることを，触覚を通してユーザーに伝えている。

空中映像は，一般的な液晶ディスプレイの画面をマイクロミラーアレイ［ASKA3Dプレート（旧名称：AIプレート），アスカネット社］によって空中に転写することで実現されている。指の位置は，映像提示範囲の辺縁部に配置された赤外線センサによって計測されており，超音波フェーズドアレイで生成した超音波は，マイクロミラーアレイの表面（平滑面）で一度反射されて指先に集束している。

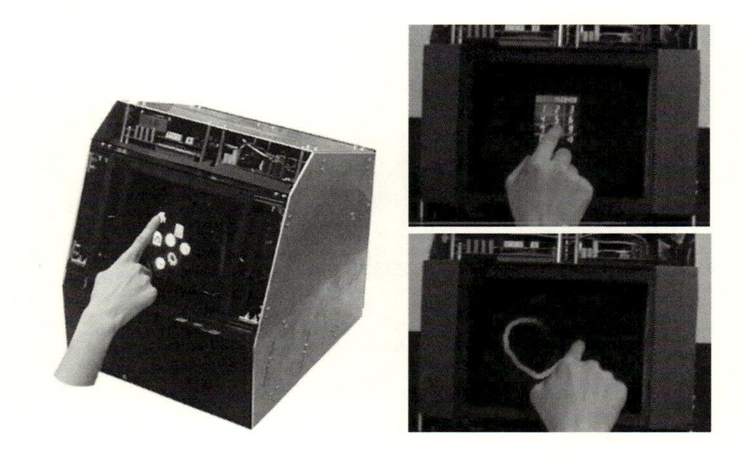

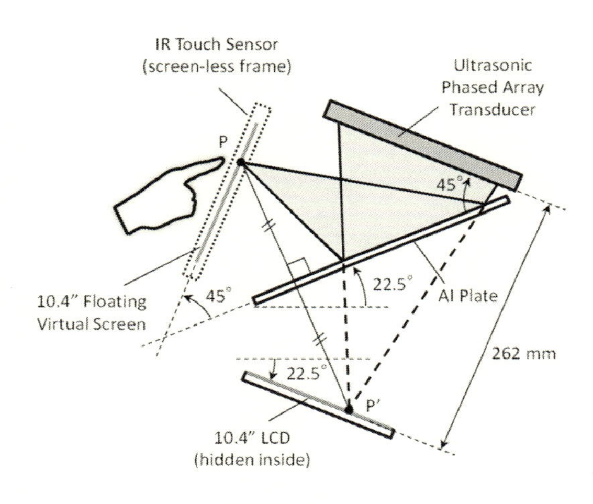

図5 空中触覚タッチパネル

［文献7）より転載］

3. 2 触覚プロジェクタ

視覚情報と空中触覚の重畳方法としては，空中映像にユーザー側から触りにいく際の能動触覚だけでなく，受動的な触覚刺激も今後の活用が期待される。触覚プロジェクタ（図6）[8]は，映像のプロジェクションに重畳して力も再現するシステムである。例えば虫や小動物が皮膚の上に着地したり皮膚上で運動したりする状況を，視覚だけでなく触覚と同時に再現することができる。また，例えば浅い水辺を映像の小動物が移動する際に，小動物の通過によって水面が物理的に変化する様子なども再現することができる。このような触覚プロジェクタは，新しいエンターテインメントやデジタルサイネージの効果として活用できる他，個人にとって重要なイベントの発生をその人だけに伝えたり，公共スペースで秘匿の情報を伝達したりすることにも活用できる。例

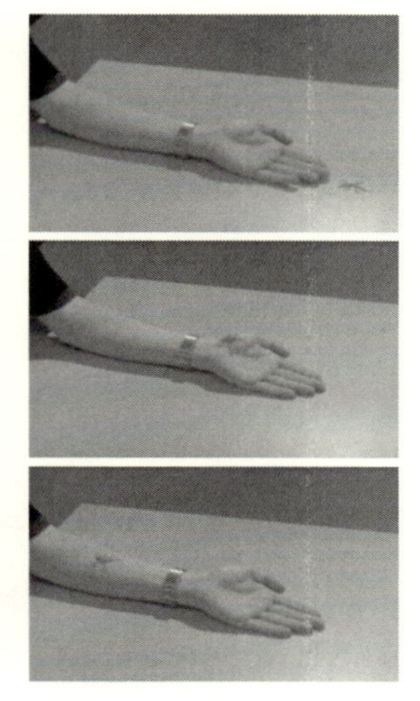

図6　触覚プロジェクタ
［文献8）より転載］

えば手のひらにテンキーの映像を提示し，見えない触覚でそのうちの一つを押すことで数字を指定すれば，他人が見ている目の前でも秘匿の数字を伝えることができる。触覚は，特定の個人にパーソナルな情報を伝えるためにも有効なメディアである。

3. 3　視触覚クローン

2015年に発表された視触覚クローン（Haptoclone, Haptic & Optical Clone）[9]と呼ばれる装置は，3次元空中映像に空中触覚提示を付与した相互テレイグジスタンスの実験システムである。一組の対となるワークスペースのうち，一方のワークスペース内にある実物の3次元映像は光学的な手法（アスカネット社ASKA3Dプレートを図7のように2枚用いた光学系）によって全て他方にコピー（クローン）され，逆もまた同様である。両方のワークスペース内にある実物の3次元形状はリアルタイムで計測されており，クローンと実物との幾何学的な重なり領域は継続的に把握されている。この重なり領域に，ワークスペースを取り囲む超音波素子アレイを用いて音響エネルギを集中し，クローンと実物体とのインタラクションを再現する。

このシステムの特長は，触覚を含む「対称な相互テレイグジスタンス」が実現されている点である。一方のワークスペース1にいる人が，あたかも他方のワークスペース2にいるかのように感じる「テレイグジスタンス」の典型的な実現方法は，ワークスペース2にスレーブロボットが配置され，そのロボットの感覚をワークスペース1にいる人間の感覚に提示する，というものであった。このテレイグジスタンスは一方向であり，ワークスペース2にいる人は，自分の環境に入りこんできたロボットとインタラクションすることになる。

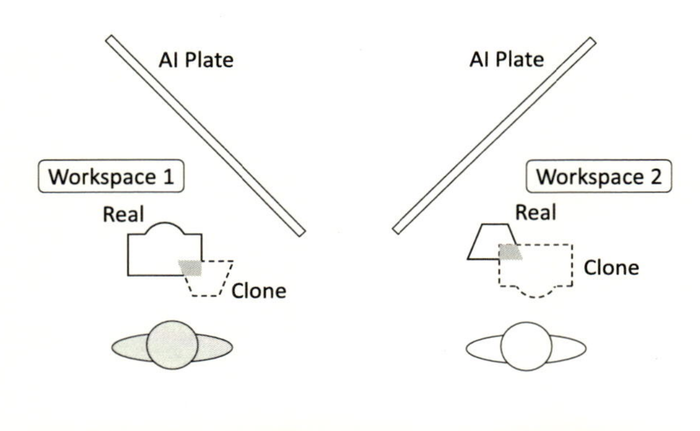

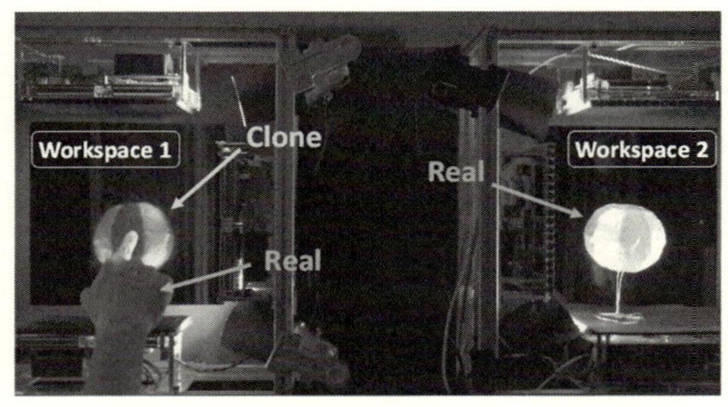

図７　視触覚クローン

視触覚クローンでは，２つのワークスペースは対称であり，それぞれのワークスペース内で相手の光学的なクローンに自由に触ることができる。両方のワークスペースにある「物体」が手である場合には，離れたところでお互いの手と手の接触を体験することができる。また，軽量物体が相手のワークスペースにある別の物体のクローンと衝突すると，両ワークスペースの実物が力を受けて相互作用する。例えば図７のような状況では，左の手（本物）が紙風船のクローンに触れた際，右のワークスペースの実物の紙風船が力を受けて運動し，その映像が左のワークスペースにコピーされている。つまり左の手が触れた紙風船のクローンには，実物の紙風船のダイナミクスもコピーされていることになる。

実物同士のインタラクションと本システムの違いは，発生する力に上限があり，物体同士が突き抜けてしまう場合もあり得ること，また発生力が計測されている訳ではなく，現時点ではコンピュータが生成した適当な相互作用力が与えられている点である。また超音波による力は，原則として物体表面に対して垂直な力に限られる。そのような不完全さはあるものの，再現される接触点の３次元座標は正確であり，時間的な分解能も，センシング仕様の向上によって容易に高めることができる。

このシステムを用いると，インタラクションの際の発生力を再現性よく自由に調整し，触覚フィードバックの効果などを客観的に確かめることができる。裸眼の立体像としては非常に高いクオリティが実現されており，3次元UI設計の際の基礎データを収集するためのテストベンチとしても活用できると考えられる。

また触覚は，人間同士のコミュニケーションやメンタルな側面での支援に重要な役割を果たしていると考えられる。例えば離れたところに暮らしている幼い子供は両親とのスキンシップを必要としている。言葉の概念が確立されていない子供が不安を感じているとき，触覚の刺激がそれを和らげる効果をもつことは，日常生活の中で実感していることであろう。しかしこれらの効果を触覚だけを切り離して理解することは難しく，視覚や聴覚など他の感覚の刺激も提示できる環境の中で，検証を行う必要がある。本システムは，視覚刺激に重畳された分布触覚刺激を再現性よくかつ自在に変化させることができ，触覚刺激の効果を解明するための有効なツールになると思われる。また，装置が簡略化できればそのままコミュニケーションやリラクゼーションの実用的ツールとしても活用できるようになると考えられる。

4　おわりに

本章では，空中超音波を用いた非接触での触覚提示技術の要件を整理し，特に空中触覚提示と空中映像を組み合わせることでどのような応用が可能になるかを紹介した。空中触覚提示は，装置を身に着けずに素手で操作できる3次元UIを実現する要素技術であり，触覚を伴ったコミュニケーションをも可能にする。また刺激の空間分布が制御できることを利用して，動作の誘導を行ったり，心地よい触覚刺激を生成してストレスを和らげ安心感を与えたりなど，メンタルな側面のサポートに活用できる可能性もある。なお，今後さらに活用領域を拡大していくためには，デバイスの低コスト化が重要な課題である。また現時点での実装では，ターゲットとなる人間や物体の存在が超音波の伝搬に影響して力の分布が不正確になる問題が指摘されている[10)]。反射体としての人間の存在も考慮して音場を生成するアルゴリズムの開発や，刺激の時空間的なパターンと触感の関係の解明など，今後取り組むべき課題は数多い。

文　　献

1）T. Iwamoto *et al.*, Devices and Scenarios: 6th International Conference, Eurohaptics 2008 Proceedings (Lecture Notes in Computer Science), 504 (2008)

2）T. Hoshi *et al.*, *IEEE Trans. Haptics*, **3**(3), 155 (2010)

3）T. Carter *et al.*, Proceedings of the 26th ACM symposium on user interface software and technology (UIST'13), 505 (2013)

4）J. A. Rooney and W. L. Nyborg, *Am. J. Phys.*, **40**, 1825 (1972)

5) K. Hasegawa *et al.*, *Appl. Phys. Lett.*, **111**, 064104 (2017)
6) S.Inoue *et al.*, Proceedings of 2015 IEEE World Haptics Conference, 362 (2015)
7) Y. Monnai *et al.*, Proceedings of 27th ACM symposium on user Interface Software and Technology (UIST'14), 663 (2014)
8) K. Hasegawa and H. Shinoda, Proceedings of IEEE World Haptics Conference 2013, 31 (2013)
9) Y. Makino *et al.*, Proceedings of the 2016 CHI Conference on Human Factors in Computing Systems, pp.1980-1990 (2016)
10) S. Inoue *et al.*, International Conference on Human Haptic Sensing and Touch Enabled Computer Applications (Eurohaptics), 68 (2016)

第11章　匂いディスプレイ

柳田康幸*

1　空中ディスプレイと匂い

本章では，空中ディスプレイに関連する匂いの提示について説明する。本書の多くは空中映像，すなわち人間の視覚に働きかける技術について記述されているが，近年映画館において匂いを付加するエフェクトが導入されているように，匂い・香りを効果的に提示することにより，映像にアクセントを付与することができる。嗅覚は効果的に利用すれば，デジタルサイネージなどにおける広告効果を促進したり，アミューズメント分野において臨場感を高めたりすることが期待される。アロマテラピーなど，香りを背景的に利用することは広く一般に行われているが，本章では空中ディスプレイとの併用を想定した利用場面における匂いディスプレイ（嗅覚ディスプレイ）について扱う（図1）。まず，匂いディスプレイの要素技術全般について解説した後，空中ディスプレイとしての特徴を持つ匂い提示手法について，筆者らによる取り組みを中心に紹介する。

匂いディスプレイの役割[1]は，嗅覚器に届けられる匂いの成分と濃度，およびその時間的変化を制御することである。ユーザが能動的に動く場合，これらを位置に応じて制御する，時空間制御の役割が加わる。これらの役割をデバイス・システムの観点から分類すると，香料を気化する香気生成手段，複数の香りから目的とする濃度比の混合香気を生成する調合手段，および香気を嗅覚器まで到達させる香気搬送手段に大別される。

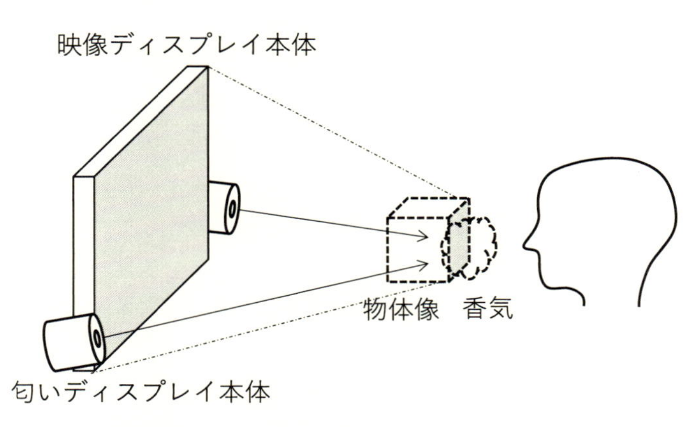

図1　空中ディスプレイとしての匂いディスプレイのイメージ

＊ Yasuyuki Yanagida　名城大学　理工学部　情報工学科　教授

2　香気生成手段

通常，香料は精油のような液体，もしくは香木のような固体の形で保存されている。一方，匂いは空気に乗って嗅覚器に到達するため，気化して香気の状態にする必要がある。ここでは，代表的な香気発生手段について概説する。

最も一般的な香気生成手段は，容器に液状の香料（アルコールで希釈した精油など）を入れて液面から揮発させておき，容器に無臭空気を送り込み容器内の香気を押し出すことで香気を生成する方法である。空気を送り込んでいない状態と継続的に空気を流した場合との間に濃度差が生じるが，定常的に一定量の空気を流しておき，使用しない香気を破棄する構成とすれば，濃度は安定する。同じく容器に液状の香料を入れ，無臭空気を液中に送り込んで発生する泡により気化を加速するバブリングという手法も用いられる。容器に空気を通して香気を発生する手段としては，他に香料を練り込んだジェルや，素焼きの粒などの多孔質物質に液状香料を染みこませたものも利用される。

香木のような固体状で保存されている香料の場合，加熱により香りが発生するものもある。香道では，聞香炉に炭団と灰を入れ，灰の上に雲母板を介して香木（樹脂）の小片を置き，香気成分を発散させる。一方で，熱を加えると分子が破壊され，香りが損なわれる物質もあるため，すべての匂い物質に適用できる方式ではない。加熱によるゾル-ゲルの相転移を利用して，香料の発散を制御する匂いディスプレイ[2]も開発されており，ファンやポンプを使用しないため完全無音化できることが特徴である。

気化の効率の観点からは，液状香料の微小液滴を生成する霧化が有力である。ノズル付きの管を液溜まりに入れておき，ノズルの先端部に空気流を吹き付けることによりベルヌーイの定理により圧力が低下し，液が吸い上げられる。ノズル先端部の液体香料が空気流により吹き飛ばされることにより，細かい液滴が発生する。小さな液滴を生成することにより，単位体積当たりの表面積を増やし，気化を促進する。この方式は，比較的多量の精油を気化させるディフューザーとして利用されている。

超音波振動による霧化も利用されている。十分に小さい液滴を生成すれば，霧化した液状香料を完全に気化することは可能である。超音波加湿器で使用する水に香料を滴下して香りを発生することは広く行われているが，継続的な加湿と香り付加を目的としているため，積極的な香り生成制御を行うものではない。これに対し，匂いディスプレイとしては，マイクロポンプと表面弾性波を利用した霧化を行うことにより，液状香料の揮発性による影響を抑え，匂い物質の種類によらず香気濃度を確保するシステムが開発されている[3]。

近年の技術の進歩により可能となったのは，インクジェット方式による霧化である。液状香料を微細液滴化すること自体は超音波霧化と同様であるが，原理的には1滴単位での霧化制御が可能であるため，極めて高い定量性と時間的制御性を有する。インクジェットプリンタの高精細化が進み，ピコリットルオーダーの微細液滴を吐出することが可能になった。インクジェットプリンタに使用されている方式としては，圧電アクチュエータを用いて機械的にノズルから液滴を叩き出すピエゾ方式と，液溜りにある液体を瞬間的に加熱してその一部を気化し，体積膨張によりノズルから液滴を吐出するサーマル方式が存在する。サーマル方式は液状香料を加熱するため，熱に弱い香料には適さない可能性もあるが，加熱により気化するのは液溜りのうちごく一部であり，実用上の不具合は確認されていない。インクジェット方式の開発により，従来は不可能であったミリ秒オーダーでの香気生成時間制御が可能になった[4)]。

3　香気調合手段

匂い・香りはしばしば複数の化学物質で構成されるため，複数成分を所望の比率で含む香気を生成することが必要になる。その際，視覚における三原色のような仕組みが嗅覚には存在しないため，完全に汎用な匂いディスプレイの実現は現時点では難しい。匂い物質の種類は概算で数十万種類存在し，人間の嗅覚は数千〜1万種類を識別できると言われている。一方，匂い知覚の過程のうち，嗅覚受容の初期段階で匂い物質の選択的な検出に関係する受容タンパクは396種類の存在が確認されており[5)]，この数は視覚における色知覚の生理的な仕組みである錐体の3種類と比較すると，2桁多い。したがって，嗅覚受容の仕組みと直接的に対応し完全に汎用的な匂い生成システムを実現しようとすると，少なくとも数百種類の匂い物質の濃度を制御する仕組みが必要になると推察される。ただし，1つの受容タンパクは複数の匂い物質に反応し，かつ1つの匂い物質は複数の受容タンパクに結びつく多対多の関係になっており，複雑な様相を呈している。このため，受容タンパクの種類と同じ数の匂い物質を調合すれば完全に汎用な匂い生成が可能というわけでもない。数百種類の匂い物質制御は工学的に実現不可能な規模ではないと思われるが，システムの複雑さやコストの観点からか，これを実現した事例は筆者の知る限り存在しない。それでも，数十種類の匂い物質を所望の濃度で調合するデバイスは開発されており[6)]，対象となる用途を決めれば十分に汎用な調合は可能になってきている。

複数の香料を調合するには，液状香料を液体のままで調合する方式[7)]と，気化後の香気の流量比により調合する方式が存在する。前者は大量の調合された香気を発生する場合に確実な方法であるが，パーソナルユースを想定した場合，通常の1滴に含まれる香料の量が多いため，調合の粒度が粗くなりがちである。後者は，気体流量をアナログ的に制御可能なマスフローコントローラを用いることが理想的であるが，サイズや価格の面で多チャンネル化には適していない。このため，小型で安価な電磁弁を高速で開閉制御し，時間的に平滑化することによりアナログ流量制御と等価な機能を実現するシステムが開発されている[6)]。香料を入れた容器に無臭空気を通す方式により香気を発生する場合，個々の香気発生容器から出力される香気の濃度を一定に保ち，かつユーザへ供給される空気流量が一定に保たれるよう，無臭空気のバイパス経路を用意するなどの工夫が行われている。

香気生成がインクジェット方式の場合，香料の調合比率は霧化量の直接的な制御により可能である。すなわち，単位時間当たりに吐出する微小液滴の数が，その匂い物質の匂い濃度に比例する。

4　香気搬送手段と匂いの時空間制御

発生した香気を嗅覚器へ届けることは，空中ディスプレイとしての位置づけを考慮すると，匂いディスプレイの重要な役割の一つである。実空間では匂いが匂い源から周囲へ広がっていく。その際，濃度勾配に起因する拡散よりも，空気の対流に乗って匂い物質が伝搬される影響の方が大きいことが知られている[8]。風上から風下へ向かって流れていく匂いの分布をプルームといい，プルーム中の匂い物質濃度は均一ではなく複雑な形状の匂いの塊（フィラメント）を形成する。匂い発生器をある空間に設置した場合，自然界と同様の原理により匂いが広がっていくが，そのままでは匂いを時間的・空間的に制御することが難しい。匂いを背景的に提示する場合に適しているが，匂いをメディア技術の一環として利用する場合，より積極的な時空間制御が望まれる。

匂いをメディア利用する場合，必ず問題となるのが，いったん空間に広がった匂いを簡単には消去できないことである。たとえば，映像と同期した匂い提示を行う場合，シーン切り替えによって別の場面になっても，前の場面で放出された匂いが残留する。シーン切り替えは場所の瞬間移動に相当するもので現実世界ではあり得ないが，映像表現の手法として定着している。嗅覚は化学刺激であり，将来的に嗅覚知覚に関係する神経系刺激による嗅覚制御が可能にならない限り，嗅覚の生起には実空間の化学物質が介在せざるを得ない。このため，現時点での匂い提示は実空間による制約を受け，いったん放出した匂いを短時間で取り除く手段を考える必要がある。

匂いを取り除くにあたり，匂い物質の分子を破壊し無臭物質に変化させることができればよいが，前述のように匂いのある分子の種類は非常に多く，汎用性のある有効な手段は見つかっていない。また，ある匂い物質の分子を破壊したとしても，別の匂いの分子へ変化することも考えられるので，分子破壊による匂い消去は簡単ではない。このため，現実的な手段は，排気設備の設置によりその空間の匂い物質を外へ排出するか，そのまま散逸したとしても残り香として気にならないほど微量で必要最低限の匂い物質を嗅覚器へ効率的に搬送するかである。排気設備は，テーマパークのアミューズメント施設などにおいて，香り付き映像コンテンツを上映する際に利用されている。しかし，一般のオフィスや家庭において匂い提示のためにわざわざ強力な排気設備を設置することは考えにくい。そこで，ここでは匂いの効率的な搬送手段について考察する。

匂いを嗅覚器へ搬送する手段としては，現在までに（a）送風，（b）チューブの使用，（c）直噴，（d）渦輪の利用，（e）音響流の利用などの手段が試みられている（図2）。

（a）の送風は，最もポピュラーな手段である。ファンなどの風源を用い，香気を風に乗せてユーザへ運んでいく。人間が風の存在を感知しない風速はおよそ0.2 m/s以下であり，このようなゆっくりした空気流に匂いを乗せて，風の存在を意識せずにユーザ自身が動いて匂いの分布を

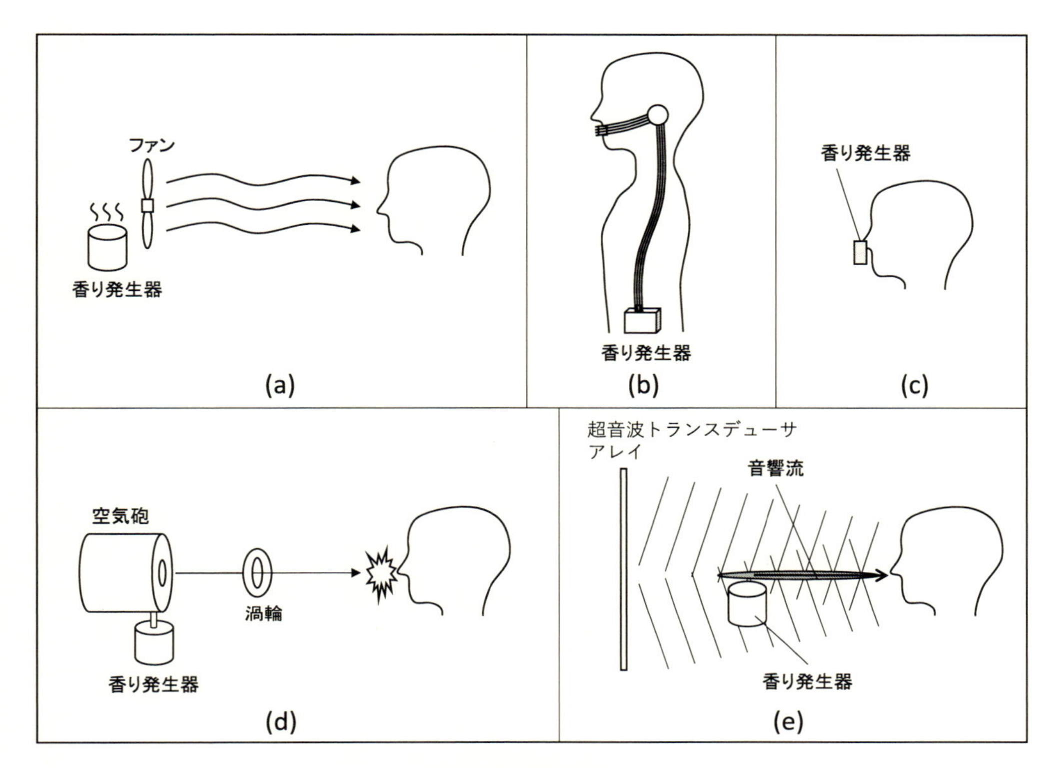

図 2　香り搬送の各種方式

体験するシステムが制作されている[9]。一方，ある程度以上の風速では風による皮膚表面での触覚刺激および熱収支に起因する温冷覚を伴う。自然環境でも匂いが風に乗ってくることは自然であるが，人工的なディスプレイシステムにおいては風源・匂い源からユーザまでの距離と風速の大小は応答性に関連するため，インタラクティブな匂い提示を行う際は嗅覚刺激と風による触覚・温冷覚刺激とのバランスを考慮する必要がある。通常，風がくる方向はファンが設置された方向と同一であるが，複数の空気流を衝突させて，ファンの位置を動かさずに風の方向を制御するシステムも開発されている。デスクトップ環境のディスプレイの四隅に小型ファンを取り付け，上下，左右のファン駆動速度のバランスを制御してディスプレイの特定の位置から香り付きの風が流れてくるシステム[10]や，旅行体験などのコンテンツを提示するため，映像や揺動，振動などの刺激と連動させ，2 方向からの風を衝突させて，ファンの位置を動かさずにユーザに当たる風の方向を制御するシステム[11]などが実現されている。

（b）のチューブは，匂い発生装置から鼻先までチューブで香気を導き，ごく少量の香気で効果的に匂い提示を行うアプローチである。（c）の直噴型は，さらに匂い発生装置を小型化し，鼻もしくは近傍に装着して発生した香気を直接鼻孔に導入する方式である[12]。視覚提示におけるヘッドマウントディスプレイ（HMD）に相当する方式であり，HMD と併用する場合の相性に優れている。頭部位置を計測・追跡し，位置と時間に応じた匂い発生制御を行うことにより，空間的な匂い提示が可能である。匂いの供給位置を可能な限り鼻孔に近づけることにより，鼻に吸い込まれないまま周囲へ拡散する匂い物質の量を最小限に抑えることが可能であり，呼吸のフェーズを検出して吸気時のみに匂いを供給すれば，さらに効率を上げることができる。一方，これらのアプローチは装置の装着が必要であり，装着が許容される利用局面に限定される。匂いディスプレイの方式としては有力であるが，本書のテーマである空中ディスプレイのコンセプトとの適合性は高くない。

(d) の渦輪方式と (e) の音響流方式は，いずれもユーザが装置を装着する必要がなく，自由空間を通してユーザの鼻へ匂いを搬送するアプローチである。いわば，自由空間中の匂い分布を制御するアプローチであり，空中ディスプレイとの適合性は高いと考えられる。

(d) の渦輪を利用する方式[13]は，空気砲から射出される渦輪に匂いを乗せて搬送する方式である。円形開口を持つ容器もしくは筒から空気が瞬発的に押し出されると，開口部の外側へ空気が回り込みドーナツ状の渦，すなわち渦輪が形成される。渦輪は開口部付近から押し出された空気で構成されるため，渦輪射出直前に当該領域へ匂いを充填しておけば，匂いつきの渦輪が形成される。渦輪を形成した香気は，理想的には渦輪に閉じ込められたまま拡散することなく空中を飛行し，渦輪がユーザの顔面などに当たるなどの要因により崩壊した場所で放出される。風による匂い搬送では，匂い源からの距離が遠くなるにつれて拡がっていき，経路上に連続的に分布するのに対し，渦輪による搬送は渦が保たれる限り大きくは拡がらず，匂い付き空気の塊として運ばれる。このため，ピンポイントでの匂い提示が可能となる。筆者らは渦輪を匂いディスプレイにおける時空間制御手段として利用することを提案し，さまざまな構成を試みてきた。これらの事例については，次節で紹介する。

(e) の音響流を利用する方式[14]は，渦輪よりもさらに局所性の高い匂い搬送手法として提案された，新しい技術である。波面が円錐状になるように強い超音波を発生すると，非線形音響現象により円錐の軸付近にベッセルビームと呼ばれる細い音響流が発生する。この音響流により匂い物質を搬送することができる。ベッセルビームの発生位置および方向は，トランスデューサアレイから発生する超音波の位相制御により行われるため，機械的な可動部なしに局所流の制御が行えることが利点の一つである。また，多くの方式では匂い源と空気流制御装置（風の場合ファン，渦輪方式の場合空気砲）が同じ場所にあるか，位置関係が固定されるのに対し，局所流の発生源である超音波トランスデューサアレイと匂い源の配置に自由度を持たせることができることも特色である。この方式は従来方式にはなかった可能性を秘めており，これからの展開が期待される。

5　香りプロジェクタによる匂いの空中提示

筆者らは，空気砲から射出される渦輪により，自由空間を通して匂いを搬送する手法を提案

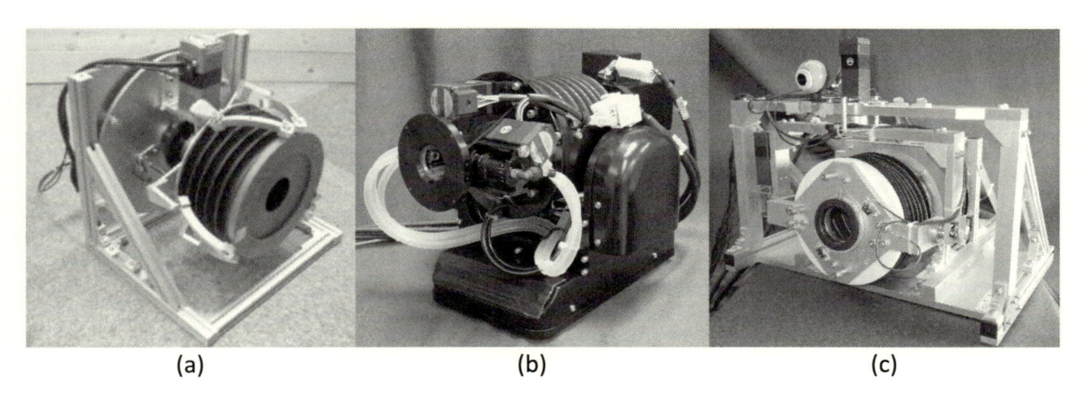

図3　空気砲ユニットおよび香りプロジェクタ試作機

し，この原理に基づく匂いディスプレイを「香りプロジェクタ」と名付けてさまざまな構成を検討してきた。匂い搬送距離は渦輪が形を保ったまま到達可能な距離であり，渦輪の大きさと密接な関連がある。渦輪のサイズは空気砲開口径によって決まるため，どのようなスケールで使用するかによって装置のサイズを決めることになる。経験的には，飛距離 1 m 以内のデスクトップ環境であれば開口径 2 cm 程度，1.5～2 m 程度の距離であれば開口径 5～7 cm 程度が必要である。渦輪の大きさは香りの局所性に対応するので，狙った人にだけ香りを届けるには開口径が大きすぎない，すなわち渦輪のサイズが頭部の大きさ以下であることが望ましいが，渦輪の軌道は崩壊直前になると不安定となるため，確実に匂いを届けるには到達距離に余裕を持たせる，すなわち開口径は大きめの方がよい。空気砲全体の容積は飛距離に直接影響する主要パラメータではないため，開口径と押し出す空気量が確保できるならば全体の容積は縮小可能である。極端な例として，射出準備動作時のみ容積を持ち，非使用時の容積をゼロにした扁平型空気砲（図3(a)）を構成したところ，通常の空気砲と同様に機能した[15)]。渦輪方式は射出する渦輪ごとに異なる香りを届けることも可能であり，匂い切り替え機能を持った香りプロジェクタ（図3(b)）も開発されている[13)]。

当初は渦輪に香りを載せて直接顔面に到達させていたが，渦輪が顔面に当たると渦輪を構成する空気流が瞬間的に強い触覚刺激として感じられた。この触覚刺激は匂いが到達したことをユーザに知らせ嗅ぐことを促すきっかけとして利用できるが，匂い提示の観点からは不自然である。これを解消するため，複数の渦輪を空中で衝突させて意図的に壊し，渦輪に含まれていた香気をその場で滞留させることにより，自由空間中に香りのスポットを生成する方式を考案した[16)]。衝突点をユーザの顔面直前に設定すれば，渦輪本体の強い空気流を感じることなく，渦輪が崩壊した後の緩やかな空気流に乗って届けられる香りを感じることができる。視覚的な空中ディスプレイと組み合わせれば，何もない空間に匂いを発する物体を表示することが可能になる。このコンセプトに基づき，香りによるデジタルサイネージのような用途を想定して，通路を移動する歩行者に対して香りを届けるシステムを構築した[17)]。

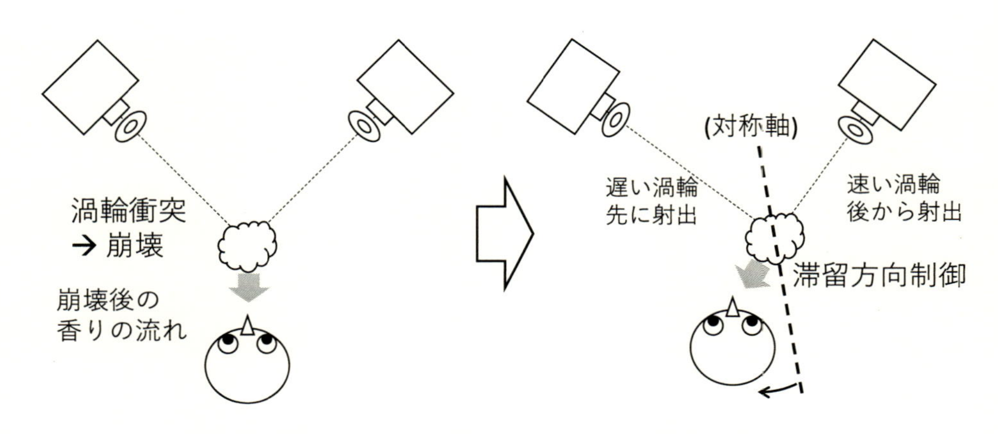

図4　渦輪衝突による香りスポット生成と香り滞留方向制御

渦輪衝突による香りスポット生成を高度化して，衝突後の香気滞留を制御することを試みている（図4)。渦輪崩壊後，渦輪を構成していた空気は2つの渦輪の運動量総和の方向へ流れていくため，衝突直前の渦輪速度を制御することにより，ユーザに対してさまざまな方向から流れてくる匂いを演出できることが期待される。原理検証のための基礎実験を行ったところ，異なる速度の渦輪を衝突させることで，速い渦輪の進行方向に近い方向へ衝突後の空気が流れる現象が観察された[18)]。しかしながら，滞留方向の制御は安定しているとは言いがたく，このコンセプトを実現するには渦輪の軌道安定性を高度なレベルで確保する必要がある。現在，軌道安定性に影響するさまざまな要因を調査している段階である。また，渦輪は射出後，軌道上に香気の「尾」を引きずりながら飛行する現象が観察されている。渦輪本体に閉じ込められる香気の割合を大きく，「尾」に含まれる香気を可能な限り抑制しなければ，真の意味での香りのスポットは実現できない。この問題に関しては，渦輪を構成する空気が射出直前に空気砲開口部のどこに位置していたかを流体シミュレーションにより解析し，開口部エッジ裏側へ局所的に香気を充填すれば最も効率良く渦輪に巻き込まれることを確認した[19)]。今後，この場所に香気を充填する実装法について検討していく予定である。

6　まとめ

匂いディスプレイを構成する要素技術について整理し，その中で空中ディスプレイとしての適合性が高いと考えられる，匂いの時空間制御技術について解説した。自由空間における匂いの分布を制御する技術は発展途上であるが，複数の原理に基づく研究が進行しており，徐々に技術分野としての認識が形成されつつあると感じる。空中映像ディスプレイ，空間音響ディスプレイや空中触覚ディスプレイなどとの組み合わせにより，マルチモーダルな空中インタフェースを実現するべく研究開発を進めていきたい。

文　　献

1) 柳田康幸, 伴野明, 嗅覚ディスプレイ―におい・香りのマルチメディアツール―, 第3章, 34, フレグランスジャーナル社 (2008)
2) D.-W. Kim *et al.*, *Proc. 16th IEEE Intl. Conf. on Electronics, Circuits, and Systems (ICECS) 2009*, 703 (2009)
3) Y. Ariyakul and T. Nakamoto, *Proc. 21st Intl. Conf. on Artificial Reality and Telexistence (ICAT 2011)*, 5 (2011)
4) A. Kadowaki *et al.*, *Proc. 17th Intl. Conf. on Artificial Reality and Telexistence (ICAT 2007)*, 97 (2007)
5) A. Matsui *et al.*, *Mol. Biol. Evol.*, **27**(5), 1192 (2010)
6) T. Nakamoto and H. P. D. *Minh, Proc. IEEE Virtual Reality 2007*, 179 (2007)
7) 重野寛ほか, 日本バーチャルリアリティ学会誌, **7**(3), 171 (2002)
8) H. Matsukura *et al.*, *Presence*, **19**(6), 513 (2011)
9) U. Haque, Scents of Space: an interactive smell system, ACM SIGGRAPH 2004 Sketches (2004)
10) H. Matsukura *et al.*, *IEEE Trans. Vis. Comput. Graph.*, **19**(4), 606 (2013)
11) K. Hirota *et al.*, *Proc. World Haptics 2013*, 509 (2013)
12) T. Yamada *et al.*, *Proc. IEEE Virtual Reality 2006*, 205 (2006)
13) Y. Yanagida *et al.*, *Proc. IEEE Virtual Reality 2004*, 43 (2004)
14) K. Hasegawa *et al.*, *IEEE Trans. Vis. Comput. Graph.*, **24**(4), 1477 (2018)
15) 田中丸龍哉ほか, 第15回日本バーチャルリアリティ学会大会論文集, 324 (2010)
16) F. Nakaizumi *et al.*, *Proc. IEEE Virtual Reality 2006*, 207 (2006)
17) K. Murai *et al.*, *Proc. First IEEE International Symposium on Virtual Reality Innovation (ISVRI) 2011*, 67 (2011)
18) Y. Yanagida *et al.*, *Proc. IEEE Virtual Reality 2013*, 151 (2013)
19) 西尾泰輔, 柳田康幸, 日本バーチャルリアリティ学会研究報告, 18 (SBR-1), SBR2013-6 (2013)

第Ⅳ編
応用展開

第1章　通り抜けられる大型空中ディスプレイの開発とその応用

菊田勇人*

1　はじめに

未来に期待されるディスプレイとはどういったものだろうか。SF映画などに代表されるような人々が空想する未来を実現したいという思いから，我々は空中ディスプレイという技術に着目した。何も存在しない空間上に映像が投影されるという技術は，今までの表示装置にはない大きな特徴を持っている。それは未来の社会に新たな価値を与える可能性を秘めた表示技術であると言えるだろう。

我々は空中ディスプレイ技術を製品応用するため，研究開発を進めている。本稿はその研究の中で試作した大型空中ディスプレイの開発について述べる。空中映像を構成する部材構造において，発生した2つの課題を挙げ，それを解決するための構造およびシステムの開発内容について述べる。また大型化した空中ディスプレイにおいて，製品適用できる応用先を考察し，今後の展望を述べる。

2　空中映像表示技術

空中に映像を投影する技術はいくつか考案されているが，当社では再帰反射を利用した空中映像表示技術を採用した。この方式は主に3つの部材を組み合わせて構成される。まず1つは光源となる映像表示器である。次にビームスプリッタと呼ばれる入射した光を反射と透過に分離する素材である。これはハーフミラーやガラス，アクリル板などが代表される。最後に再帰反射シートと呼ばれる光学部材である。これは入射した光を，その入射方向と同方向に反射させる部材となっている。以上の3つの部材を図1のように配置をすることで空中に映像を結像することができる。まず光源から拡散する映像光はビームスプリッタの表面で反射を行い，再帰反射シートへと向かう。次に再帰反射シートに入射した映像光は再帰反射することで，再度ビームスプリッタへと向かう。最後にビームスプリッタに入射した光が透過し，見ている人へと向かう。この光路は光源のある点からの拡散光に着目すると，ビームスプリッタに対し面対称の位置に再度集結するという特徴を持つ。そこで再結集した光はそこから再度拡散して見ている人に届くので，視覚的にはあたかも再集結した空間上の点に光源があるように感じる。この結像光路の基礎

*　Hayato Kikuta　三菱電機㈱　先端技術総合研究所　映像処理技術部
映像処理基盤技術グループ　研究員

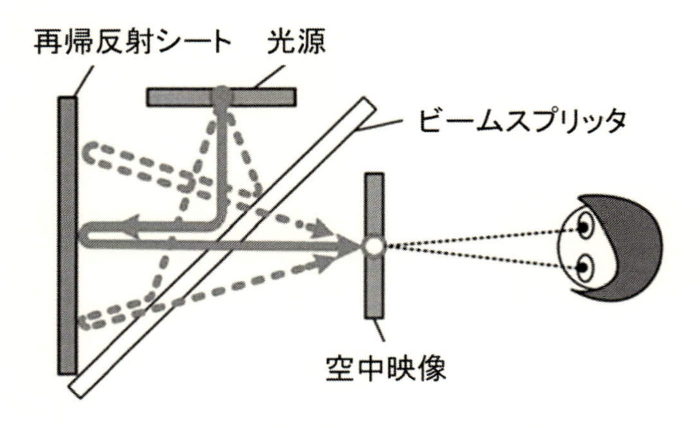

図１　再帰性反射を用いた空中映像結像構造

原理[1]は1968年より提唱されており，現在は現宇都宮大学の山本准教授により，AIRR（Aerial Imaging by Retro-Reflection）[2]という名称で研究されている。

この手法の利点として，構造の形状およびサイズの自由度の高さが挙げられる。光源はLED（Light Emitting Diode）ディスプレイやLCD（Liquid Crystal Display）を用いることで多種多様な形状サイズの映像を投影できる。ビームスプリッタについては，アクリル板であれば比較的安価に多様なサイズを構築することが可能である。再帰反射材は一般的には視認性向上のための安全ベストや交通標識に用いられており量産技術が発達しており，大きなサイズも対応可能である。

我々はこの利点を活かした試作機の開発を目指し，その結果，対角56インチサイズの空中ディスプレイ試作機を開発した。次節にて，試作機開発の際に直面した課題について述べる。

3　大型空中映像の課題

本試作開発を進めていく中で２つの課題があった。１つは構成部材の奥側に，空中映像とは異なる鏡像が見えてしまう問題である。我々が「反射像」と呼称しているこの鏡像は，図２のように視点位置によっては空中映像の近くに視認できてしまい，空中ディスプレイとしての品位を低下する要因となってしまう。

もう１つの課題は構造が大型化するにつれて空中映像の画質が低下する点である。図３は文字映像を入力映像とし，映像サイズは変化させずに部材構造を大型化した際の空中映像の見え方を比較したものとなっている。大型化するにつれて表示される文字の明るさが暗くなり，ぼやけて文字形状が認識しにくくなっていくことが分かる。

次節より各課題に対して，原因を考察し，試作システムとして実装した解決方法について詳細を述べる。

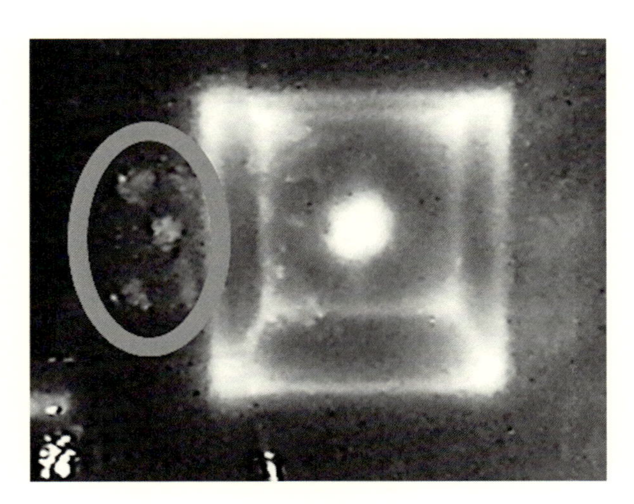

図2　反射像の発生

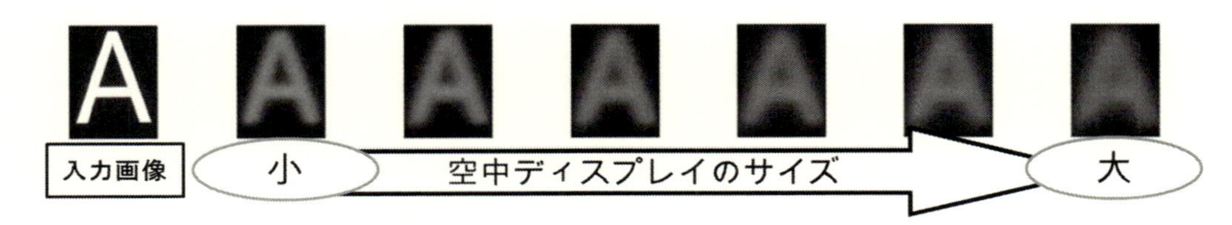

図3　構造大型化と画質との関係

4　反射像の不可視化

反射像の発生原因は再帰反射シートの表面に起こる鏡面反射にある。再帰反射シートの表面にあるコーティングにより，入射される光の一部が鏡面反射し，図4上に示すような再帰反射シートの奥，正確には空中映像の結像位置から見て再帰反射シートに対し面対称の位置に鏡像が発生する。また配置構造によっては，光源から直接再帰反射シートへと向かう光が鏡面反射して，ビームスプリッタを透過し観察者に届く場合がある。その光路を辿る場合には光源から見て再帰反射シートに対し面対称の位置に反射像が表示される。これら反射像は元々の再帰反射シートの表面特性によるものであり，表面加工による解決は困難であった。

そこで我々はこの反射像の課題を配置構造によって解決することにした。具体的には再帰反射シートの配置構造を変化させることで，空中映像および見る人がいる方向に反射像が視認できる光路が存在しないようにした。図4下が実際の試作機で用いた構造となる。再帰反射シートを従来の平面構造から曲面構造に変え，また見る人の方向から傾けた角度となるように配設した。これにより反射像の光路にある鏡面反射の角度が変化し，図4下の下方向に光が進行する。さらに両サイドに壁を設けて空中映像が見える範囲を限定することで，反射像が見える光路は全て

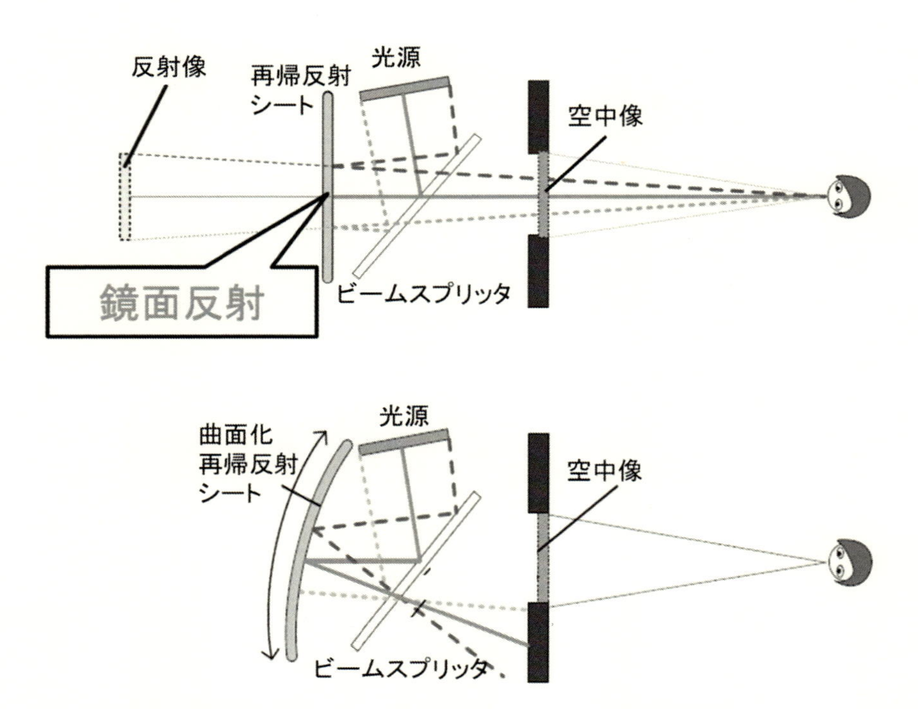

図4　反射像の結像光路（上），提案構造による反射像の不可視化（下）

壁に当たり，見る人まで反射像が届かないように設計した。なお再帰反射シートの配置角度について反射像が見えない寸前の角度にしている理由は，再帰反射シートの構造上，再帰反射精度が入射角度に依存しており，できる限り入射角度を直角に近づけるためである。

5　大型空中映像の画質低下

空中映像の画質を左右する要因は結像光路までの各部材性能によるものであり，複数存在する。その中でも空中映像の大型化により画質低下を引き起こす直接的な原因は，再帰反射シートにおける再帰反射精度によるものが考えられる。

再帰反射シートは前述したように安全ベストや交通標識に使われており，車のヘッドライトからの光を再帰反射してドライバーに届かせることで視認性を向上させる狙いがある。そのため，再帰反射シートの再帰反射精度は入射方向と全く同方向に返すのではなく，その方向軸を中心に光が広がるように反射する。つまり，空中映像の構造において再帰反射した後，ビームスプリッタを透過して見ている人に届くまでの光路長が長いほど，空中映像を構成する光は広がっていき，暗く，ぼやけていく。

空中ディスプレイの試作に向けて，空中映像の画質は大型化設計における重要な指標となることから，我々はまず，空中映像の画質の定量評価環境の構築を行った。我々の構築した評価環境ではビームスプリッタから空中映像までの距離を浮遊距離（floating distance）とし，その変化に応じたぼやけ度合いを評価する。光源とするLCDに白い水平バーの画像を表示させ，投影した空中像をカメラで撮像し画像解析を行った。この際LCDとビームスプリッタとの距離を測定する。これは空中映像とビームスプリッタとの距離である浮遊距離と同じであるためである。またぼやけ度合いの評価は明るさと鮮明度の２つを評価対象とした。明るさには階調値の最大を輝度に変換し，評価値とした。鮮明度は水平バー画像の中心を垂直に走査した輝度プロットグラフを作成し，その輝度の中で半値となる位置の傾きを算出し，鮮明度の評価値とした。

明るさと鮮明度の評価結果を図５および図６に示す。図５は浮遊距離を横軸に，明るさを示す輝度値を縦軸としたものである。浮遊距離が大きくなるにつれて単調減少していることが確認できる。図６のプロット点は浮遊距離を横軸に，半値の傾きを縦軸としたものである。浮遊距離が大きくなるにつれ傾きが減少，つまり水平バーの画像エッジが鈍っていきぼやけていくことが確認できる。また図６の破線は理想的なガウス関数において，縦軸の半値の傾きに対し，一般的に画像鮮明度の指標として用いられる半値全幅を横軸としたものである。前述したプロット点を同様の軌跡を辿ることから，浮遊距離の増大により半値全幅は線形増加をすると考察できる。以上より，空中ディスプレイの大型化による浮遊距離の増加は再帰反射精度に応じた光の広がりで線形的に明るさと鮮明さが低下してしまうことが分かった。

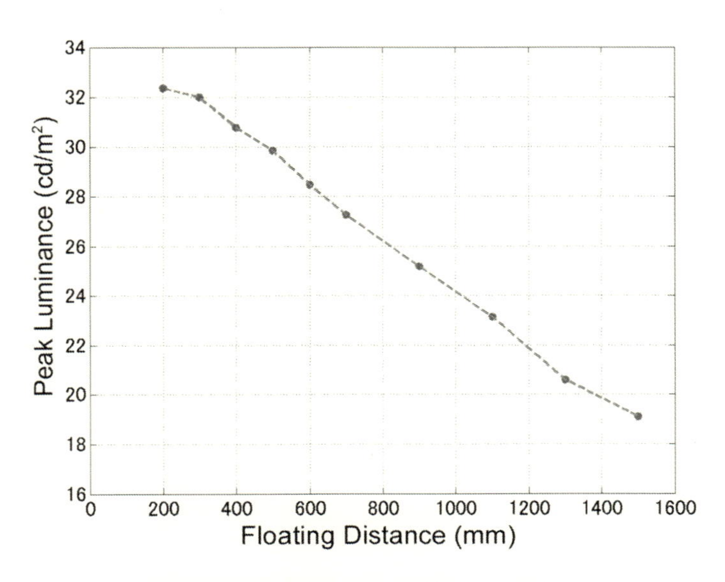

図５　空中映像の明るさと浮遊距離との関係性

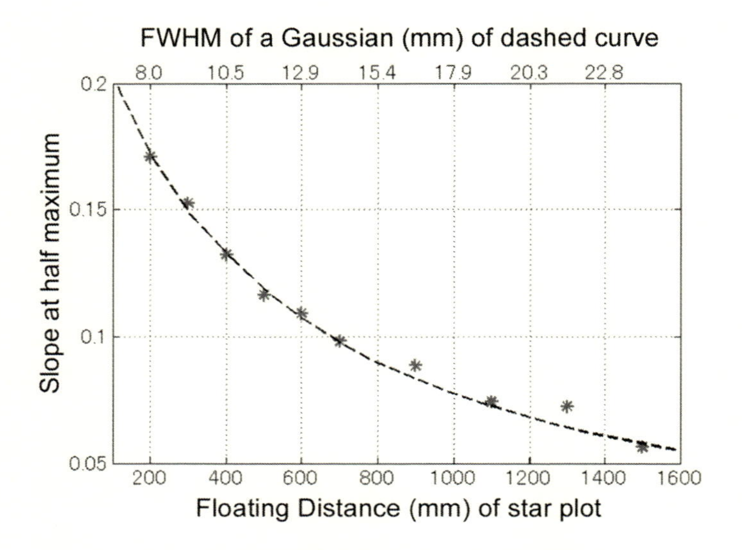

図 6　空中映像の鮮明度と浮遊距離との関係性

6　ガイド映像を用いたゲートシステム

前述した画質低下を解決するためには，部材性能を向上させることが根本的な解決となるが，我々は空中映像を利用したシステムの中で，画質低下に対する対抗策を考案した。それはガイド映像による見ている者の焦点補正である。

空中映像における画質低下は，映像品位を落とすだけではなく，空中映像独自の特徴である「何もない空間に映像が投影される」点にも影響を与える。ぼやけが大きいと，見ている者が空中映像の結像位置を視覚的に認識することが困難となり，再帰反射シート上に貼りついた映像であると誤認識してしまう。これでは空中映像の利用価値自体が失われる。

我々はこの問題に対して，空中映像の両サイドにシームレスに映像が繋がるガイド映像を設置することで，見ている者に空中映像に焦点が合いやすくするシステムを構築した。開発した試作機の構造図を図 7 に示す。空中映像が結像する位置の両側に壁を設置し，そこにプロジェクターで映像を投影する。これにより 3 面の映像が繋がり，中央の映像のみ通り抜け可能な対角 90 インチの大型表示システムとなっている。

本試作機における活用例として，我々はゲートシステムを考えている。空港の搭乗ゲートや駅などの改札など，ガイド映像による案内と，利用者が通る道に空中映像を利用することで，どんな人でも間違えずに通行できるシステムが構築できると考えた。本システムの映像デモでは IC カード連動による通行ゲートのデモを実施し，その効果を体験できるようにした。

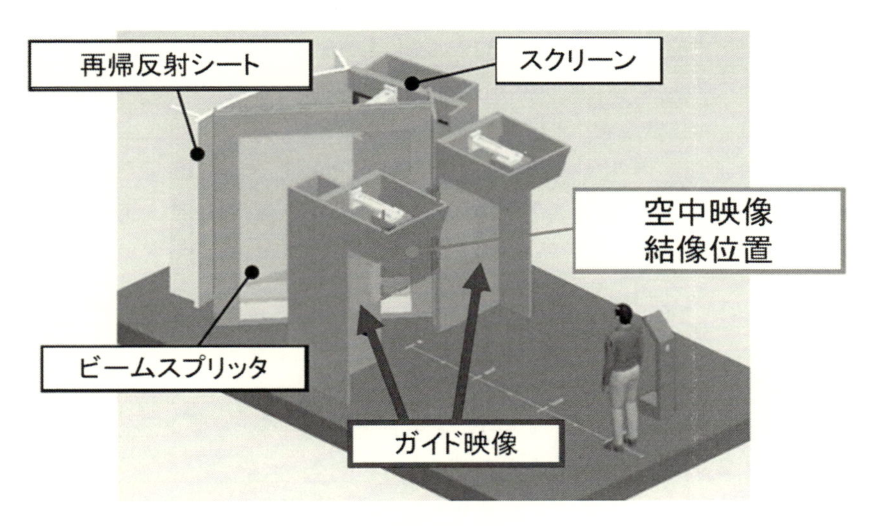

図７　試作機の構造図

7　試作機の開発結果と今後の課題

本試作機は 2016 年２月に研究開発成果披露会[3]にてデモを行った（図８参照）。空中映像自体が初見である者も多く，サイネージ等の用途としてインパクトがある映像表示装置として印象付けた。また大型のゲートシステムとして映像を通り抜けるデモではその応用可能性について評価される結果となった。

本試作機における課題としては設置筐体のサイズおよび位置制約が挙げられる。通常のディス

図８　開発試作機

プレイに追加して部材が必要となるため，映像サイズに比べ筐体サイズが大きくなる。また見る人の視線上にビームスプリッタと再帰反射シートが必要となるため，今回のようなゲートシステムとしての利用の場合には直進すると部材に衝突してしまう問題が発生してしまう。そのため今後の製品化提案に向けては，空中映像の構造小型化に向けた設計技術の研究だけではなく，空中映像を利用したシステムとして，利用環境に応じた構造設計や表示システム構築が必要であると考える。

8 おわりに

近年ではサイネージや大型ディスプレイ等，ディスプレイ装置が多種多様な場で活用され，映像表示システムは社会に完全に溶け込んだものとなっている。その中で今回開発した，空中映像という今までの表示装置にはない特徴を有する技術を用いた映像表示システムは，今後の新しい社会システムを形成する一要素になり得ると考えている。そしてその実現のためにも，本試作によるゲートシステムのみならず，様々な活用方法を模索し，多岐にわたる製品化提案ができるよう今後も我々は研究を進める所存である。

文　　献

1) C. B. Burckhardt *et al.*, *Appl. Optics*, **7**, 627 (1968)
2) H. Yamamoto and S. Suyama, Proc. SPIE 8648, Stereoscopic Displays and Applications XXIV (March 12, 2013)
3) Mitsubishi Electric Corp. News Release (2016), http://www.mitsubishielectric.com/news/2016/0217-e.html

第2章　博物館・商業施設への応用

石川　洵*

1　はじめに

当社では，本書のタイトルである「空中ディスプレイ」を含む，「スクリーンの存在が認識されないように構成され，空間に映像が表示される映像システム」を「空間映像」と名付け開発に取り組んできた。

従来の私たちの映像の見方は，定まった画面を見るという，映画，テレビ，の鑑賞方式そのものであった。すなわち，画面は，現実世界と窓向こうの映像世界を隔てる障壁として厳然として存在し，両者が交わることがなかった。

しかし，空中ディスプレイを含む「空間映像」では，映像は，現実空間の一部としてシームレスに空間に融合して，手に触れることができるような身近なものとして存在することができる(図1右)[4]。

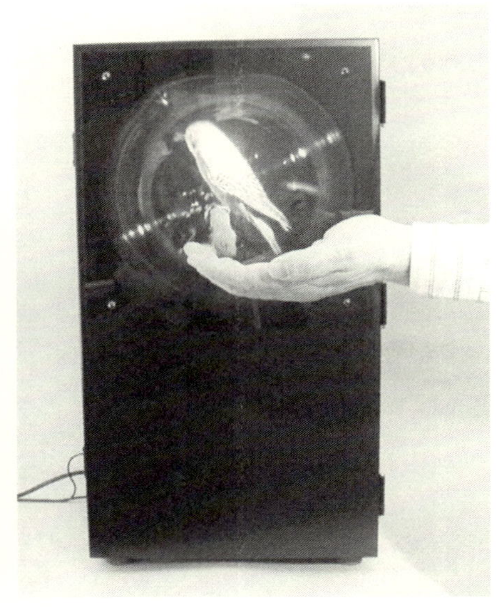

図1　触れない従来映像（左）と触れる映像・空間プロジェクター（右）

---

*　Jun Ishikawa　㈲石川光学造形研究所　代表取締役

2　空間映像の種類と構成

空間映像は，博物館展示における実物と映像の融合や，商業施設の空間演出において，映像を媒体とした別世界を創り出す力を持っている。もちろん，空間映像と言っても何の仕掛けもない所に表示することは不可能であるから，そこには映像システムが存在する。

本稿では，空中像としても定義可能な，空間映像の3つの実現形態である実像系，虚像系，ホログラフィ，を紹介し，その最適な応用分野である博物館・商業施設，への応用について解説する。

2. 1　虚像系システム

地下鉄の車内から外を見ると，窓ガラスに映った自分が車外に居るように見えた経験があるだろう。虚像系の空間映像はこれと同じで，ガラス板やハーフミラーに映る像を利用する。

虚像系は，収差がなく像が歪まず，凹面鏡やレンズを使わないので大型化しやすい。ただし，像の手前には必ずガラスやハーフミラーの窓が必要である。

2. 1. 1　虚像系の原型

虚像系空間映像の原型は，19世紀ヨーロッパで盛んだった幽霊舞台（図2）[1]に範がある。舞台下方に斜めに横たわった役者は，舞台に貼られた大ガラスに映り，虚像は，舞台上の剣を持った役者と同じ空間に現れる。この虚像は実際の役者が映ったものであるから紛れもなく完全な立体であり，現代の虚像系空間映像よりかえってリアルである。復刻再演されたらきっと面白いだろう。

図2　幽霊舞台

2. 1. 2　映像化されたシステム

現代の技術で虚像の原画を映像に変えたものが図3の虚像系空間映像システムである[3)]。

幽霊舞台の下の役者に相当するものは画像表示装置に表示された人物映像であり，舞台上の役者は模型やジオラマに変わっている。映像は2次元であるが，虚像周辺に配置された模型が立体なので，視覚心理効果で映像も立体に感じられる。

テーマパークでは，この構成で，舞台上の役者と映像のアニメキャラクターの絡みで上演しているアトラクションがある。

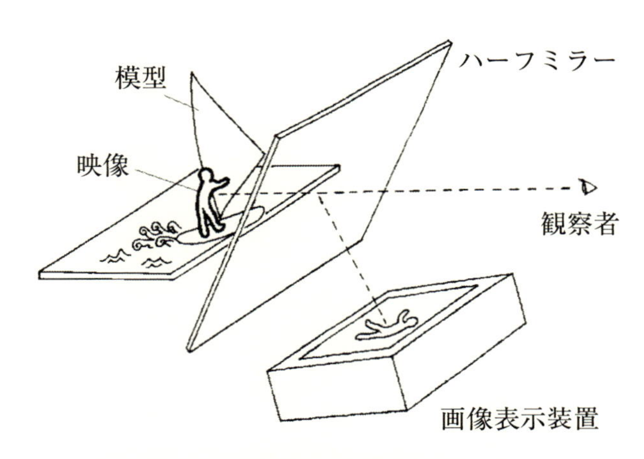

図3　映像を用いる現代の虚像系空間映像システム

2. 1. 3　両眼視差を備えた虚像系システム

超指向性スクリーンを用い明室内で，専用眼鏡なしで3D映像を見られるシステム「3D・B-Vision」は図4の構成を持つ。スクリーンで反射した映像はハーフミラーで反射して観察者の両眼に届く[4)]。

映像は両眼視差を持ったステレオ画像であり，同時に虚像系空中像である。

ハーフミラーを用いる利点はまた，映像が見える空間に実物や模型を配置し，立体物と立体映像の合成という今までなかった展示が可能になったことである。

立体物と立体映像の組み合わせは，建物と人，乗り物と人，機械と内部配線，ジオラマと祭りの映像等，さまざまに応用が可能である。

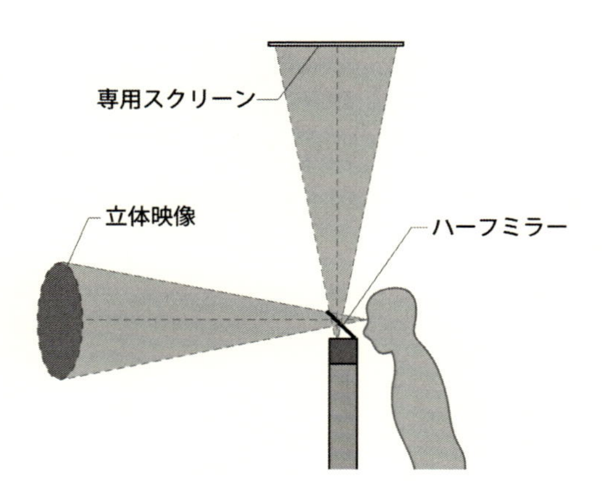

図4　3D・B-Vision

観客１人あたり１ユニットを要する装置ではあるが，本体が小さいため（図５）複数台設置してもスペースを取らない。

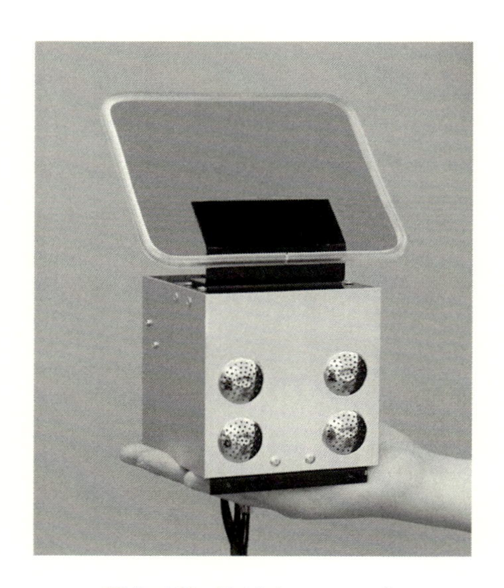

図５　3D・B-Vision ユニット

2. 2　実像系システム

2. 2. 1　実像系システムとしくみ

結像光学系を用いて，実像をその光軸延長方向から観察するもので，日常生活でほとんどない視覚体験であり，見た人には新鮮な驚きがある。

凹面鏡やレンズの結像光学系によって作られた，映像表示デバイス画面の実像を，光軸方向から観察すると空中像が観察できる（図６）[2]。

図１右は正面観察タイプ，図７はテーブルに組み込んだタイプである[4]。

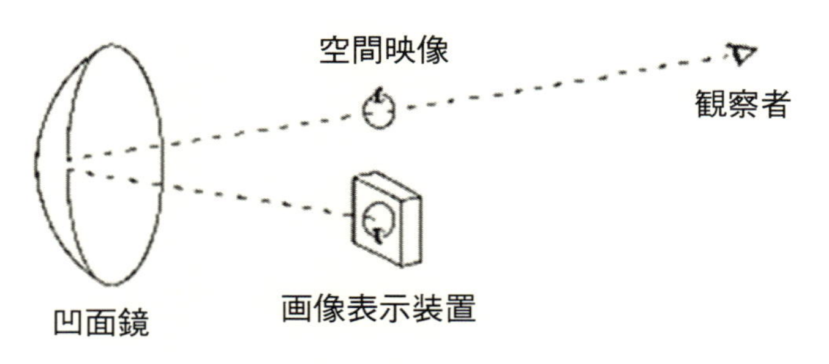

図 6　実像系の構成

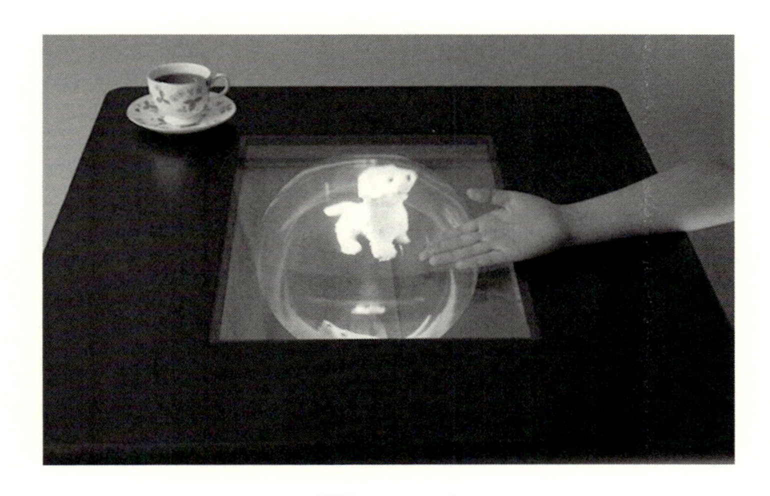

図 7　pop＊pix

2. 2. 2　多方向提示システム

飛び出し距離を長くした実像系空間映像は視域が狭くなるが，この性質を利用すると，同じ位置に複数の映像を表示し，観察方向によって相異なる映像が見えるようにすることができる。図 8 はその装置「魔法球ディスプレイ」[4]の表示部で，透明の中空球の中に表示された空間映像は最小 36 度ピッチで見る方向により違った映像が見えるように構成されている。

図8　魔法球ディスプレイ

2.3　ホログラフィ

ホログラフィは1枚のフィルムから完全な立体画像を再現できる映像技術である。

1948年，D.ガボールにより考案され，レーザーの発明により1960年代実用化した。

再生画像は実物と見分けがつかないほど精緻である。

唯一の難点は電子化による動画がまだ実用レベルになく，動画の実現がまだ先であることだが，フィルム記録の静止画に関しては完璧な立体再現力を持つ完成した技術である。

また，ワンアクションのみの動画であれば，マルチプレックス・ホログラムというタイプで1970年代から実現している。

図9は，当社で制作した，つくば科学博で使用された，縦1.5 m，直径2 mの大型マルチプレックス・ホログラムである[4)]。

図9　つくばエキスポセンター，マルチプレックス・ホログラム（1985年）

3　博物館での応用

文化の多様化に伴い，博物館の範疇も大きく変化した（図10）[3)]。

従来の学術的な資料を収集，調査し展示する狭義の施設の範囲を超え，英語のmuseumのように，美術館，科学館，産業館，水族館はもちろん，音楽，映画，アニメ，漫画といったポップカルチャー系も含むものへとその幅が広がっている。

こうした博物館における映像の主な役割は，見えない構造の可視化，動きや使われ方の表示といった映像によるサポートで学習・理解を助ける，館内に持ち込めないスケールの事象を映像表示で展示品とともに紹介するといったことであると考える。

しかし，実際の映像の導入例ではシアター形式が多い。これは映写コーナーを設け，十人から数十人程度収容して5～10分くらいのビデオ等を上映するものである。

こうしたシアター映像はむしろ学校や公民館で上映し啓蒙と来館促進に役立てるのが良いのではないかと思う。館内ではもっと展示物と融合したオンサイト表示型の映像が有効と思われ，そこには空間映像の出番があるだろう。

参考として，当社のシステムの中で，科学館にて最も人気の高かった空間映像楽器を紹介したい。

図11は，実像型による空中像と赤外ビームセンサーを組み合わせた空間映像楽器である[4)]。

上下バーの間の空間にある葉のアイコンに触れると，それぞれの葉に対応した音程の音が出て簡単な演奏ができる。この技術は，楽器だけでなく，空間タッチパネルとして色々な用途に使える。

数回科学館にて展示したが，大変人気が高かった。一見遊具と思われがちだが，視覚の不思議や，見えない赤外線センサーのしくみ，電子楽器の成り立ちなどいろいろ考える入口になったらうれしい。さらにはプログラミング練習にも使えるかもしれない。

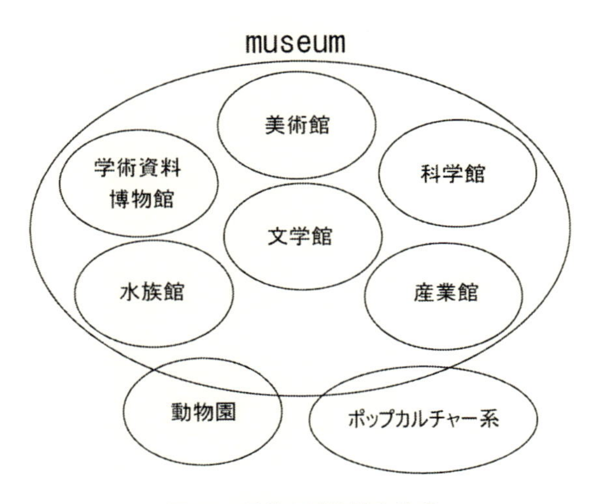

図10　現代の博物館の範疇

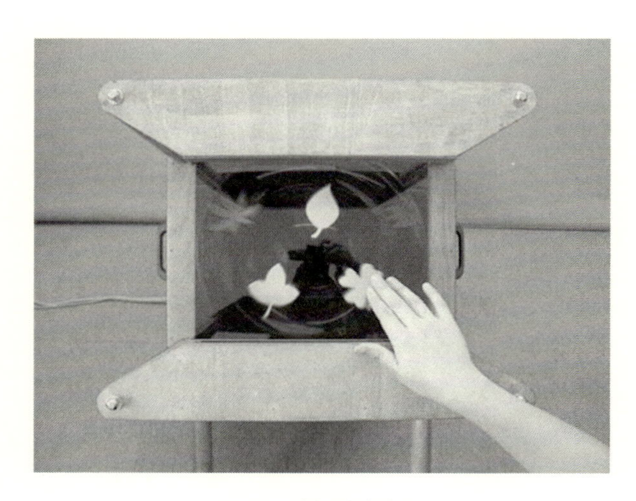

図11　空間映像楽器

4　商業施設での利用

商業施設における空間映像の利用は，装飾内装と商品のPOPが主である。しかし，POPの場合はメーカーが大量に発注し多くの店舗に配ることにより成り立つので，広告宣伝の分野である。

これに対して装飾内装は美しさを競い店舗集客力を高めるのが目的なので，同じ素材を使ってもいかにユニークな物ができるかが勝負である。

空間映像は，費用対効果を考えると，今のところ巨大な物は実現しにくい。したがって視線高

図12　大型クリスマスツリー

さでキラリと目立つような物が求められる。

図 12 は，大型クリスマスツリーの幹の下方の視線高さに空間プロジェクターが用いられた例である。

5　おわりに

博物館展示における主役は通常，展示物であり，映像にはそのサポートとして，理解を一層深めるための役割を求められているだろう。そこでは，映像は展示物に対し，シームレスに融合できるものが望ましい。一方，商業施設においては，映像は，店舗をより美しくして集客力を高める役割を担っており，スパイスのように小粒でも効くようなアイキャッチ力と美しさを求められているだろう。

どちらの場合も，技術スペックといったハード面よりもむしろ，博物館では学習効果，商業施設ではデザイン性といったソフト面が重視されるだろう。

空間映像はこうした環境を作り出すのに最適な技術となる。

こうした映像と物質がシームレスにつなげる技術は，博物館や商業施設のみならず，住宅インテリア，自動車，家電製品など，生活のさまざまなシーンに応用可能となって行くだろう。

博物館展示や商業施設で培った技術が，さらにこうした生活シーンを豊かにするためのキーとしても応用されて行くことを願ってやまない。

文　　献

1) 桑山哲郎，辻内順平（編），“ホログラフィックディスプレイ”，産業図書，p.24 (1990)
2) 尾上守夫ほか，“3 次元映像ハンドブック”，朝倉書店，p.207 (2006)
3) 石川洵，“博物館向け空間像系展示映像システム”，画像電子学会，画像電子ミュージアムテクニカルセッション 14
4) 石川光学造形研究所製品カタログ，3D・B-Vision スタンドタイプ，空間プロジェクター，魔法球ディスプレイ，来るくる，pop * pix，ホログラフィ

第3章　テーブルトップでの作業に適した裸眼3次元ディスプレイ技術「fVisiOn」

吉田俊介*

1　はじめに

机やテーブルの上の空間（以下，テーブルトップ）は，古くから様々な作業を行う場所として広く利用されてきた。ディジタル化が進んだ現代でも，「デスクトップ」と名付けられたバーチャルな作業空間がパーソナルコンピュータに用意されている。パーソナルコンピュータは主に個人単位，プライベートでの作業が中心であるが，テーブルトップは複数人での共同作業，すなわちパブリックな場としても利活用がされてきた。例えば実生活においては，書類や製品モックアップをテーブルに置きつつ周囲の人々と議論を進めるように，複数人がテーブルトップというパブリックな場にてモノやコトを共有しつつ，協同して作業をする場面をよく目にする。そのような多人数でのコミュニケーションをコンピュータで支援することを考えた場合，ディジタルな映像コンテンツも，生活する3次元（3D）空間に存在する実物と同じように表示・利活用できる技術，すなわちテーブルトップでの作業に適した3D映像の提示技術とインタラクション技術が求められる。

我々は，そのような多人数でのコミュニケーションで用いられることを想定した，新しいテーブルトップ3Dディスプレイを研究開発している[1,2]。提案手法により試作されたシステム「fVisiOn（エフ・ビジョン）」は，何もない平らなテーブルトップ面（flat tabletop surface）に，高さのある3D映像を浮かび上がらせて提示（floating 3D standing image）できる。また表示原理は，着座時のような周囲360度から（from omnidirection of 360°）見下ろすような観察に特化している。何人でも同時に特殊なメガネを使わずに自然に利用可能なインタフェース（friendly interface for multiple people）となることを目指しており，プライベートのみならずパブリックな場でのテーブルトップを介したコミュニケーションを促進させるためのツールである。

図1に本技術にて再生される3D映像の例を示す。写真には，テーブルトップに3D映像が再生され，そのすぐ隣に実物である鏡とおもちゃのアヒルが置かれている状況が示される。撮影した位置からはCGと実物の見え方に違和感がなく，双方の像が鏡の中でも実物があるのと同様に反射して裏側の像が観察できる様子からも，全周方向に立体物として情報が再現されていることが確認できる。また，提案する原理ではテーブルトップに再生原理がないため，一般的な円卓の

* Shunsuke Yoshida　(国研)情報通信研究機構　ユニバーサルコミュニケーション研究所
情報利活用基盤総合研究室　主任研究員

図1　メガネなしテーブルトップ3Dディスプレイ「fVisiOn」

ように実物と一緒に3D映像を利用することができる。

本章では，テーブルトップでの作業に適した3D映像の提示技術を考察したのち，我々の提案する3D映像の再生原理と，その応用事例について述べる。

2　テーブルトップでの作業に適した3D映像

バーチャルな立体物をテーブルトップで自然に共有している感覚を提供するためには，次に記すような幾つかの条件を満たす必要があると考える。①テーブルの周囲あらゆる方向から適切な3D映像が観察可能であること。②表示原理が作業空間を占有したりテーブルトップでの作業の邪魔にならないこと。③観察者の人数に制限がないこと。④自然なコミュニケーションを阻害する特殊なメガネなど観察者に負担となる装備を必要としないこと。

テーブルトップを囲む協調作業に3D映像を取り入れる試みは，メガネ式の両眼立体視と視点追従装置を用いたものなどが以前より提案されている[3]。近年では，頭部装着型ディスプレイの低価格化が進み，それを用いて複数人でバーチャル空間を共有することもできる。これらは条件①を満たすが，個々人が特殊な機器を装着して体験するものであるため，普段のテーブルトップ作業を自然に支援するという④の目的に適さない。

インテグラルイメージングなどによる裸眼3Dディスプレイ[4]をテーブルに平置きすることによって，条件①，②，④をある程度満たすことができる。ただし，一般的にそれらの観察領域はディスプレイ面に対して垂直方向で，観察範囲も狭いため，テーブルの用途では直上からの観察が最適となり周囲からの観察には適さない。

裸眼で周囲からの観察を目的とした3Dディスプレイとして，ボリュームディスプレイが複数の原理で提案されている[5]。これらは条件①，③，④を満たすが，原理の多くがケース状の装置をテーブルトップに必要とするため，条件②を満たせない。

また，ある場所に置いた実物の像を2回反射によって別の場所に結像させる光学素子が開発されており，それをテーブルトップに浮かぶ空中像として利用することもできる。古典的な凹面鏡を重ね合わせた光学系は，完全な立体の像をテーブルトップに生じさせることができるが，単に実物の像を空中に結ぶだけではコンピュータ支援にはならない。そこでLCDを映像源とした空中像へのインタラクションを試みる手法が提案されている[6]。しかしながら，平面のLCDの空中像は同じく平面像となるために，条件①，③の達成は限定的である。

そこで上記の条件すべてを満たすものとして，テーブル型の裸眼3Dディスプレイが幾つかの方式[7~9]で提案されている。それらの多くは，高速に回転する円盤状のデバイスや高フレームレートのプロジェクタを原理に用いるが，再生手法が時分割であるために，3D映像の観察できる方向数，表現できる色数や映像の更新速度などがトレードオフの関係となり，フルカラーの3D映像を生成しにくく，インタラクティブなアプリケーションに利用しにくいという課題があった。

一方で我々が提案する3D映像の再生手法[1,2]は，テーブル内に映像を再生する全ての機構を配置することによって，テーブルトップの作業領域を担保して条件②を満たす。また，像を観察できる領域（視域）をテーブルの周囲の上方，円環状に定義することで条件①を満たし，テーブル中央付近に周囲360度から裸眼で観察可能な条件③，④を満たす3D映像を再生する。また，再生原理から高速度デバイスを排することによって，フルカラーの全周3D映像が再生しやすいものとなっている。さらに，3D映像の周囲やテーブルトップの真下にはスクリーンしかないために，センサ類を配置することが容易で，インタラクティブな3D映像体験が提供しやすいという利点もある。

3 fVisiOnにおける全周3D映像の再生技術

3. 1 大量の光線群による3D形状の再現

提案する再生原理を図2に模式的に示す。現実世界において，テーブルトップに存在する立体形状の表面の点（Pa）に着目すると，照明された各々の点は四方八方に異なる強度で光を放つ点光源と見なすことができる。観察者の両眼はそれらの一部を捉え，各眼に集光した像に差があることから立体感が得られる。提案原理では光を離散的な光線群とみなし，Paを通過する様々な方向の光線を生み出し，適切に光の情報を計算して割り当てることにより，立体物が存在する光の状態を再現する。

提案手法は，指向性のある光学性能を備えた錐体状の光学素子と，円環状に配置された多数のプロジェクタを用いることを特徴としている。光学素子は背面投影型スクリーンの一種である（よって，以下スクリーンと呼ぶ）が，入射した1本の光線を，鉛直面方向では拡散し，水平面

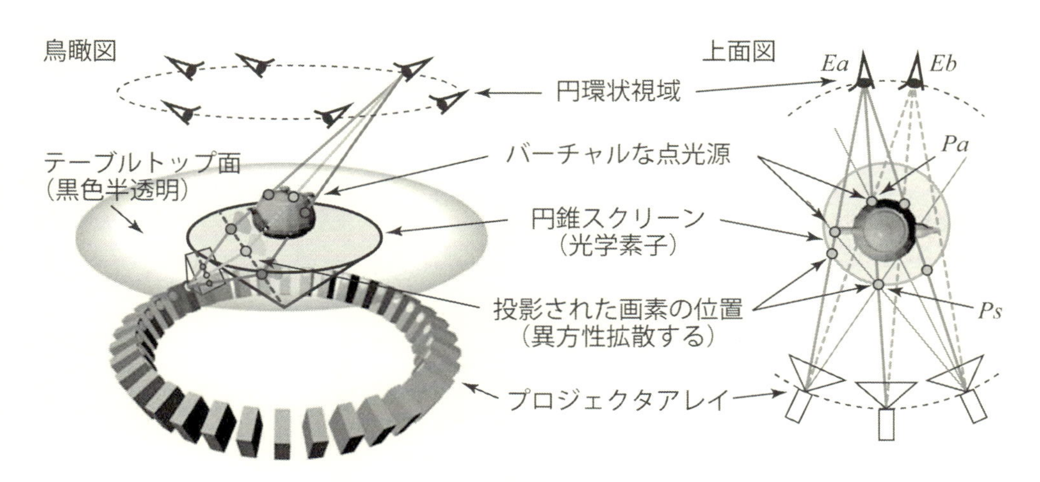

図２　全周 3D 映像が光線群で再生される原理

方向ではほとんど拡散させず直進させる異方性拡散の効果を持つ。プロジェクタはここでは簡単のために，投影中心から異なる方角へ向かう光線を画素数分生成する装置だと見なす。

観察者はテーブルの周囲上方に定義する円環状視域から，スクリーンの側面（図のように円錐の内面）を観察することになる。スクリーンの外面に下方から入射する各光線は，スクリーンの異方性拡散性能によって鉛直面でのみ扇形に拡散して，内面側から上方に放出される。円環状視域に位置する観察者の目は，それらの画素毎の扇形拡散光の各々一部を捉える（図２左）。これを水平面で考えると，スクリーンに入射した各光線はそのままの方向に直進し，円環状視域に到達する（図２右）。すなわちプロジェクタの各画素は，スクリーンに投影される位置（Ps）と，拡散光の扇と視域の環の交点である視点の位置（Ea）とを結ぶ線分上の情報を作ることができる。このようにして様々な方向の光線群が生成される状態を踏まえ，線分 Ea-Ps と「ある」と仮定する物体表面との交点 Pa を計算より求め，その方向の光の情報を画素値として与えればよい。

円環状視域のある点 Ea に着目した場合，多数のプロジェクタから投写される一部の光線らが集合した状態とみなせる。上記の状態を鉛直面と水平面で組み合わせて考えると，１つのプロジェクタから投影される画像（要素画像）は，異方性拡散の結果，ある視点では縦筋状の一部のみがスクリーン上に観察されることになる。これら縦筋状の光線群が大量に横に連なり，観察者の眼には結果的に１つの像として観察される（実線）。一方，円環状視域上の別の点 Eb からの観察では，各プロジェクタより投写される要素画像群の，異なる一部がそれぞれ観察される（破線）。

この仕組みによって，水平面の円周方向に異なる光線情報を提示することができるため，視差による両眼立体視が成立する。さらには，１画素の方向毎に異なる視差が与えられるため，連続的でなめらかな運動視差も得られる。

3. 2　試作した3Dディスプレイの外観と内部の構成

図3に提案手法を実装したテーブルトップ3Dディスプレイの外観を示す。外観は一見すると直径90 cm，高さ70 cmの円卓であり，その内部構造は図4のようになっている。

テーブルの中央直下には直径20 cm，高さ12 cmの円錐状光学素子が配置されており，天板面は半透明の黒色アクリル板で覆われている。さらに天板面の下方28 cm，半径34 cmの円周上に小型のプロジェクタが配列される。ここで用意したのは7 mm幅のqHD LCoSプロジェクタ288台であり，各プロジェクタは400 × 400画素の領域を像の再生に利用する。

可搬性や展示時の作業効率を考え，投射部分は24台のプロジェクタをひとまとめにしたモジュールとなっており，1台のモジュールは30度分の光線群を生成することができる。すなわ

図3　装置の外観

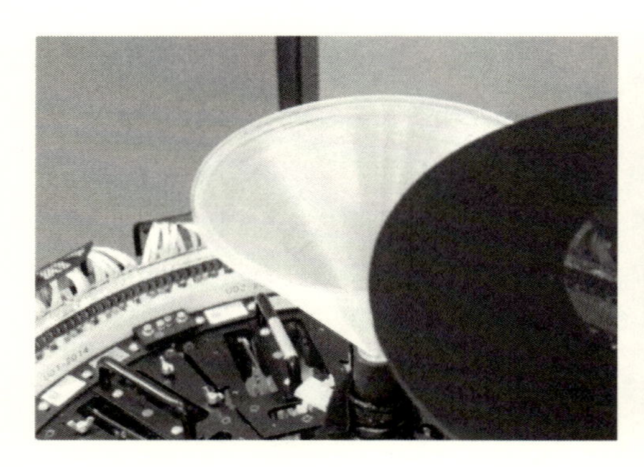

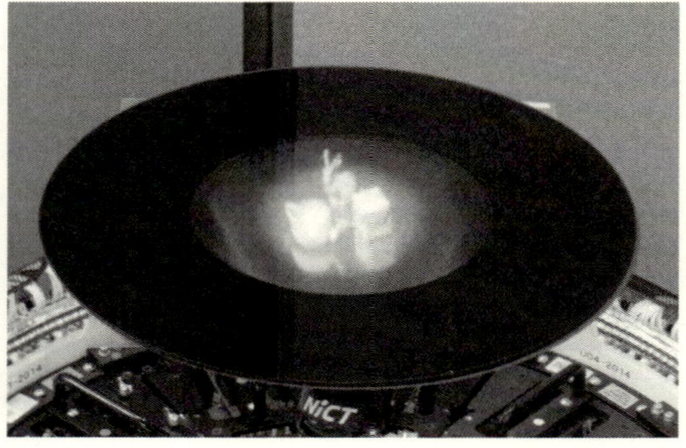

図4　システム内部の構成要素

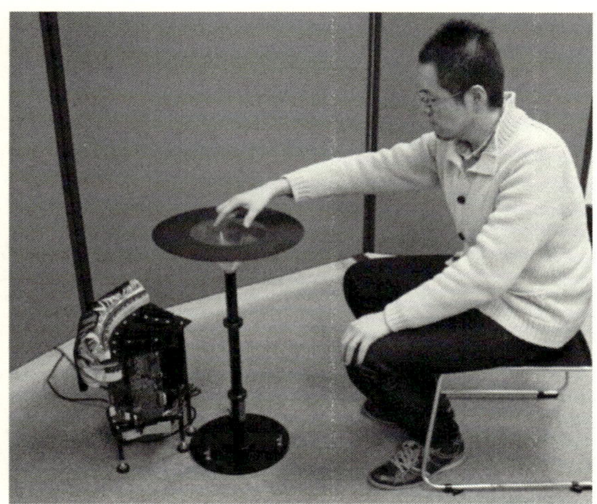

図5　投影モジュールと観察時の状態

ち，12台のモジュールを用いることで360度の全周3D映像を再生可能である。

円環状の視域はテーブル面中央から半径50 cm，高さ35 cmの位置に形成されている。これは一般的な着座の状態を想定し，3D映像に手が届く程度の位置として設計された（図5）。また，着座を促すことによって，設計した視域付近に観察者の目の位置を緩やかに誘導する効果も期待できる。なお，提案手法はテーブル中央から斜め上35度の方向に向かう光線群を再現する原理のため，着座で利用している人だけでなく，背後に立った人々も，3D映像を同時に体験することが可能である。

なお提案手法では，異方性拡散性能を有する錐体状光学素子の製作が実現上の課題であった。最初期の具体的な実装としては，糸状レンズ（直径0.4 mmのナイロン製の釣り糸で代用）をアクリル円錐の側面に紫外線硬化樹脂で貼付する手段を採用した[1)]。これは，糸状レンズの円の断面ではボールレンズと同様に入射光は焦点を通過して放射状に射出し，長手方向の断面は一定厚の透明体で入射光はほぼ直進するので，異方性拡散が生み出せると考えたためである。これの試作によって原理の妥当性を示せたが，手作業による形状の不均質さが再生される3D映像にノイズとして現れたり，分解能が低いなどの課題があった。この実験結果などを基に，最新の光学素子ではナノ加工機を用いて0.14 mmピッチで円弧形状を円錐側面に切削する手法で，スクリーンを製作した[2)]。これにより，ノイズ状の画質低下は見られなくなり，視点換算で400×400画素相当の光線群を利用できるようになった。

3. 3　要素画像（多重視点画像）のレンダリング

ピンホールカメラでモデル化されるような，カメラ映像や一般的な透視変換のレンダリング画像を，ある単一の視点から見た画像という意味でここでは単視点画像と呼ぶ。視点を多数形成する方式の 3D ディスプレイ[7~9]では，複数の視点に対応する単視点画像を用意して，それぞれの視点に再生する。

一方で提案手法は図 2 で示したように，各プロジェクタの要素画像に含まれる各画素は，異なる方向へ飛行して別々の視点に到達する光線の情報を保持し，各光路は円錐面にて屈折して視点へ向かうかのような挙動もする。すなわち，光線群で像を再生する提案手法のような原理では，単視点画像とは異なる技法で生成した要素画像が必要となる。これは各々の光路を追跡して計算されるべきもので，画素ごとに対応する視点が異なる。こうして得られたものをここでは多重視点画像と呼ぶ。

図 6 に実際の多重視点画像の例を示す。図 6 左列はテーブルトップに再生する 3D シーンであり，上段の例では側面が赤，緑，青で色分けされた市松模様の立方体が配置されている。図 6 中列は一般的な透視変換である単視点画像のレンダリング結果であり，図 6 右列は本提案手法で用いる多重視点画像（背面投影につき左右が反転）である。図 6 右上に着目すると，従来の透視変換では見えるはずのない赤や青の側面がレンダリング結果に表れていることが確認できる。すなわち，正面から見たある視点の情報だけでなく，それ以外の左右に広がったそれぞれの視点位置の情報も同時に含まれていることがわかる。また図 6 右下では，単視点画像と比較すると，一見歪んでいるかのような画像がレンダリングされている。これは円錐の面上で光路が変化する現象も反映された結果であり，図 2 の原理に従い投影することで，観察位置からは正しい 3D 形状として知覚される。

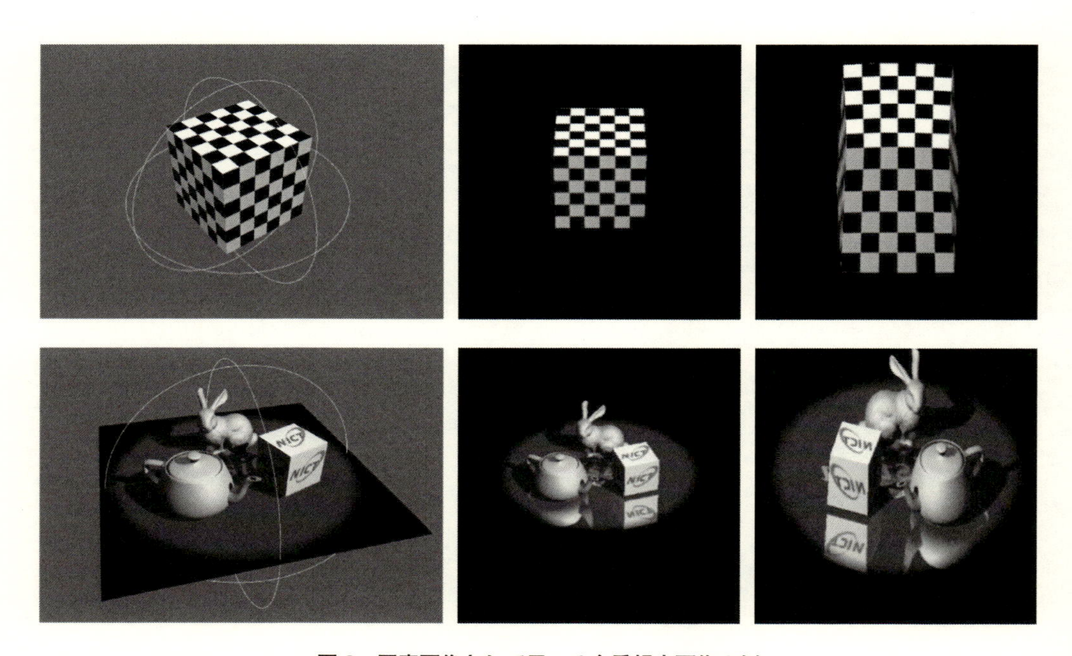

図 6　要素画像として用いる多重視点画像の例

3. 4　全周から観察できる3D映像とその利用例

図７に提案手法にてテーブルトップに再生した3Dシーン（ウサギ，ティーポット，キューブの３つの物体が円形プレートの上に置かれた状態）を，３方向から撮影した結果を示す。異なる視点から観察することにより，それぞれの配置関係が適切に変化することがわかり，円周方向に視差が得られていることが確認できる。なお，提案手法では円形プレートで鏡面反射した像や，影なども再現することができ，それらが写真にて確認できる。

また，本研究はコミュニケーションツールとしての応用を目指すものであり，幅広い応用の可能性を検討するために，3D映像の研究者でなくともコンテンツ制作がしやすい環境の構築も試みている。提案原理では多重視点画像が大量に必要となるが，そのレンダリングには比較的計算コストの高い特殊な計算アルゴリズムを原理的に必要とする。これを広く普及しているゲームエンジン（実験ではUnity Technologies 社製Unity 4.6を採用）に実装してパッケージとして提供することによって，裸眼3Dディスプレイ特有の特殊なレンダリング知識を持たずとも，簡単にコンテンツ制作ができる環境を用意した。

図８にゲームエンジンを用いて制作されたインタラクティブなコンテンツを示す。この例では，カードに描かれたモンスターなどのキャラクタがテーブルトップに3D映像として登場して戦いを繰り広げる，マンガやSFに描かれるような架空のゲームをモチーフにしている。3D映像の表示領域の周囲にはRFIDを読み取るセンサが埋め込まれており，手にしたカードのIDに応じてキャラクタが表示される。キャラクタのデータはポリゴンで保持されており，戦闘アニメーションなどを更新しつつ，288台分の要素画像生成を３台のPCが協調してリアルタイムに行う。3D映像のキャラクタが戦う様子は，対戦している者だけではなく，背後に立ってテーブルを囲む人々も，3Dメガネなしで観察することが可能である。

2015年秋に試作した最新の試作機は，2010年頃に試作した初期の試作機に比べて可搬性にも優れている。初期の試作機は部屋を占有するほどの大きさであったため，研究所近辺でしか実機展示ができなかったが，最新の試作機ではACM SIGGRAPH Asia 2015（神戸）やBains Numériques 2016（Enghien-les-Bains, France），CEDEC 2016（横浜）などの学会・展示会や，2017年夏には山口県立山口博物館におけるひと月以上の企画展示など，幾つもの動態展示が実績としてある。いずれの機会も数千人規模の体験者を得ることができ，展示では様々な年代

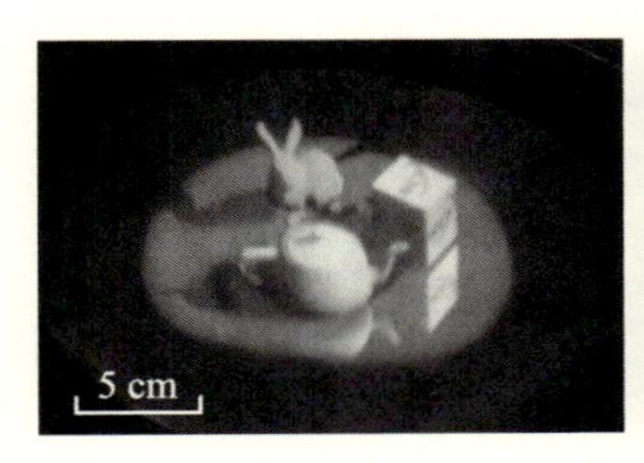

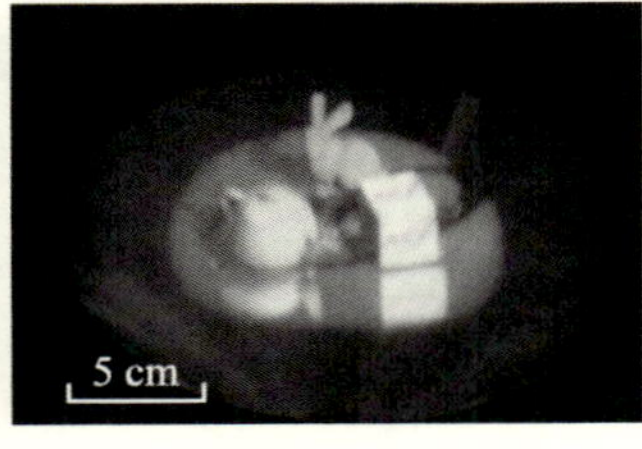

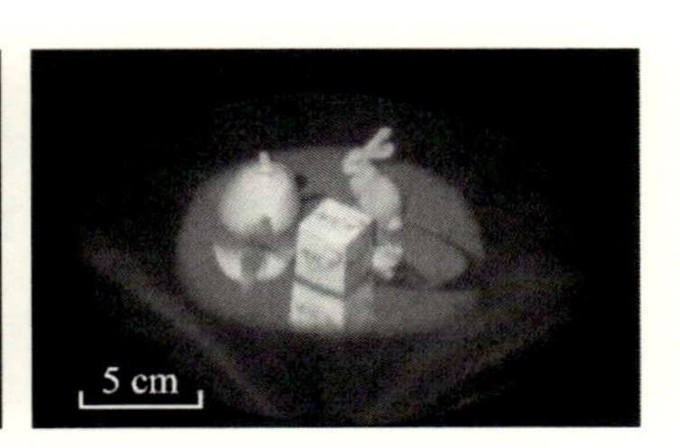

図７　異なる３視点からの観察結果

図8 3Dカードゲーム風インタラクティブコンテンツ

の人々が集い，fVisiOnの全周3D映像を多人数で一緒に共有して体験する様子が観察された。

4 おわりに

本稿では，テーブルトップ作業に適した裸眼3Dディスプレイ技術と，その一例である「fVisiOn」の表示原理について概説した。

我々の提案手法は，何もないテーブルの上に浮かぶように3D映像を観察できるものであり，それをテーブルの周囲から何人でも同時に特別なメガネなしで体験共有できるものである。他の類似するテーブルトップ3Dディスプレイでは，高速に回転する円盤状光学素子や高速度プロジェクタを用いる原理が用いられることが多いが，本手法は時分割を必要としない機器で構成されるため，フルカラーでアニメーションする3D映像を再生しやすいという特徴がある。また，テーブル面に機械的な構造物を必要としないため，3D映像の近くにセンサ類を配置することも容易であるため，インタラクティブな3Dコンテンツを制作しやすいことも利点に挙げられる。

本技術の原理検証はほぼ完了し，今後は試作機を用いたより具体的なコンテンツによる実用化の検討が課題である。また，製品化を目標とした像サイズの拡大や，画質の改善なども今後の課題として挙げられる。

テーブルトップ3Dディスプレイは，普段はテーブルとして使え，必要な場面で3D映像も添えられる「スマートテーブル」としての展開が期待できる。例えば，CADで設計中のデータを即座に表示して同僚と討論したり，3Dの臓器データを使った医師と患者のインフォームドコンセントなど，テーブルを囲んで複数人でコミュニケーションをする場面での利用が考えられる。また，相撲や柔道などの競技をテーブルの周りから囲んで観戦したり，空港や駅のロビーで道案内をするマスコットを表示するなど，新しいメディアとしての利用も考えられる。

謝辞

本研究の一部はJST CRESTの支援を受けたものである。

文　献

1）吉田俊介ほか，テーブルトップ作業に適した裸眼立体ディスプレイの基礎検討，日本VR学会14回大会，3A4-4（2009）
2）S. Yoshida, *Opt. Express*, **24**(20), 13194（2016）
3）Y. Kitamura *et al.*, Proc. SIGGRAPH '01, 231（2001）
4）J. Arai *et al.*, *Appl. Opt.*, **45**(36), 9066（2006）
5）G. E. Favalore, *Computer*, **38**(8), 37（2005）
6）H. Katsumoto *et al.*, Proc. of ACE '16, 50:1（2016）
7）H. Horimai *et al.*, *J. Three Dimensional Images*, **24**(2), 7（2010）
8）Y. Takaki *et al.*, *Opt. Express*, **20**(8), 8848（2012）
9）X. Xia *et al.*, *Opt. Express*, **21**(9), 11237（2013）

第4章　Smart Cockpit® における空中エージェント

森田　学*1，吉原敬一朗*2，阿部憲幸*3，奈良憲和*4

1　はじめに

近年，自動車はICT（Information and Communication Technology）により，コネクテッド化，自動運転化が急速に進んでいる。その中で車載情報機器はICT技術との連携により，多くの情報をドライバへ伝える役割がますます重要となっている。

クラリオン株式会社では，ナビゲーションやオーディオはもちろんのこと，車両との連携によるSmart Cockpit® ソリューションを推進している。Smart Cockpit® ソリューションはクラリオンの事業領域である車載情報機器，カメラ・センシング，そしてクラウドネットワーク「Smart Access®」を統合することで，車の中と外をつなぐシームレスなシーンにおいてさまざまな顧客価値を実現し，ドライバに対し安全，安心，快適を提供するソリューションである。

本稿は，ドライバへの情報伝達方法が抱える課題と，Smart Cockpit® ソリューションの要素技術のひとつとして宇都宮大学山本准教授と共同開発を進めている空中ディスプレイ技術，そして，今回クラリオンで開発した，ドライバをサポートするエージェント機能を空中ディスプレイで表示する技術（本稿では以降これを“空中エージェント”と呼ぶ）について述べる。

2　ドライバへの情報伝達方法が抱える課題

自動運転技術が進化することで，これまで移動空間であった車内は，より日常生活に近い空間になっていく。それに伴い，提供するソリューションもまた車内空間にとどまらず，日常生活全体にわたってサポートすることが求められている。これら移動に関わるソリューションを車内に

*1　Manabu Morita　クラリオン㈱　スマートコックピット開発本部　デザイン部　主査
*2　Keiichirou Yoshihara　クラリオン㈱　スマートコックピット開発本部　デザイン部　部長
*3　Noriyuki Abe　クラリオン㈱　スマートコックピット開発本部　統合HMI技術開発部　主管技師
*4　Norikazu Nara　クラリオン㈱　スマートコックピット開発本部　統合HMI技術開発部　主査

とどまらず広く適用することで，ドライバにとってより快適な生活環境を実現することができる。

そこで，自動運転システム（SAE J3016_201609[1]で定義されるレベル 3～4 の自動運転システムを想定）のユースケースを洗い出し，その中から例えば，出発地（自宅のリビングなど）から目的地（ショッピングモール内のショップなど）に到着する流れの中でドライバへの情報伝達方法が抱える課題を抽出した。

2. 1 Smart Cockpit® ソリューションのユースケース

2. 1. 1 自宅リビング～乗車前

出発前は身支度，戸締りなどさまざまな準備に加え，天気，スケジュール，渋滞情報などを確認し，それらの情報を元にその後の具体的な行動プランを立てなければならず，忙しいことが多い。スムーズに出発できるようにするためには，あらかじめ入力されたスケジュールや過去の行動履歴，その時の天気，渋滞情報などの情報を統合することで，ドライバの行動意図を推定し，出発しなければならない時刻のお知らせ，推定した行動プランがドライバの意図する通りのものであるか確認する必要がある。

2. 1. 2 乗車後～自動運転開始

自動運転システムレベル 3[1]の自動運転車は，ただ単に正確に走るだけではなく，ドライバの「安心・安全」の提供が最重要課題である。そこで，交通情報・道路状況をリアルタイムに収集・分析し，交通の先読みをすることで，ドライバが安心できる情報を提供する必要がある。また，自動運転車に搭載されるカメラなどの各種センサで交通環境や周辺情報を認識・監視して車両周辺の危険度を判定し，視覚だけでなく，聴覚，触覚など複数の感覚伝達手段を用いた，より自然な方法でドライバに伝達する。そのことにより，ドライバの注意力を維持し，いつでも手動運転に備えられるよう，周辺車両や自動運転システムの負荷を直感的に伝え，「安心・安全」を実現する必要がある。

2. 1. 3 自動運転中

自動運転システムレベル 4[1]の自動運転車では特に，ドライバはクルマに運転を任せる一方，運転から開放されたドライバ（もちろん同乗者にも）にクルマは快適な車内空間を提供する必要がある。しかし，車内エンターテイメントシステムにおいては，世の中に溢れるコンテンツの中から，どのコンテンツを選ぶかということに大きな手間がかかっているため，蓄積されたドライバや同乗者のデータから行動意図や趣味嗜好を推定し，クラウドネットワークから適切なコンテンツの選別を行い，ニュースが必要なときにはニュースを，外せない予定があるときにはスケジュールの確認を，疲れていて音楽が必要なときにはお好みの音楽の再生をドライバおよび同乗者へ提供する必要がある。

2. 1. 4 手動運転中

ドライバ自身が運転を行う場合でも，自動運転時と同様，安全に走行するために車両周辺の状況を正確に把握し，ドライバをサポートする必要がある。車両周辺の状況を認識・判断し，統合HMI（Human Machine Interface）制御を通して適切にドライバに伝えるだけでなく，ドライバの状態を監視し，注意力の低下，誤判断，誤操作をシステムが検知したら，それを正しい方向に修正するよう働きかけて，ドライバをサポートする必要がある。

2. 1. 5 駐車場到着時

目的地付近に着いても駐車場が見つからない，駐車場が空くのを長時間並んで待つなど，スムーズな移動が妨げられることを避けるために，クラウドネットワークを活用した駐車場混雑情報や車両通信技術により取得した車両周辺情報を用いて，最終的な目的地に到着するために適切な駐車位置を提示する必要がある。また，自動駐車機能により，駐車が苦手なドライバでも安心して駐車できるようサポートし，降車後も徒歩による最終目的地までのルートを案内するDoor to Doorナビゲーションにより，迷わず最終目的地に到着できるようにする必要がある。

2. 2 ユースケースの実現のために必要な技術とその課題

前記ユースケースを実現するために，クラリオンで開発を進めている技術のうちドライバへの情報伝達方法と密接に関わる技術と，これまでの取り組みの中で見えてきた課題を以下に述べる。

2. 2. 1 行動意図推定（AIエージェント）

行動意図推定（AIエージェント）とは，車載機器に対して面倒な設定や操作をしなくとも，ドライバが望む情報や機能が適切なタイミングで受けられるように，地図データ，ドライバの移動履歴，車載機器の操作履歴等の情報を結びつけ，例えば，これから向かう目的地，いつも利用する経路，車載機器の操作などドライバの行動意図を推定する技術である。

この技術は，AI（人工知能）技術を取り入れることで，車内外で現在起きている状況を正確に判断し，ドライバの望む最適な機能を適切に提供する。例えば，従来困難であった複雑なシーン（場所，状況等）を認識し，ドライバのプロファイルや嗜好等に合った機能（音楽，ニュース，UIデザイン等）を適切なタイミングで提供することなどである。

この技術は，余計なお世話に陥らないよう，使えば使うほど，よりドライバに合ったものへと進化させるために，推定結果の正しさについて，ドライバから容易にフィードバックを得る方法の実現が課題である。

2. 2. 2 統合HMI制御[2)]

統合HMI制御とは，大量の情報を認知しやすくする提示手段として，視覚，聴覚，触覚を利用し，車載情報機器を統合するHMIに関する技術である。

この技術は，画面表示，音声通知，シートの振動を適切な情報提示タイミング，情報提示位置・方向，情報量で統一されたHMIとして機能するよう制御を行っている。コックピット周辺に配置された画面にはさまざまな情報を表示しているほか，シートのヘッドレストにスピーカとマイクを搭載し，座面に振動デバイスを埋め込んだ「InfoSeat™」により音声や振動でも情報を提示することができる。さらにジェスチャセンサ，ドライバモニタリング用センサ（カメラ，電磁波），そして，クラウドネットワークを通じた対話型音声認識も搭載し，インタラクティブな操作を可能とした。

この技術は，一方的な情報提供に陥らないよう，より人間の自然なコミュニケーション方法に近づけるため，対話型音声認識やジェスチャ操作を効果的に生かしたインタラクションの構築が課題である。

3　車載情報機器への空中ディスプレイ技術の応用

現在，音声操作でさまざまな家電製品をコントロールすることができるAIスピーカが実用化されているが，ドライバのサポートについては音声だけでなく，映像やロボットによる動作の表現を併用することで受容性が高まるという報告[3]もあり，音声通知と視覚的な動作を組み合わせたAIエージェントの表現について検討を行った。

3．1　AIエージェントにおけるHMIの検討

車内におけるAIエージェントのHMIとして，これまでカーメーカーや車載機器のサプライヤ各社から，ロボットや画面に表示した映像によるAIエージェントのコンセプトが提案されてきたが，普及しているとはいえない状況である。そこには表現力や製造コストなどの問題が存在すると考えられるが，以下の仮説を元にAIエージェントの表現方法およびそれに適した表示デバイスについて検討を行った。

3．1．1　AIエージェントの車載化で求められる表現の仮説

AIエージェントとドライバのコミュニケーションをより自然な方法に近づけるためには，音声や文字などの言語的な手段だけでなく，表情やボディランゲージなどのノンバーバルコミュニケーションの実現が重要ではないかとの仮説を立て，そのために，AIエージェントの感情表現，ドライバから発話しやすくする擬人化表現の創造に目標を定めた。

3．1．2　前記を実現するのに適した表示デバイスに求められる要件

AIエージェントの表現にロボットを用いるためには，自由度の増加，表情表現手段の確立など表現力の向上が必要である。しかし，車載化にあたっては．車内の振動や温度に耐えられる機構を開発しなければならず，コスト上昇の要因となる。そのため，機構部品をできるだけ少なくすることが望ましい。そこで，ロボットと画面表示，それぞれの利点を享受できる，立体感のある映像表示デバイスを選定することに目標を定めた。

3．2　AIエージェントに用いる表示デバイスの選定と試作

立体感のある映像表示デバイスとして，これまでさまざまな立体映像技術が開発されてきたが，車載化にあたっての必須要件を満たすデバイスの選定と試作を行った。

3. 2. 1　立体感のある映像表示デバイスの選定

車内は振動や温度などの環境が過酷であるだけでなく，デバイスの搭載容積も限られている。また，立体映像用の特殊な眼鏡をドライバがかけなくてはならないというのも現実的ではない。そこで，比較的少ない容積で立体感が得られる空中結像ディスプレイ技術に絞り，その中でも比較的単純な構造で実現できる，宇都宮大学山本准教授が開発したAIRR（aerial imaging by retro-reflection）技術を選定した。

3. 2. 2　AIRR技術を用いた車載用空中結像ディスプレイの試作

AIRRの車載化において留意したことは，外光が差し込む環境で視認性を確保するための空中映像の輝度の確保である。そこで，宇都宮大学山本准教授の研究チームと共同でドライバの視点から見た空中像の輝度を最大化する手法を検討し，プリズムアレイによりドライバの視線方向へ光線を集中させる方式を採用した。その構造図を図1に示す。

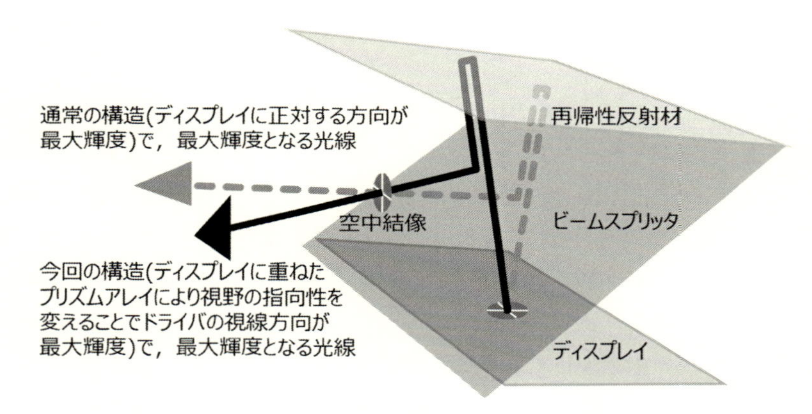

図1　AIRR技術を用いた車載用空中結像ディスプレイ構造図

4　空中エージェントのコンテンツ制作と仮説検証

AIエージェントを空中結像ディスプレイで表現した空中エージェントについて，3Dモデルによるコンテンツを制作，実車へ搭載し，デモンストレーションを行うことで，AIエージェントに求められる表現力やドライバの受容性についての仮説の検証を行った。

4. 1　空中エージェントのコンテンツ制作

AIエージェントを空中結像ディスプレイで表現するにあたり，無機質な幾何学図形のアニメーション，ロボット形状のキャラクタ，リアルな人物表現など複数のアイデアの中から，感情表現のしやすさや会話相手としての受容性を考慮し，空中エージェントのデザインはロボット形状のキャラクタ（図2）とした。

この空中エージェントは，車内におけるドライバとのコミュニケーションの役割を通じ，ドライバの会話相手となるだけでなく，自動制御された車両や車載機器の状態を，その動作やセリフ音声でドライバにわかりやすく伝える。また，行動意図推定やドライバ状態監視の結果について，それが正しいものであるかドライバからの音声操作やジェスチャ操作によりフィードバックを得る仕組みとなっている。

図2　ロボットキャラクタ

4. 2　空中エージェントの評価による仮説検証

Smart Cockpit® ソリューションのアピールの一環として製作したデモンストレーションカー（図3）に空中エージェントを搭載し，東京モーターショー2017をはじめとした各展示会へ出展を行った。また，展示会とは別に，ユースケースを元に構成したシナリオを被験者に体験しても

図3　Smart Cockpit® ソリューションデモンストレーションカー（中央のロボットキャラクタが空中エージェント）

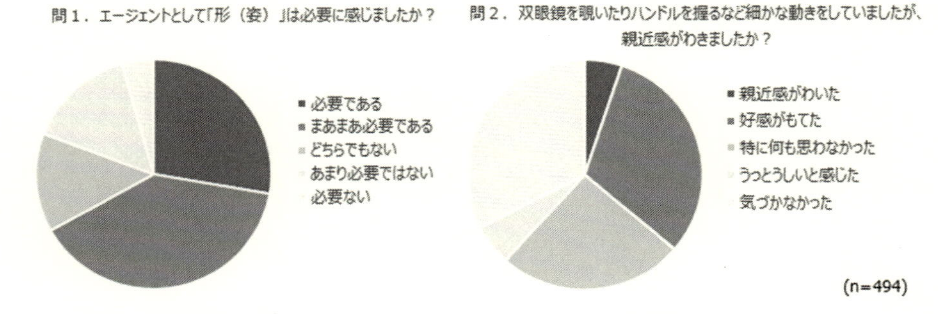

図４　デモンストレーションカー体験者に対するアンケート結果

らい，アンケートによる主観評価を行った。

得られたアンケート結果を図４に示す。聴覚だけでなく視覚によりAIエージェントを表現することの必要性については，肯定的な意見が2/3に達したが，ノンバーバルコミュニケーションによる親近感の獲得については，肯定的な意見が1/3に留まり，ドライバとのコミュニケーションの実現には改善の余地がある。

5　おわりに

本稿では，自動運転車におけるユースケースを元に，ドライバとコミュニケーションをしながら成長する空中エージェントを紹介したが，自動運転車でなくても，ドライバの運転操作のサポートなど従来のクルマにも有効だと考えている。今後の課題としては，手動運転時においても運転に集中しているドライバの注意力の低下を招かないよう空中エージェントの表現を玉成し，商品化につなげることである。

文　　献

1）Taxonomy and Definitions for Terms Related to On-Road Motor Vehicle Automated Driving Systems, p.17, SAE International (2016)
2）古賀昌史ほか，人とつながるクルマ　人との協調をめざす統合HMI技術，日立評論，Vol.99, No.5, p.72 (2017)
3）田中貴紘ほか，運転支援エージェントの形態の違いがドライバの支援受容性に与える影響の分析―高齢ドライバの運転行動改善を促すドライバエージェント研究―，HAIシンポジウム2017，p.5 (2017)

第5章　空中操作ディスプレイ「AIplay®」

桑原弘桂[*1]，藤村恭行[*2]，渡部博之[*3]

1　はじめに

NECソリューションイノベータ株式会社（以下，NECソリューションイノベータ）の販売店である新光商事株式会社は1953年の創業以来，長年集積回路・半導体素子などの電子部品やアッセンブリ製品および電子機器やソフトウェアの販売を行っているが，新商材拡充の取り組みのなか2014年度に株式会社アスカネット（以下，アスカネット）製品のASKA3Dプレートによる空中映像に注目し，販売に向けて活用方法を検討していた。一方でジェスチャー認識技術にも注目し，NECソリューションイノベータ製のフィンガージェスチャーソフトウェア（以下，フィンガージェスチャー）の販売も推進していた。

フィンガージェスチャーは撮像素子から得た映像情報を元に，人の手指のジェスチャーを解析し，機器のオペレーションを行うことができるソフトウェアであるが，前述のASKA3Dプレートによる空中映像とフィンガージェスチャーを組み合わせることにより，操作パネル代わりにできれば，より価値を提供することができると発案し，これらを組み合わせたソリューションである「AIplay」の開発をスタートした。

2　AIplayとは

2. 1　AIplayの概要

AIplay（商標登録第5895250号）はアスカネットのASKA3Dプレート（従来名称：AIプレート）とNECソリューションイノベータのフィンガージェスチャー（AIplay版）をキーパーツとする空中ディスプレイに非接触操作を加えたソリューションの名称である。

キーパーツの一つであるASKA3Dプレートとは，スクリーンやハーフミラーなどを使わずに何もない空中に映像を表示することができる，ガラスもしくは樹脂製の特殊な光学デバイスである（ASKA3Dプレートの詳細は本冊子の第Ⅱ編第1章を参照願いたい）。

もう一つのキーパーツであるフィンガージェスチャー（AIplay版）は，ASKA3Dプレートを

＊1　Hirokatsu Kuwahara　新光商事㈱　AIシステム営業部　部長
＊2　Yasuyuki Fujimura　新光商事㈱　AIシステム営業部　課長
＊3　Hiroyuki Watanabe　NECソリューションイノベータ㈱　プラットフォーム事業本部　モビリティーソリューション事業部　マネージャー

通し空中に結像した映像を目安にし，あたかも空中にタッチパネルがあるように，タッチ，スワイプ，フリック，ドラッグなどの操作を可能にするミドルウェアである。

現在，Windows，Linux に対応している。

2. 2　AIplay の基本構成

AIplay は図 1 のように空中に映像を表示する表示系技術と，指の動きをタッチ操作とするためのセンシング系技術で構成されている。

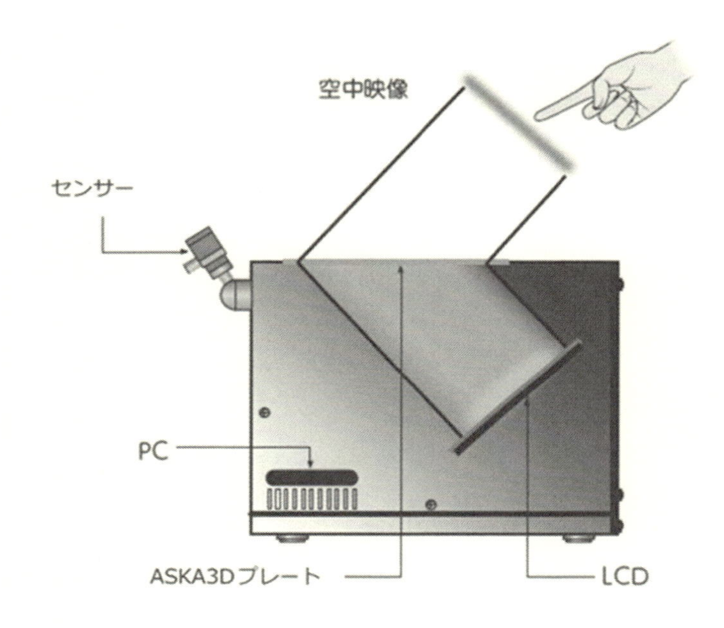

図 1　AIplay 概略図

2. 3　フィンガージェスチャー（AIplay 版）

2. 3. 1　動作原理

AIplay システムでは TOF（Time Of Flight）と呼ばれるセンサをサポートしている。TOF センサは近赤外線を照射し対象物に反射して帰ってくるまでの時間を計測することにより，対象物までの絶対距離を測距できるセンサであり，図 2 のようなピクセル画素値が距離を示す距離画像を取得できる。

AIplay では空中映像を操作者が指先で操作することを想定しているが，センサ座標系（3D 座標）において，あらかじめソフトウェアに設定された空中映像の座標と，TOF センサで検出した操作者の指先座標を比較することにより，空中映像上のどの座標（X，Y）に操作者の指が接触したかを判断している（図 3，図 4）。

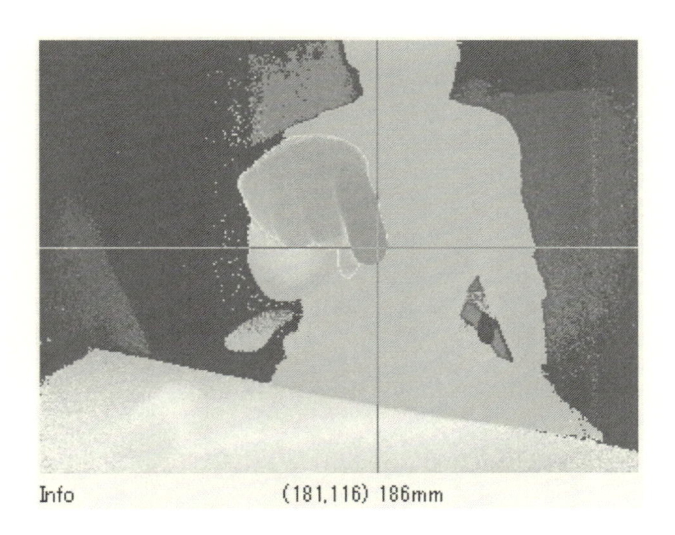

図 2　TOF センサから見た距離画像

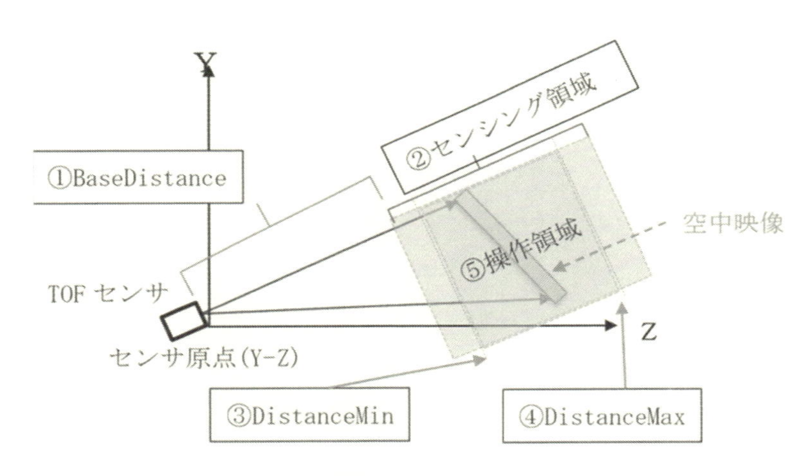

図 3　動作原理図（Y-Z 方向）

フィンガージェスチャー（AIplay 版）は，TOF センサに対してどのような位置に空中映像が存在しているかをキャリブレーションにより設定・記憶することにより空中映像座標を把握している。キャリブレーション操作はシステムをキャリブレーションモードで立ち上げた後，オペレータが空中映像の 4 隅を順番に指先でタッチすることで実行される（図 5）。

その際，フィンガージェスチャー（AIplay 版）は 4 つのタッチ座標を検出し，検出した 3D 座標値を内部で平面矩形の 4 隅とみなして計算することで，TOF センサ座標系における空中映像座標を立体的に認識・記憶している。

また検出した情報は設定変更可能でありキャリブレーション後に微調整することも可能であ

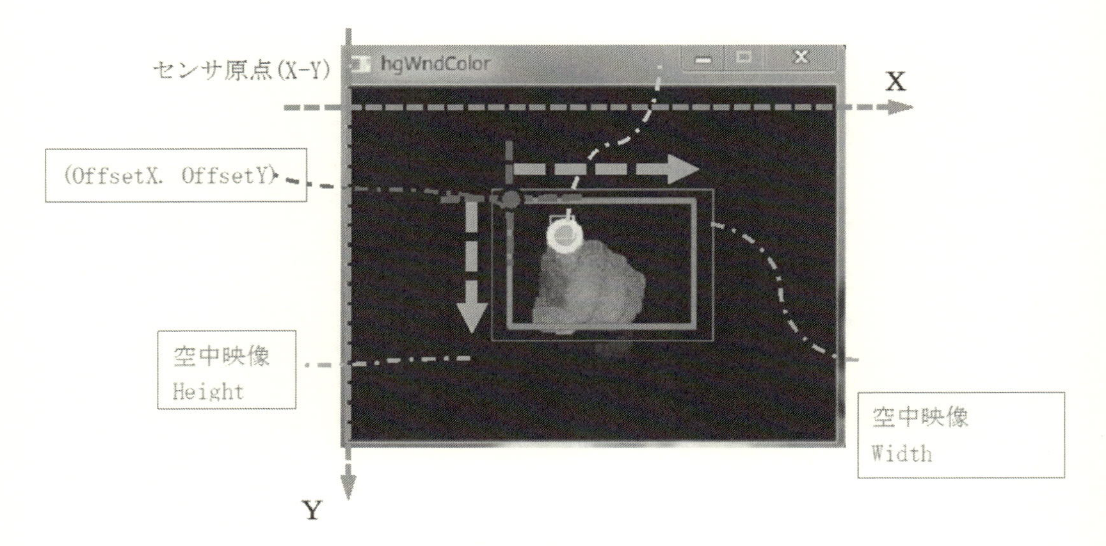

図4　動作原理図（X-Y 方向）

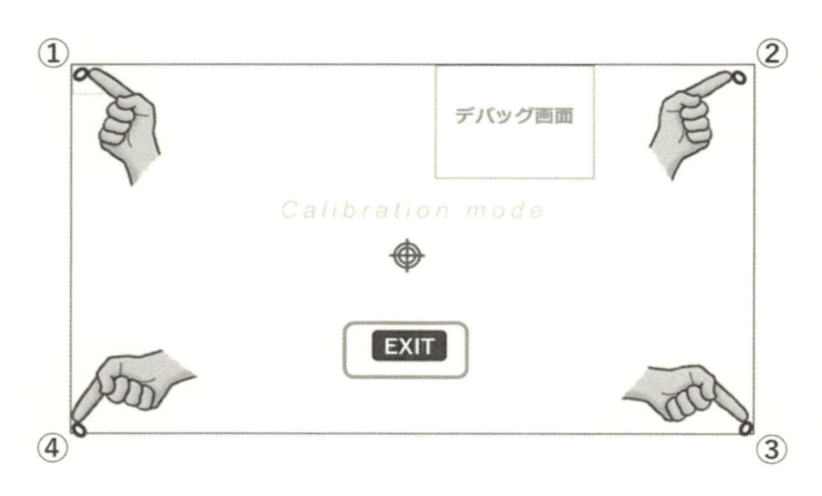

図5　キャリブレーション操作

る。

また，フィンガージェスチャー（AIplay 版）はセンシング領域内の操作者の指先を TOF センサの距離画像からリアルタイムに検出している。

DistanceMin と DistanceMax 間の操作領域に操作者の指先が入ると，距離画像からの独自の画像認識技術により一番 TOF センサに近い指先 1 点の 3D 座標を検出する。

検出した指先の X，Y 座標が空中映像内に存在しているかどうかを判別し，指先の Z 座標が図 6 に示す画面タッチダウンスレッショルドを超えてセンサに近づいたタイミングでタッチダウン

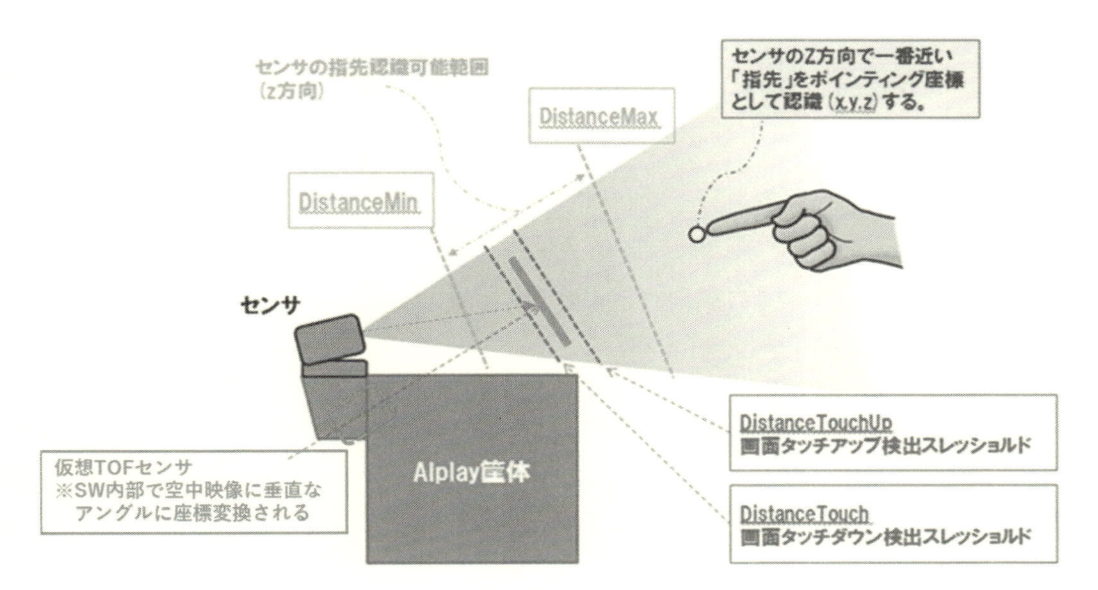

図６　タッチ検出原理

タッチダウンスレッショルド，タッチアップスレッショルドによるヒステリシスを設けることにより，タッチイベント検出時のチャタリングを防止。操作範囲外をマスクすることで，操作者以外のノイズによる誤動作を防止。

表１　タッチイベントモード

Touch Event Mode	説明
0：ノーマル	タッチダウン検出時にその座標に対して LeftBottunClickDown を，タッチアップ検出時にその座標に対して LeftBottunClickUp をそれぞれ１回送出し完了
1：連続送出	タッチダウン検出後からタッチアップ検出まで MouseMove 座標に対して LeftBottunClickDown を連続送出。タッチアップ検出後にタッチアップ座標に対して LeftBottunClickUp を送出し完了
2：一時連続送出	タッチダウン検出後から設定期間だけ MouseMove 座標に対して LeftBottunClickDown を連続送出。タッチアップ検出後にタッチアップ座標に対して LeftBottunClickUp を送出し完了
3：タッチダウン優先 ★デフォルト設定	タッチダウン検出時にその座標に対して LeftBottunClickDown を１回送出し MoveMove 送出を Stop。タッチアップ検出時に記憶していたタッチダウン時の X，Y 座標にて LeftBottunClickUp を送出し完了
4：タッチアップ優先	タッチダウン検出時はメッセージを一切送出しない。タッチアップ検出時に，その座標に対して LeftBottunClickDown →…Up を１回ずつ送出し完了

イベントを，画面タッチアップスレッショルドを超えてセンサから離れたタイミングでタッチアップイベントとして内部検出する。この際，図６に示すようにソフトウェア内部では仮想 TOF センサ（空中映像背後から垂直になるアングルに座標変換済み）から見た指先座標で計算しており，多くの操作者が空中映像に対して垂直にタッチする操作傾向（個人差による誤差）を

考慮したタッチ精度の向上対策を適用している。

その後，あらかじめ設定されたタッチ検出モード（表1）に従い，検出した指先座標や内部イベントの条件判定を行って最終的に操作対象アプリケーションに対し操作イベント（マウスクリックなど）を発行する仕組みとなっている。

2. 3. 2 特徴

AIplay システムのフィンガージェスチャー（AIplay 版）は，サービス提供側のシステム構築の容易性，ユーザの空中映像の操作性向上を実現するために，下記のような AIplay システム向けに開発した専用機能を搭載している。

(1) TOF センサのマルチベンダ対応

複数種類の TOF センサをサポートすることにより，TOF センサのサイズ・コスト・操作距離・操作範囲や ASKA3D プレートのサイズ・投影位置などを AIplay システムの目的に応じて選択することが可能である。また，新たな TOF センサがリリースされた際も最小限の変更によりサポート可能とするため，TOF センサ毎に異なる距離画像の特徴を把握し差分吸収して同一の認識エンジンに入力するためのプロファイル方式を採用している。マルチベンダ対応によりシステム構築の多様性やセンサ供給停止リスクの軽減を実現可能とした。

(2) キャリブレーション機能

TOF センサで空中映像の座標を自動的に検出することは不可能である。したがって，最小限の操作で空中映像の 3D 座標を検出・設定するキャリブレーション機能を標準搭載している。キャリブレーション機能については「2. 3. 1 動作原理」で述べた通りである。このキャリブレーション機能により，TOF センサと空中映像の位置関係に自由度をもたらし，様々な画面サイズや画面位置・角度，操作距離でも動作可能としている。

(3) UI イベントエミュレーション機能

AIplay システムではキーボードやマウス，タッチパネルで操作可能な従来のアプリケーションをそのまま未変更で利用可能とするため，検出した指先操作を操作対象アプリケーションに対してあたかもキーボードのキー押下やマウスのクリック，タッチパネルのタッチ操作に見せかけるための UI イベントエミュレーション機能を有している。また，このエミュレーション機能は任意の指先操作（タッチ，スワイプなど）を任意のイベント（キー押下，マウスクリック，タッチパネルタッチなど）として割り当て可能なマッピング機能をサポートすることで，多様なアプリケーション内操作に対応でき，操作者にとってより快適な操作性を実現している。

(4) タッチ検出モード

AIplay システムで操作する一般的なアプリケーションは，例えばボタンタッチ時に即反応したり，ボタンタッチ→タッチアップのタイミングで反応したりと，アプリケーションの UI コンセプトや開発環境等により様々な特徴を持っている。この特徴は AIplay システムで操作する際の操作性に多大な影響を与えることがある。フィンガージェスチャー（AIplay 版）ではこの課題を複数のタッチ検出モードを設定変更できることで解決している。タッチ検出モードについては「2. 3. 1　動作原理」で述べた通りである。

(5)　人物検出機能

TOFセンサを利用し，AIplay端末への人物接近を検出する機能を有している。これにより人物接近イベントによる画面表示・音声通知などのコンテンツの演出効果や，人がいない時の省電力化を実現している。

3　AIplayの採用事例

3. 1　ハウステンボス株式会社　変なホテル ハウステンボス　無人チェックインカウンター

変なホテルではフロントで恐竜などのロボットがチェックインの案内を行い，クロークではロボットが荷物を預かるなど，接客の無人化が進み，各所でロボットが活躍するユニークなホテルである。このチェックインカウンターにAIplayが導入された（図7）。宿泊者は空中に浮いた画面を操作することにより未来体験を楽しみながらチェックインすることができる。

図7　無人チェックインカウンター
画像提供：ハウステンボス株式会社

3. 2　大手旅行事業会社A社　接客用テーブル

A社では，店舗の接客用テーブルにAIplayを採用頂いた（図8）。来店者に空中映像を自ら

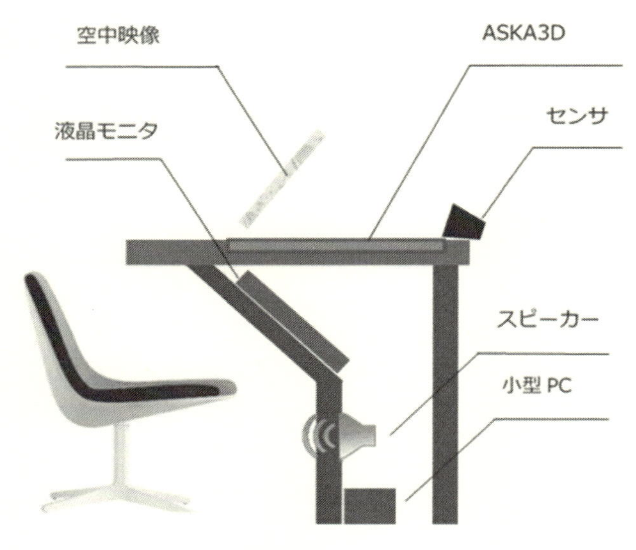

図8　接客用テーブル

タッチ操作してもらい，旅行先のホテルや観光地を紹介した動画を自由に切り替えて閲覧してもらうことにより，他にはない魅力で旅行商品を PR することが可能になった。

3. 3　JMACS 株式会社※　非接触サイネージシステム Nadis“ナディス”

同社が展開する非接触サイネージシステム Nadis“ナディス”に AIplay を搭載（図 9）。各種工場における作業効率・設備余地保全・環境モニタ／センシング・在庫管理・スマート監視・

図9　非接触サイネージシステム Nadis“ナディス”

※　AIplay-Info（空中操作無人受付）販売パートナー

ネットワークセキュリティキーなど，IoT トータルソリューション実現と共に非接触のメリットを活かした空中ディスプレイ製品を展開している。非接触のため衛生面に優れ，指紋が残らずセキュリティ面で優位性があり，接触がないため故障の可能性が低いことなどのメリットを訴求し展開中である。

3. 4　その他

様々な企業が AIplay を使用し展示会に出展している。実際に採用された応用例を下記する。

セルフ POS 端末，ATM 端末，車室内のコミュニケーション端末（コンシェルジュ），スロットゲーム，食品梱包機械用操作ボックス，空港バス発券端末，キッチン用情報端末　ほか

4　AIplay の有効な利用分野について

AIplay の特徴・特性：AIplay の最大の特徴は，空中に表示された操作用ボタンなどを目安に，操作者が非接触で操作が行えることである。ボタンやタッチパネルなどに触れることがなく，細菌やウィルス，汚れの影響を受けないため，大変清潔なインターフェースである。また，現在広く使用されているタッチパネルと違い，作業用や手術用の手袋をしたままでも操作を行えるメリットもある。

これらの特徴・特性は，下記のような分野で有効と考えている。

医療関係　・・・・　再来受付端末，精算機，手術室の機器操作
食品加工等の工場　・・・・　製造，加工装置操作パネル
セキュリティ　・・・・　金融端末，エントランスキー，ロッカーキー
飲食店　・・・・　空中結像 3D メニュー，オーダー端末
アミューズメント　・・・・　アーケードゲーム，パチンコ，パチスロ
サイネージ　・・・・　空中映像による強いアピール力
住宅　・・・・　清潔さが求められるキッチンなどの水回り

5　製品紹介

前述した AIplay の有効利用分野において，すでに下記のような製品の販売を進めている。

5. 1　AIplay による受付端末ソリューション：AIplay-Info

AIplay-Info は空中に浮かんだボタンをタッチ操作することで電話発信が可能な受付端末である（図 10）。企業の顔となる受付に空中映像による未来感を提供。

受付端末用途以外にも，情報検索端末やフロア案内等にも利用可能である。

図10　AIplay-Info

5. 2　AIplayによる医療向けソリューション：AIplay-Air Mouse

AIplay-Air MouseはAIplayをマウス操作に特化させた製品であり，医療現場に直接配置できる小型のAIplay-Air Mouse筐体で構成されている（図11）。筐体から離れた場所にある医療用画像ビューアPCのマウスを遠隔操作する通信機能を持ち，画像ビューア操作に特化した使い易いユーザーインターフェースを提供する。

東邦大学，NECソリューションイノベータ，新光商事で共同特許出願中である。

本ソリューションは東邦大学医療センター大橋病院 脳神経外科 岩渕聡教授より「日本脳神経外科学会 第76回学術総会」にて「非接触パネルによる画像ビューア操作」として，また「第17回日本術中画像情報学会」にて「空中結像操作パネルによる画像ビューア」として発表された。

5. 3　AIplayによる清潔・衛生・予防ソリューション：AIplay-Clean

AIplay-Cleanは食品梱包／加工やスーパーのバックヤードなどで手袋をつけたままでも，汚れた手でも，濡れた手でも，垂直に浮かんだ映像を非接触操作することで，衛生的でありかつ滴が垂れても画面を汚さず操作を行うことができる（図12）。

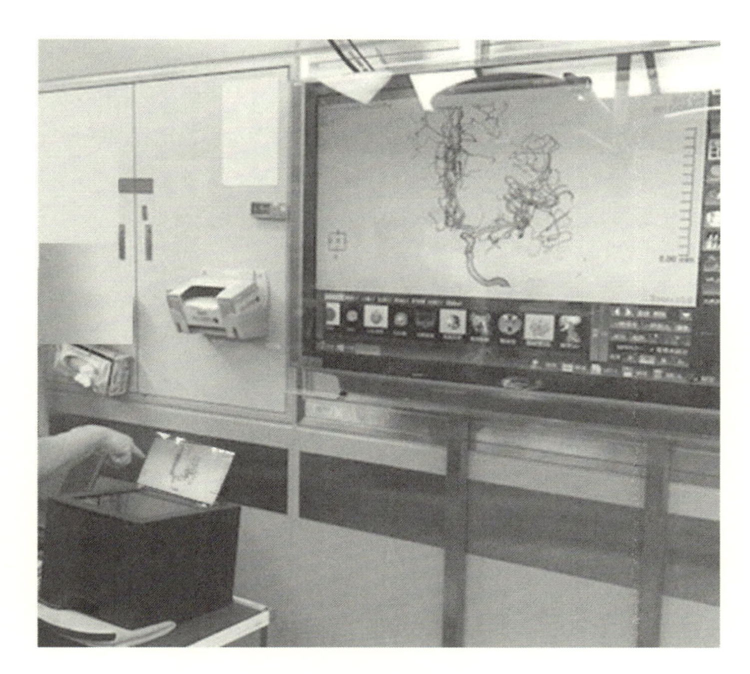

図 11　AIplay-Air Mouse

図 12　AIplay-Clean

5. 4　エアリーBOX（仮称）

コンセプト：「特別な思い出を特別な形にして贈る」

ウェディングや七五三などのハレの日の思い出や，大好きなペットやアーティストなどを空中に浮かび上がらせることができる小型ボックス（図 13，画像は製品イメージ)。リビングやオフィスのデスクなどにも置ける小型サイズで製品化を進めている。

図 13　エアリーBOX（仮称）

5. 5　超音波触覚ユニット

東京大学 篠田・牧野研究室の収束超音波による触覚技術を使用し，非接触で触感を得ることができるユニットを，新光商事で開発・製造・販売を行っている（図 14）。

また AIplay との連携も可能で，制御プログラムを開発しフィンガージェスチャー（AIplay 版）に標準搭載した。これにより操作者の手指の位置を検知し，操作者の指先に超音波を収束させることで，指先に非接触で触感を与えることができる。

図 14　超音波触覚ユニット

6　今後の取り組み

今後の取り組みとしては以下のテーマがあげられる。

①　小型低価格版 AIplay 開発
- 低価格量産型樹脂版プレート
- 新センサ対応

②　フィンガージェスチャー（AIplay 版）の機能・精度向上
- 機械学習を用いた認識エンジンの開発手法の導入
- マルチタッチ化（ピンチイン・アウト）

③　中国圏での AIplay の販売展開
- フィンガージェスチャー（AIplay 版）の現地サポート

7　空中ディスプレイの将来展望

近い将来低コスト化と省ペース化により導入のハードルが下がり，様々な分野に採用が進むと考えている。特に，非接触が求められる産業・工業，医療分野，住宅用途で採用が進むと考えている。

さらにその次の段階として前述のように３次元的な空中操作を実現することで空中に結像した 3D モデルをあたかも手でつかんで自由に回転させるような操作が可能になる。立体結像させた 3D オブジェクト操作では右手，左手を同時にマルチフィンガー認識させることで，空中に立体投影されたオブジェクトをあたかも本当に触っているかのように操作することが可能となる。さらに超音波触感システムを使えば手で触れた感触も再現できる。

また，手以外のオブジェクト（例えば料理器具や手術器具，理美容用品，工具など）を認識できれば，3D 立体オブジェクトに対して仮想的に調理練習や医療手術のシミュレーション，理容学校でのカット技術の職業訓練なども可能になるだろう。その際，超音波触覚技術と組み合わせることで臨場感が向上する。

これらの技術の実現により，例えば医療分野の術前検討で使用する臓器モデルを実際に作製せず，バーチャルデータで代用することが可能になるのではないだろうか。

8　おわりに

現在，日常生活で空中映像を操作する機会はほとんどないが，前述のように他にはないメリットがある。これまで SF 映画やイメージ動画でしか見なかった空中映像による操作が，AIplay により医療や日常生活など様々なシーンに使用され，我々の身近な存在になり，多くの方々に日々使用されるようになることを期待している。

第6章　AirWitch―「まずはやってみる」をサポートする卓上空中ディスプレイ―

高橋　潤*

1　はじめに

私が所属する株式会社コトは，「枯れた技術の水平思考」を世に広めた故横井軍平が1996年に設立した電子教具・玩具を主とするエンターテイメント企画開発会社である。私が開発プロジェクトをスタートした当初，空中ディスプレイをエンターテイメントという切り口で見渡してみると，世の中には「空中ディスプレイとして楽しいと思えるコンテンツ」は存在していなかった。その理由に気づき，課題を克服するために行き着いた一つの結論が組立式空中ディスプレイキット「AirWitch」である。

2　空中ディスプレイの課題

映画で目にする度に，実現を夢見たホログラム技術。このホログラム技術に近い技術として取り上げられつつある空中ディスプレイであるが，まだ生まれて間もないテクノロジーであるが故に気軽に試すにはコスト面での心理的ハードルが高い。そして，開発してみたいが二の足を踏むという話をよく耳にする。そのためか，現状の空中ディスプレイ向けのコンテンツは，より実用的な機能方向に振れていることが多く，エンターテイメント用途としてのコンテンツはあまり多くは見られない。確かに，「空中ディスプレイ」なのでディスプレイ用途として利用されるのは至極真っ当な話である。しかし，「空中に映像が浮遊する」という特徴をもっと発展させるべきではないか，という話もある。これまでの液晶ディスプレイの代替としてではなく，空中ディスプレイ独自のスタイル。空中ディスプレイだからこそ提供できるユーザー体験という未知の領域が，まだ存在しているように思う。

3　「まずはやってみる」ことの重要性

液晶ディスプレイの代替品という立場から空中ディスプレイを救い出すには，楽しさを提供することが重要である。そして，お客様が楽しいと思うユーザー体験を提供するには「企画」が重

---

*　Jun Takahashi　㈱コト　開発部　AirWitch チームリーダー

要である。生みだしたアイデアを足したり引いたりしながら企画の芽を育てていく。さらに，その企画が楽しいのかどうかを検証する必要がある。実際，机上のアイデアは面白いが，実際やってみると意外と面白くないということはよくある。考えて，やってみて，壊してみる。このスクラップ＆ビルドをいかに短期間でスピーディに実行し，PDCA を回し，企画精度を上げていくか，ということが変化の早い現代では重要とされている。

そのような現代において，「まずはやってみる」ための環境があるかどうかは非常に重要である。空中ディスプレイにおいても「まずはやってみる」ためのコンテンツ開発環境が整えば，エンジニアだけでなく誰でも気軽に参入しやすくなる。スクラップ＆ビルドが容易になり，空中ディスプレイはもっとエンターテイメント側に振れた楽しい表現ツールとなるはずである。そこで，「誰でも気軽に空中ディスプレイコンテンツの開発環境を構築できるキット」をコンセプトに開発したのが「AirWitch（エアウィッチ）」である。

4 「AirWitch」とは

「AirWitch」は，組立時間がわずか 30 秒の組立式空中ディスプレイキットである。キットを組み立て，お手持ちのスマートフォンやタブレットといった表示媒体を差し込むだけで，空中ディスプレイ環境を構築することができる。そして，スマートフォンが持つセンサー類を利用することで，空中ディスプレイをフィンガータッチするといったインタラクティブ性を実装することも可能である。コンテンツのインタラクティブ性については後述する。本体サイズは幅 105 mm ×奥行 225 mm ×高 120 mm ほどで，デスク上に置けるコンパクトサイズとなっている。形状は写真 1 を参照して頂きたい。

スマートフォン向け，タブレット向けの二つのラインナップがあり，スマートフォン向けは

写真 1　空中ディスプレイキット「AirWitch」筐体
組立時間はわずか 30 秒。

10,000円（税別）で「AirWitch」公式サイト（http://airwitch.jp/）にて販売中である。

5 「AirWitch」は「まずはやってみる」をサポートするキット

「AirWitch」は，スマートフォンに表示される全ての映像を空中ディスプレイ化してくれる。言い換えれば，コンテンツモックアップ制作のレベルであれば，アプリ開発者でなくてもモックアップを制作することができるのである。例えば，「空中に浮遊する球体を指で弾いて飛ばす」というアイデアがあるとする。この「球体の浮遊，指で弾く，球体が飛ぶ，球体が消える」という一連の流れを動画として作れば良い。複数枚の写真をつなげたストップモーションアニメのようなものでも良い。あとは，「AirWitch」上で空中ディスプレイ表示させてみてユーザー目線で体験すれば良い。要は，企画したコンテンツの一連の流れを動画で制作し，再生してみるだけでもモックアップとしては十分に機能するということである。そして，そのアイデアが面白いかどうかの判断も可能である。

私も同じく，企画立案後は動画でモックアップを制作し，楽しさを判断している。そして，チューニング後にエンジニアへデモプログラム制作を依頼するという流れをとっている。そうすることで，プログラム実装前に企画アイデアのスクラップ&ビルドがしやすく，動画を作ることでコンテンツ仕様の共有もしやすい。結果的にコンテンツのクオリティが上がる。当然，スマートフォンアプリやウェブアプリ開発エンジニアであれば，スマートフォンの機能をフル活用し，フィンガータッチにも対応したインタラクティブなコンテンツが開発可能である。

6 「AirWitch」の空中映像表示技術

「AirWitch」の空中映像表示技術には，宇都宮大学山本裕紹研究室と合同会社SNパートナーズが共同開発したpAIRR技術を応用している。pAIRR技術は，従来の技術である再帰性反射シートとハーフミラーで構成される結像技術をさらに進歩させた。

従来の再帰性反射シートとハーフミラーで構成される結像技術では，スマートフォンに映し出された映像を空中表示させたとしても，表示映像は暗く，しかも解像度が低くて実用に耐えられるものではなかった。pAIRR技術ではスマートフォンの液晶画面から発する光を効率良く反射させることで，スマートフォンの限られた光量でも明るく実用に耐えうる空中映像を表示させることに成功した。

また，再帰性反射シートとハーフミラーで構成される結像技術は，こなれた技術であり，複雑な筐体セッティングを必要としない。表示映像を最適化するための基本的構成は存在するが，その基本構成から多少外れても問題なく空中映像を表示することができる。このシンプルで簡便な結像技術によって，わずか30秒で組立てることができる「AirWitch」の筐体設計が実現した。

7　空中ディスプレイの特徴―スクリーンレスと実在感―

ここで少し，空中ディスプレイの特徴をおさらいしてみる。空中ディスプレイの最大の特徴は，スクリーンレスでの映像表示である。例えば，キャラクターを空中ディスプレイに表示させると，キャラクターだけが空中に浮いているように見える。キャラクターの周辺にはスクリーンもディスプレイも存在しない。しかも，裸眼で見ることができるので，普段の生活の中で自然な流れでキャラクターと接触することができる。

それはまるで，キャラクターがデジタルデバイスの中から飛び出して，私たちの生活と同じ3次元空間に存在しているかのような錯覚を引き起こす。あたかもそこにいるかのように，視線を感じ，呼吸までも聞こえてきそうな感覚である。加えて，空中ディスプレイに触れると動き出すようなインタラクティブ性を持たせると，さらに錯覚効果は高くなる。お客様（体験者）は，空中ディスプレイを目にすると頭の中で「映像に触れても何も起こらない」という思い込みが生まれるようだ。しかし，指で触れた瞬間に映像がインタラクティブ性を持って動き出すと，お客様の表情は一変する。驚きと共に，楽しいという感情が生まれ，再び触れたくなる衝動に駆られる。

8　空中ディスプレイの特徴―リアルとバーチャルの融合―

スクリーンレスであることは，リアル（実体物）とバーチャル（グラフィック）を融合できるという特徴を持つ。これは，空間上の3次元座標軸において，同じ座標位置に実体物とグラフィックを重ね合わせることができるということ。写真2を参照頂きたい。例えば，ローソクを例にとって説明してみよう。ローソクは，芯が接続された蝋でできたボディと，芯の周りを囲うようにメラメラと燃える炎で構成されている。このローソクからいったん炎の部分を消しさり，別途グラフィックデータとして炎の動画イメージを用意する。ローソクの芯の座標位置に炎の動画イメージを重ね合せると，あたかもローソクは本物の炎が燃えているように見えるのである。

私はMAGIC CANDLEというデモを作製し，バーチャルな炎が燃えるローソクは誰の目でも違和感なく見えるのかを調査した。何名かのお客様に体験して頂くと，お客様はローソクのボディと炎のどちらがリアルでバーチャルかを区別できずに混乱していた。バーチャルかどうかを確認しようと炎やボディに触れ，ボディのみ触感を感じてリアルであることに驚く。「炎がバーチャルなら，ボディもバーチャルかもしれない。」その思い込みと実際に触感を感じた時のギャップが大きい程，感じる驚きや感情の揺れ動きも大きくなる。

バーチャルな炎にはエフェクトを加えることもインタラクティブ性を演出することも可能である。指で炎に接触すると，突然爆発し，爆発の中から妖精が生まれる，といったような現実では起こりえない現象（ファンタジー）を演出することでさらに驚きが生まれる。

写真2　MAGIC CANDLE
ローソクボディはリアル。炎はバーチャル。息で吹き消すこともできる。

9　楽しさの調節

空中ディスプレイのコンテンツには楽しさが重要である。しかし，楽しさを作り出すといっても目的次第で作り方は異なる。例えば，空中ディスプレイを広告用途として用いる場合，お客様が空中ディスプレイと触れる最初の一歩が重要である。一方で，家庭内での娯楽用途として用いる場合，長く楽しんでもらうためのコンテンツデザインが重要である。とはいえ，お客様が空中ディスプレイと接触する最初の一歩は何事においても重要である。この最初の一歩がどれほど重要であるかに関して，ある著書には次のような一文[1)]が書かれている。

『エンタメをやる上でまず皆さんにマスターしてほしい基本の法則があります。それは人の心を感動させたり楽しませたりする「起承転結」という流れの中で，「起」が他の何よりも重要だ，という法則です。学校で起承転結は教えてもこの法則を教えないことが不思議でしょうがないのですが，まぁそれだけ理解するのと教えるのが難しいということなのでしょう。

さてこれはどういうことかと言いますと，導入部分で「これは何か面白そうだぞ！」と人の心を惹きつけてしまえば，あとは相当つまらないことでもないかぎり，人は最後までつきあってくれるのです。』

上述から，一瞬で人の心を惹きつける工夫が必要である。一般的にまだ認知されていない現状において，空中ディスプレイは空中ディスプレイであること自体に驚きがあり，その驚きが人の心を惹きつけている。しかし，空中ディスプレイが普及する時，当たり前になる時，単に空中ディスプレイが表示されていて，映像を見るだけではお客様の心には何も響かなくなる。「空中ディスプレイは楽しい」というポジティブなイメージをお客様に記憶してもらわなければ存在価値を失う。直感的に楽しいと感じてもらえるようなコンテンツデザインが求められている。

10 「AirWitch」デモ

私はこれまで,「AirWitch」を用いて数々のデモを作り,空中ディスプレイならではのコンテンツとは何かを模索している。それら一部のデモおよびコンセプトを紹介しながら,お客様にデモを見て頂いた中での発見などもあわせてご紹介していきたい。デモは全て「AirWitch」公式サイト(http://airwitch.jp/)で動画公開中である。

10.1 ひつじタッチ

ふわふわと浮遊するひつじ。ひつじの身体に触れた瞬間,ひつじがピクッと動き出す。ひつじに触れ続けると,ひつじは声を出して大笑いするというとてもシンプルなデモである。このひつじタッチは,老若男女関係なく誰もが好むデモである。見た目の可愛さだけではなく,触れるとピクッと動いて声を出して笑うというリアクションも含めて可愛いというのが被験者の多くの意見である。誰もが好む理由には三つあると私は推測する。一つ目は,触れても反応しないと思っていたキャラクターが突然反応するという意外性が楽しい。二つ目は,触れるとキャラクターが笑うことで,被験者は「くすぐっている」のだと錯覚する非常に分かりやすい構図。三つ目は,笑い声である。特に笑い声の威力は絶大で,この笑い声によって誰もが表情を笑顔にしてしまうほどの威力がある。そして,その笑い声が人々の知的好奇心をくすぐるようで,別の人々が集まり,その人の流れがまた別の人々を呼ぶ。笑い声がある場合とない場合とではお客様の反応が全く異なる。もう一つ興味深い現象はフィンガータッチである。指でひつじに触れると,ひつじがピクッと動き出すが,このひつじのリアクション(フィードバック)が早いか遅いかでもお客様の反応は大きく異なる。

10.2 Beat Module

JUKEBOXのレコードがフィギュアになったような,フィギュアとサウンドが連動したビートボックスを作りたい。フィギュアを飾って眺める楽しさに加え,フィギュア個別のサウンドも楽しめる。新しい音楽の楽しみ方が生まれるかもしれない。そんなコンセプトで制作したBeat Moduleは,フィギュアそれぞれに独自のサウンドが仕込まれており,ユーザーはフィギュアを取り変えることでサウンドを切り替えることができる。まるでジャケ買いするかのごとく,フィギュアの見た目でサウンドを楽しむことができる。空中ディスプレイには音楽とフィギュアに合わせたアニメーションを表示させ,フィギュアを演出する役割を持たせた。デモセットは写真3を参照頂きたい。

さて,このBeat Moduleだが,RFIDを用いて実現していると勘違いされることが多いが,そうではない。スマートフォンのセンサーと人々の錯覚を用いて実現している。詳細は割愛するが,ぜひ「AirWitch」公式サイトのデモ動画をご覧頂きたい。

写真３　フィギュアを変えるとサウンドが変わる Beat Module

10. 3　OMIKUJI―マーケティング調査用途例―

OMIKUJI は，「AirWitch」をマーケティング調査ツールとして利用した例である。弊社オリジナル製品である PIPEROID® のマーケティング調査としてイベントを企画。お客様がアンケートに答えると１回おみくじが引け，当たりが出れば景品がもらえるというイベントを実施した。このイベントの中で「AirWitch」を「デジタルおみくじツール」として利用し，年齢，性別ごとの PIPEROID® 人気傾向，オフィシャルウェブサイトのサイト閲覧数，流入率，CVR などの結果を確認。おみくじ結果がポジティブな場合，ウェブサイトへの流入率が高くなるといった調査結果を得ることができた。

10. 4　PIPEROID® SLOT―複数同期使用例―

空中映像は一つでも十分楽しめるが，複数台が連携すればもっと楽しくなるはずである。コンパクトな「AirWitch」筐体の特徴を生かし「遊べるデジタルサイネージ」をコンセプトとした「AirWitch」の複数同期デモを東京ギフトショーで展示した。展示の様子を写真４で示す。

この展示では，商品を販売促進するためのデジタルサイネージツールとしての可能性を模索するべく PIPEROID® キャラクターを用いたスロットマシン “PIPEROID® SLOT” を展示。３台の「AirWitch」上に表示される PIPEROID® キャラクターを指でタッチして，３台全ての絵を合わせるスロットゲームである。全ての絵が揃うと「Congratulation!!」のメッセージと共に祝福サウンドが流れる。スロットで遊んだブース来場者の方々には，当たりが出るとギフトショー限定サンプルをプレゼントした。来場者は，PIPEROID® SLOT を目にすると足を止める。試しに映像に触れてみれば，３台全ての「AirWitch」が動きだすことに驚き，周りの目も気にせず何度もスロットを楽しんでいた。大人達が PIPEROID® SLOT に夢中になる姿を見て，遊べる空中映像として自然に受け入れられていることに嬉しさと手ごたえを感じた。

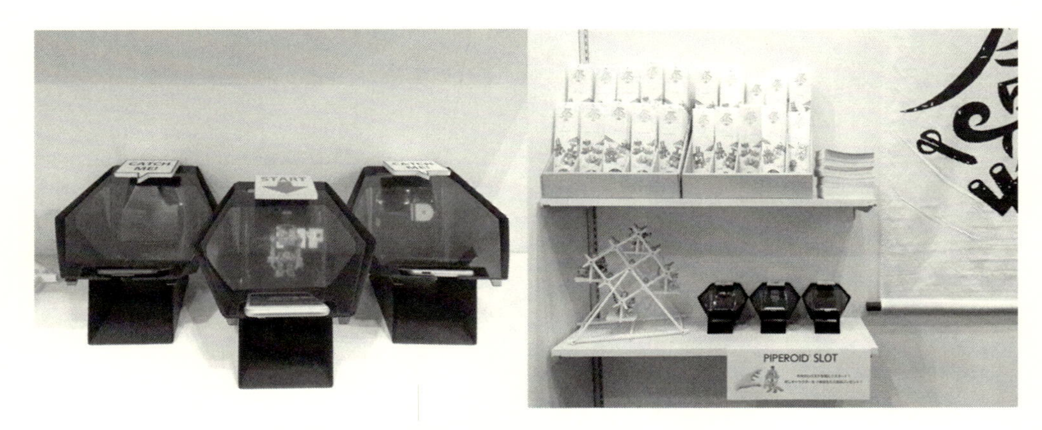

写真4　3つの筐体が同期する PIPEROID® SLOT
写真の筐体は旧型。

11　おわりに

私は，空中ディスプレイをエンターテイメントツールとして捉えている。映画やゲームといった類のものではなく，もっと広義な意味としてである。「なくても良いもの。でも，あれば人の心を楽しませ，慰めることができるもの。」そういう位置付けである。例えば，とあるファストフード店での話しである。食事を済ませ，ふと店内の壁紙を見渡した。そこには，一つのパターン化されたイラストの中に一部異なる図柄があった。よく見るとファストフード店のオリジナルキャラクターである。見つかりそうで見つからない，絶妙な位置にそのキャラクターは存在しているのである。そのキャラクターを見つけた瞬間，おもわず「ア！」と口に出し微笑んでしまった。思わず，その時の嬉しい気持ちを勢いでSNSに上げてしまった。この時の私の心の動きや衝動は，壁紙の中にキャラクターが存在しなければ決して起きなかったものである。たった一つのキャラクター。店舗デザインを任されたデザイナーが施した遊びゴコロが，一人の人間の気持ちを動かし行動を促したのである。次は，ある著書の中でのストーリーの一節[2]である。

『こんな話を聞いたことがある。ある国に入国する際，パスポートコントロールでパスポートを返されながら，係官に「ハッピーバースディ」と言われたそうだ。つまり，係官はチェックをしていてその日がその人の誕生日であることに気づいた。もちろん，何も言わないで返すこともできる。しかし，その係官は「ハッピーバースディ」と口に出して言った。それでこの話の本人は，ちょっとその国が好きになったということである。

要するに，こういう小さなところに，コミュニケーションの種子が眠っている。』

たった一言が，その国の印象を変えるほどのインパクトを持つ。一人の思いやりが他人の意識を変えることができる。思いやりと遊びゴコロは常に一体である。誰かを楽しい気持ちにしてあげたいという気持ち，相手を思いやる気持ちがなければ遊びゴコロは生まれない。遊びゴコロによって和らいだ心は，いわば肥沃な土壌となる。そこに，コミュニケーションの種子が落とされ，芽吹き，ポジティブな印象へと育っていく。「AirWitch」含め，空中ディスプレイを用いた表現ツールが，企業と人々，人々と人々のコミュニケーションを促す一種の役割を担うことができれば本望である。

＊「AirWitch」ロゴおよび PIPEROID は株式会社コトの登録商標です。

文　献

1）しんどうこうすけ，エンタメの法則，p.9，インデックス・コミュニケーションズ（2007）
2）原研哉，デザインのデザイン，p.39，岩波書店（2003）

空中ディスプレイの開発と応用展開

2018年7月6日　第1刷発行

監　　修　山本裕紹　　　　　　　　　　　　　　　　　　　　（T1081）
発 行 者　辻　賢司
発 行 所　株式会社シーエムシー出版
東京都千代田区神田錦町1－17－1
電話03（3293）7066
大阪市中央区内平野町1－3－12
電話06（4794）8234
http://www.cmcbooks.co.jp/
編集担当　渡邊　翔／山本悠之介

〔印刷　日本ハイコム株式会社〕

ISBN978-4-7813-1335-1 C3054 ¥78000E